城域综合承载传送技术及应用

王光全 黄永亮 廖军◎编著

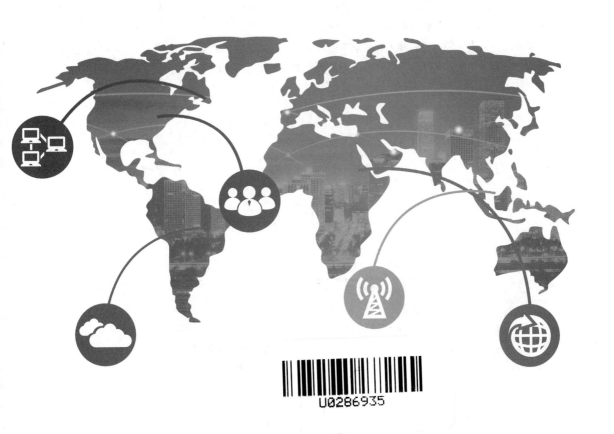

U0286935

人民邮电出版社

北 京

图书在版编目（CIP）数据

城域综合承载传送技术及应用 / 王光全，黄永亮，廖军编著. -- 北京：人民邮电出版社，2016.11
ISBN 978-7-115-43706-8

Ⅰ. ①城… Ⅱ. ①王… ②黄… ③廖… Ⅲ. ①城域网－无线电通信－通信技术 Ⅳ. ①TN926

中国版本图书馆CIP数据核字(2016)第250343号

内 容 提 要

本书系统地介绍了城域综合承载传送网的基本原理和关键技术及应用解决方案。主要内容包括城域综合承载传送网的技术和组网方式发展历程、架构及需求分析、技术原理、关键技术、时间和频率同步技术、网络管理技术、网络规划及设计、业务开放及配置方案、网络互通技术、信息安全技术、与传送网的系统连接、网络测试与验收方法以及技术的发展等方面。本书内容全面详实，对于城域综合承载传送网的网络规划建设和运行维护具有较高的实际应用价值。

本书既可以作为网络工程师了解和学习城域综合承载传送网技术原理的参考书，也可以供电信网络工程师规划建设和维护网络参考，还可以作为相关大中专院校师生的参考用书。

◆ 编　　著　　王光全　黄永亮　廖　军
　　责任编辑　　李　静
　　责任印制　　彭志环

◆ 人民邮电出版社出版发行　　北京市丰台区成寿寺路 11 号
　　邮编　100164　　电子邮件　315@ptpress.com.cn
　　网址　http://www.ptpress.com.cn
　　北京隆昌伟业印刷有限公司印刷

◆ 开本：787×1092　1/16
　　印张：21　　　　　　　　　　　2016 年 11 月第 1 版
　　字数：363　千字　　　　　　　2016 年 11 月北京第 1 次印刷

定价：98.00 元

读者服务热线：(010)81055488　印装质量热线：(010)81055316
反盗版热线：(010)81055315

业务和网络的 IP 化、宽带化使得综合承载传送技术应运而生，可在城域网中采用一张网络承载多种业务，全世界多数运营商均已采用基于 IP/MPLS 的综合承载网技术组建自己的移动回传网和城域综合承载传送网，中国联通也已经采用 UTN 技术建设了世界上最大的城域综合承载传送网络，UTN 作为新一代城域综合承载技术，以 IP/MPLS 为基础技术，针对各种业务在城域中的应用，在网络架构、设备技术、维护管理等方面进行了诸多的创新，与原有 IP 城域承载技术以及 PTN、MSTP 技术相比，具有更高的网络灵活性以及面向未来的可扩展性等优点。

本书作者具有丰富的网络规划设计经验，本书从运营商网络规划、建设和运维的角度出发，系统地阐述了城域综合承载传送（UTN）技术从起源到技术细节再到网络应用的方方面面，内容全面深入。本书首先从城域网的技术演进讲起，详细地分析了业务需求；然后从网络架构、网络技术原理及关键技术进行解析，说明了其与 IPRAN 技术的异同，一直到设备互通、网络设备配置方案和业务开放方式等；接着又从设备入网测试及网络验收等方面讲述了测试验收方法；最后讲解了网络规划和设计等方面的思考以及对未来技术发展的考虑。

目前，网络技术本身正处于发展的十字路口，400Gbit/s、G.metro 等高速传送接入新技术呼之欲出，各运营商和设备厂商也在不断探索控制层面的 SDN 化和设备硬件的白盒化，促进了 IP 与光技术的不断融合；与此同时，移动 5G、4K 视频及 VR 等宽带业务将对承载传送网提出新的挑战，给城域（本地）网带来一次新的技术革命，推动了城域网演进的步伐。因此，通过对城域综合承载传送网发展经历的分析，本书提出了城域网未来的演进方向和目标，具有较高的参考价值。

本书既可以作为网络工程师了解和学习城域综合承载传送网技

术原理的参考用书，为网络建设工程师提供规划建设网络的参考，也可供大中专院校从事网络研究的师生阅读。

非常感谢本书作者能将自己在综合承载传送网技术领域的研究成果和经验与业界分享，体现了通信人和通信企业的历史责任感和使命感。希望本书的出版，可以起到抛砖引玉的效果，掀起行业内关于网络发展的大讨论，把握历史时机，引领未来城域综合承载传送网技术的发展方向。

傅　强

中国联通网络技术研究院院长

长期以来，在电信运营商的城域网中面向不同的业务存在着不同的承载传送网络，各种承载传送网络的规模容量、性能和可靠性等方面差异较大，分属不同的专业进行运维。业务网络的 IP 化，特别是移动回传网络的全 IP 化，推动了整个城域网 IP 化，使得城域综合承载传送成为可能。

城域综合承载传送网（UTN）以 IP/MPLS 技术为基础，在深入分析各种业务网的技术及需求特点的基础上，结合城域网络未来发展趋势和演进策略，以可管、可控、可运营为基本目标，简化了传统 IP/MPLS 设备的计费、认证等功能，增加了频率和时间同步、秒级流量监测、在线性能监测等的功能改进和创新，完整地解决了城域综合承载传送网端到端的维护、管理、运营等相关问题，使其真正成为具有电信级业务承载能力的多业务承载传送网，而且降低了网络的建设成本和维护成本，并已在我国主要电信运营商中得到大规模的应用，将成为面向未来的以 5G 移动网络接入为主的城域网基础。

UTN 技术还提出了"2+3"的综合城域承载传送网络架构，即核心汇聚层采用三层组网技术，接入层采用二层组网技术，这种架构完全符合当前热门的 SDN 技术应用场景，符合技术发展的方向。

本书具有系统性、实用性、可读性和工具性等特点。本书从相关技术的发展演进到 UTN 技术的开发和网络的应用，系统地讲述了城域综合承载传送网技术的发展，并将应用中的实际案例作为本书的一个重要组成部分，为读者提供一个可实际操作的参考；在技术部分深入浅出地讲解了其中的关键技术，便于各层次读者的理解和掌握。此外，本书中将应用中的各种技术和方法做了整理，方便读者在使用中及时查阅。

本书是作者近年来承担城域综合承载传送技术的相关项目和开展相关技术研究工作的总结，也是中国联通网络技术研究院从事相关技术研究、标准制定和网络规划的同事们的集体智慧的结晶。其中，王光全负责组织编写、讨论和审核全书，并对全书进行统稿。黄永亮负责第 1 章、第 2 章、第 7 章、第 3 章部分章节和第 12 章部分章节的编写；廖军协助负责全书的统稿；庞冉负责第 3 章、第 11 章的部分章节和第 6 章、第 9 章的编写；朱琳负责第 3 章部分章节的编写；张贺、郑滟雷负责第 4 章的编写；郑滟雷、赵良负责第 5 章和第 11 章部分章节的编写；马铮负责第 8 章的编写；王海军负责第 10 章的编写；曹畅负责第 12 章部分章节的编写。

感谢傅强院长对本书出版的大力支持并欣然作序。在本书的编写过程中，我们还得到了迟永生副院长、唐雄燕首席专家以及城域综合承载传送网项目组同事的大力支持和帮助，同时得到了中国联通技术部、网建部等部门领导和同事的鼓励和支持，在此一并表示感谢！

鉴于作者水平有限，时间较紧，且通信技术发展的日新月异，仓促之余难免错漏和不足，恳请各位读者批评指正。

王光全

2016 年 8 月 10 日

目 录

Chapter 1

第 1 章

概　　述

1.1　本地传送网的演进

本地传送网是以城市为范围组织的网络，主要目的是完成城市区域内的电路业务的传送。1990 年前，还没有数据城域网的概念，语音业务是主体，根据交换网络的格局，本地传送网又进一步分为市话网和农话网，还有城市存在郊区网。

最早的电路为纯模拟电路，通过在不同的载波上加载业务，网络采用明线和电缆的多路载波电话技术（FDM），架空明线有 3 路和 12 路载波电话。随着技术的进步，平衡线可以做到 12 路和 60 路载波电话，小同轴电缆有 300 路，中同轴有 1800 路。但模拟电路传送受技术的限制，存在总容量较小，长距离传送情况下噪声不断累积，直至话音完全听不清楚的地步等诸多问题。

针对以上技术的弊端，数字通信技术逐步发展起来，其中晶体管的发明是数字技术应用的关键，数字交换机的应用也推动了电信网络从模拟到数字的过渡。

PCM（Pulse Code Modulation，脉冲编码调制）是英国人里夫斯（Alec H.Reeves）在 1937 年发明的，贝尔实验室通过不断的实践和提高，成功制造了世界上第一个能够运行的 PCM 系统。此后，为了将多路 PCM 信号进行传送，制定了 T1、E1 等多个标准，将 24 路或 30 路语音信号复用在一起，也发展出了 PDH、SDH 等传送技术。

PDH（Plesiochronous Digital Hierarchy，准同步数字系列）系统是最早的数字通信传输制式，应用在 20 世纪 80 年代至 90 年代，后来随着 SDH 技术的兴起而逐渐衰落。PDH 技术将 E1 和 DS1 标准直接作为其一次群，逐步复用，同时因一次群标准的不一致，分为欧洲体系和北美、日本体系。中国主要采用欧洲体系，一次群速率为 E1。欧洲体系较为规律，将 4 个 E1 时分复用为二次群 E2（速率为 8448kbit/s），又将 4 个 E2 复用为三次群 E3（速率为 34368kbit/s），4 个 E3 复用为四次群 E4（速率为 139264kbit/s）。北美和日本的体系规律性较差，且美日也不尽相同，中国除了在和上述区域的国际电路的落地业务中使用外，没有其他应用。PDH 技术初期很好地完成了业务的传送，但随着业务种类的不断增加和对网络安全性要求的提高，PDH 技术也暴露出了缺陷。主要体现在以下几个方面：（1）PDH 技术主要是点对点连接，缺乏网络拓扑的灵活性；（2）标准多样，业务互通较难；（3）异步复用，需要逐级码速调整来实现业务的复用/解复用，缺少统一的标准光接口；（4）缺少有效的网络运行维护手段；（5）缺少网络的自愈手段。由于以上几点技术上的缺陷，PDH 技术在 20 世纪 90 年代逐渐为 SDH 技术所取代。

SDH（同步数字系列，Synchronous Digital Hierarchy）系统是继 PDH 技术后发展出来的一种新的技术。它很好地解决了 PDH 的技术缺陷，可以采用环形、链形、星形等多种结构组网，网络灵活性大大提高；并在国际上有统一的标准，与现有的 PDH 完全兼容，并可以较容易实现新的业务信号在网络中的传递。采用同步数字序列，SDH 接入系统的不同等级的码流在帧结构净负荷区内的排列非常有规律，而净负荷与网络是同步的，它能将高速信号一次直接分插出低速支路信号，实现了一次复用的特性，克服了 PDH 准同步复用方式对全部高速信号进行逐级分解然后再生复用的过程；通过丰富的网络开销（约 5%的开销比特）保障了网络的可维护性能，形成统一的网络管理系统，为网络的自动化、智能化起到了积极的作用；此外，通过网络的控制字节和备用通道，可以在网络单点故障下自动恢复，实现 50ms 内业务恢复能力，达到电信级的业务保障能力。此外，通过对标准速率的不断复用，最高可以达到 40Gbit/s 速率的接口，很好地满足了 3G 建设初期前的业务传送需求。基于以上优点，SDH 技术时至今日，仍在电信运营商网络和企业网络中大量使用，具有一定的市场应用。

OTN（Optical Transport Network，光传送网）是以波分复用技术为基础，在光层组织网络的传送网，是目前主流的传送技术。OTN 是通过 G.872、G.709、G.798 等一系列 ITU-T

建议书所规范的新一代"数字传送体系"和"光传送体系",可实现 GE、10GE、40GE、100GE 等以太网信号和专网业务光纤通道(Fibre Channel,FC)标准封装和透明传送,解决传统 WDM 网络无波长/子波长业务调度能力差、组网能力弱、保护能力弱等问题。OTN 跨越了传统的电域(数字传送)和光域(模拟传送),是管理电域和光域的统一标准。OTN 处理的基本对象是波长级业务,它将传送网推进到真正的多波长光网络阶段。由于结合了光域和电域处理的优势,OTN 可以提供巨大的传送容量、完全透明的端对端波长/子波长连接及电信级的保护,是传送宽带大颗粒业务的最优技术。OTN 可以提供类 SDH 的管理功能,不仅提供了存在的通信协议的完全透明,而且还为 WDM 提供端对端的连接和组网能力,它为 ROADM 提供光层互联的规范,并补充了子波长汇聚和疏导能力。

随着以 LTE、大数据、互联网业务为代表的新型业务的不断涌现,传统的 OTN 网络的定位逐渐不再是作为单一刚性汇聚和承载管道,需要具备以太网、MPLS-TP 多种协议的分组处理功能,特别是多种业务统一交叉和调度的能力,Pe-OTN(Packet enhanced-Optical Transport Network,分组增强型光传送网)就是在这样的背景下提出的,并且随着国内外标准制定和具备分组能力的 OTN 设备的不断推出,目前 Pe-OTN 在传统的 OTN 功能特性的基础上,增加了对于分组业务的 MPLS-TP 和以太网承载、交换能力,实现了包业务、TDM 业务的统一承载,代表了未来光传送网的发展方向。

光传送网络的发展如图 1-1 与表 1-1 所示。

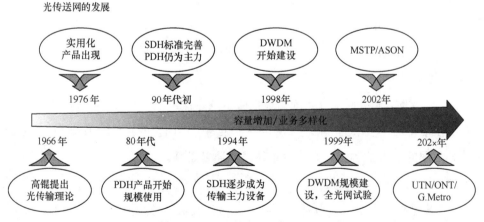

图 1-1　光传送网的发展

表 1-1　光传送网技术对比

技术	PDH	SDH	MSTP	（Pe-）OTN
年代	80 年代	90 年代	2000 年左右至今	2003 年至今
同步网络	是	是	是	否
通信	点对点	点对点	多点对多点	多点对多点
OAM 开销	几乎没有	有	较完备	完备
业务类型	E1、T1、E3、DS3、E4	E1、STM-N	E1、STM-N、ATM、PoS、以太网	E1、STM-N、PoS、以太网、ODUk
典型速率	1.5～100Mbit/s	2Mbit/s～10Gbit/s	2Mbit/s～10Gbit/s	2Mbit/s～100Gbit/s
交叉方式	NA	VC	VC	ODUk
控制平面	无	ASON	ASON	ASON、SDN

通信技术发展的同时，传输媒介也发生了质的飞跃。伴随社会的进步与发展，以及人们日益增长的信息需求和信息交互需要，通信向大容量、长距离的方向发展是必然趋势。而电缆传输技术在大容量长距离传送上存在先天不足，且易受到干扰，保密性也不足，时代的发展需要有一种新的通信技术来完成历史的使命。光纤通信技术应运而生，由于光的频率极高，可以容纳巨大的通信信息，所以光通信被寄予厚望。

虽然光通信被人们寄予厚望，但光传输的媒介在 1966 年前一直没有合适的材料。直至 1966 年华裔学者高锟博士研究分析了用光导纤维作为媒介传送光的可能性。之后，美国康宁公司制造出了第一根低耗光纤，使光纤通信得以爆发。最初的光纤衰耗为 20dB/km，随着研究的不断深入和材料的不断改进，1972 年已经可以达到 4dB/km，在 1979 年达到 0.2dB/km，至 1990 年达到 0.14dB/km，已经接近石英的理论极限值，并得到规模商用。此时，光纤通信开始成为通信技术的主流，并且进入千家万户的生活当中，成为我们生活中必不可缺的一部分。从世界上第一个实用化的光传输系统的 45Mbit/s 到现在波分复用的 16T 的容量，光传输系统发展速度迅猛。

本地传送网也经历了从模拟到数字，从 PDH 到 SDH，从电缆到光缆的历史进程。直至今日，本地传送网形成了包括地区级以上城市及所辖县城内的城域网和连接地区级以上城市和其郊区（县）之间的所有传输基础设施构成的网络，解决该地区内各种业务所需要的传输电路。从整个网络结构上看，本地传送网处于网络的边缘，各个本地网之间的通信通过干线系统解决；从市场需求看，本地传送网是最靠近市场的层面，各种业务都是通过本地传送网接入网络；从管理层次上看，本地传送网处于最低的管理层次，一般由各地市分公司维护管理；从本地传送网本身看，本地传送网自成一个系统，分为三个层面（核心层、汇聚层、边缘层），由设备、线路、管道组成。核心层/汇聚层有时会合并为一个层面，成为骨干层，其主要作用是承载接入层环路的业务，同时为汇聚点上行的各种业务提供通道，因此，核心层/汇聚层的建设要具有一定的前瞻性，核心层/汇聚层以 10GE 线路容量为主，接入环则以 GE 的接入环为主，且接入设备支持 10GE 的线路容量。

随着业务的 IP 化和宽带化，本地传送网主要应用技术也已经从以 SDH 为基础的 MSTP 技术向 OTN 和 IP/MPLS 技术进行转型，并辅之以不同的复用、保护、控制等技术，共同组建和完善本地传送网络。

1．MSTP（多业务传送节点）技术

MSTP 基于 SDH 平台，通过使用通用成帧规程（Generic Framing Procedure，GFP）作为数据分组的封装协议的方式，在原有的 SDH 网络上进行数据业务的传送，同时实现 TDM、ATM、以太网等业务的接入、处理和传送，提供统一网管的多业务节点。除了支持原有 SDH 的所有功能外，在原有 SDH 的基础上加入对数据业务的处理，如以太网的二层处理、ATM 的统计复用等功能，使其更适合数据业务的传送。这种设备的多业务支持功能主要反映在支路接口和映射方面，对 SDH 设备的传输功能没有改变，也支持 MADM 的应用。MSTP 的主要特点有：（1）能够支持 VC-3/VC-4/VC-12 各种等级的交叉连接和连续级联或虚级联处理及 LCAS 机制，使它可以为 IP 端口提供任意大小带宽；（2）提供丰富的多种业务（PDH/SDH、ATM、以太网/IP、图像业务等）接口，可以通过更换接口模块，灵活适应业务的发展变化；（3）具有以太网和 ATM 业务的透明传输或二层交换能力，传输链路的带宽可配置，支持数据业务的 VLAN 和 VP-Ring，LCAS 流量控制、业务和端口的汇聚或统计复用功能；（4）具备多种完善的保护机制，包括 SDH 的通道保护、复用段保护、ATM VP-Ring 等；（5）具有灵活的组网特性，可实现统一、智能的网络管理，具有良好的兼容性和互操作性。

基于上述特点，MSTP 在传统 SDH 功能的基础上，还提供一些新的功能：（1）利用传统的网络体系，支持多种物理接口，典型的接口有 STM-N 光/电口、ATM、以太网接口（10/100M）、DSL 和 GE、FR、E1/T1 等；（2）多协议处理支持；（3）传输的高可靠性和自动保护恢复功能，可实现 100％的工作通道、硬件冗余、小于 50ms 的自动保护恢复；（4）高度多功能集成，具有 MADM 的功能，避免了大量的手工配线连接和复杂的网间协调。

2．OTN 技术

如前所述，OTN 涵盖了光层和电层两层网络，继承了 SDH 和 WDM 的双重优势，不仅可以采用 ODUk 的固定颗粒实现对不同速率业务的标准映射和透明传送，而且也可采用 ODUflex 实现对业务的适配性，提高 OTN 网络的业务适用能力。OTN 定义的电层带宽颗粒为光通路数据单元（ODUk, k=0, 1, 2, 3, 4）和 ODUflex，光层的带宽颗粒为波长，相对于 SDH 的 VC-12/VC-4 的调度颗粒，OTN 复用、交叉和配置的颗粒明显要大很多，能够显著提升高带宽数据客户业务的适配能力和传送效率。OTN 提供了和类 SDH 的开销管理能力，OTN 光通路（OCh）层的 OTN 帧结构大大增强了该层的数字监视能力。另外，OTN 还提供 6 层嵌套串联连接监视（TCM）功能，这样使得 OTN 组网时，采取端对端和多个分段同时进行性能监视的方式成为可能，为跨运营商传输提供了合适的管理手段。通过 OTN 帧结构、ODUk 交叉和多维度可重构光分插复用器（ROADM）的引入，大大增强了光传送网的组网能力。前向纠错（FEC）技术的采用，显著增加了光层传输的距离。另外，OTN 将提供更为灵活的基于电层和光层的业务保护功能，如基于 ODUk 层的光子网连接保护（SNCP）和共享环网保护、基于光层的光通道或复用段保护等。

3．IP/MPLS 技术

在整个电信网 IP 化发展背景下，原有的采用刚性管道的传送技术已经不再适合技术的发展，本地传送网的 IP 化也已成为发展方向，需要有一种新的解决方案，不仅能够满足原有的传送功能，也能适应业务 IP 化后带来的新的功能需求。MPLS（多业务标记交换）便是其中一项重要技术，它采用了集成模型，将第三层 IP 技术与第二层的硬件交换技术结合在一起，并且使用一个定长的标记作为分组在 MPLS 网络中传输时所需处理的唯一标志，可以实现 QoS、流量控制等重要性能，满足不同业务的承载需求。

各种技术的优劣对比如表 1-2 所示。

表 1-2　传送技术对比

项　目	MSTP	OTN/WDM	IP/MPLS
多业务支持	TDM 业务支持能力强，支持二层以太网业务，不支持三层 IP 业务	支持 TDM 业务能力较强，整体容量大，但不支持低速 SDH 接口	支持 TDM 业务，支持二层以太网业务，三层 IP 业务支持能力强
电信级 OAM	完善的 SDH 分层 OAM	与 SDH 相当的 OAM 体系	OAM 功能弱，目前只有一些简单的故障管理功能

续表

项　　目	MSTP	OTN/WDM	IP/MPLS
电信级保护倒换	传统 SDH 保护能力强；提供环网保护、线性保护；可实现 50ms 倒换	OTN 能够提供线性保护、环网保护；可实现 50ms 倒换	提供线性保护、FRR 保护；在网络规模大和业务数多时难以达到电信级保护要求；倒换触发条件少（如 SD）
QoS	较弱	较弱	强
带宽统计复用	较弱，边缘层难以统计复用	较弱，需要增配以太板卡支持	强
同步	频率同步	同步技术在支持和改进中	频率及时间同步
标准情况	标准成熟	标准成熟	标准成熟
网络管理及运行维护	完善的网管系统，有成熟的运维手段和丰富的维护人员	完善的网管系统，有成熟的运维手段和丰富的维护人员	网管能力较弱，不能与传输统一网管，与现有传输运维方式差异大，缺乏电信级的运维手段，对运维人员要求高
可扩展性	有丰富的大规模组网经验，可扩展性好；业务性能受网络规模影响小	正在大规模部署，可扩展性好；业务性能受网络规模影响小	采用动态信令，管理难度大；业务性能受网络规模影响较大；现网单域一般 100 个节点以内，大规模组网经验少

1.2　本地电信级业务的发展方向

科技在不断进步，人类的信息传递方式在不断发生改变。从文字到语音，再从图像到视频，信息量也在以摩尔定律速度进行爆炸。人与人之间的信息交互也不再限于文字和语音，而是面向各种信息元，信息也以二进制码流的数据为主。未来信息化的进程将更为广泛，信息的交互不再仅限于人与人之间，全息信息的存储和转发也会带来大量的信息在网络中传送。

本地电信业务也在悄然发生了变化，随着互联网业务的逐步普及，传统语音业务所占业务比例越来越小，数据业务逐步成为了主流和发展的方向。近年来，移动技术飞速发展，特别是移动互联网的逐步应用促使移动数据流量不断增加。2008 年之前，网络主要是以语音业务为主，自 2008 年运营商拉开了 3G 网络建设的序幕，网络中语音业务占比不断下降，数据业务成为了主流。2014 年开始，随着 4G 技术大规模商用，移动带宽需求增长 10 倍，语音业务仅作为网络的附加业务，VoLTE 成为 4G 网络的语音优选解决方案。移动回传带宽从 2G 时代的 2～4Mbit/s 到 LTE 时代的 240Mbit/s 甚至 1Gbit/s

的带宽，承载的内容也从原有的 TDM 语音向数据过渡，网络传送的主要业务也从 TDM 业务向以太业务转换。

此外，作为运营商一个重要业务收入的集团客户业务，也在悄然发生着变化。从原有单纯的语音专线到现在数据业务逐渐成为主流，以太网接口的业务占比已达到 69%，TDM 接口的业务中也多为企业客户的组网业务，承载的也是数据业务。客户中单纯的点对点的业务占比为 10%~20%，其余均为多点间的连接电路。

业务的总体趋势呈现为以太化、大颗粒化、智能化的通信需求，现有的传送技术在业务的发展下面临新的挑战。

1.3 本地网面临的挑战

传统的本地传送网只是一个物理上的硬连接，只是傻瓜式地将客户层信号从一端传送到另一端，而这样的承载通道一旦建立，几个月、半年、一年甚至更长时间不会轻易改变。而要做到智能化、弹性化，含义就是：客户层网络需要多大的带宽，应该向传送网络提起申请，即实现"软连接"，传送网络应该迅捷地响应申请，并及时地提供一条最佳的连接通道，而且这样的连接通道可以根据需要改变路由，也可以随时被拆除和重建，并且业务的路由和连接可以由网络自身去做选择和调整，应尽量避免人工的干预。

此外，网络的宽带化也给本地传送网带来了挑战，主要体现在以下几个方面：（1）当单站带宽大于 50Mbit/s 时，MSTP 组网存在一定困难，必须采用更高速率的传输技术或统计复用技术进行有效的带宽收敛；（2）MSTP 无法实现全业务接入（移动回传、宽带接入、IPTV、租线等）；（3）QoS 功能较弱，统计复用困难，带宽收敛功能较弱。当 4G 技术来临之后，单站带宽已经达到 240Mbit/s 以上，采用刚性管道承载业务的 MSTP 技术的建设成本已经完全不能被接受。除此之外，LTE 回传的 X2 接口是面向全网的连接，需要承载网络能够动态地建立和拆除任意两个 4G 基站间的连接，S1 Flex 接口也需要支持 eNB 归属于不同的 SGW，MSTP 技术全静态的网络组织方式已经完全不能满足业务发展的需要了，移动回传网的技术需要进行技术变革才能满足未来的承载需要。

虽然 OTN 可以提供可靠的大容量传送管道，但是 OTN 的交叉是基于 ODUk 的电路时隙交换，采用的是 ODUk 的固定颗粒方式交换。在业务类型逐渐向分组化和包交换发展的背景下，只能支持 TDM 交换的方式，满足不了多类型业务特别是分组业务的灵活调度，同时由于 OTN 采用的固定颗粒封装和传送方式，对于灵活的二层和三层业务只能采取效率不高的固定颗粒透传，如 IDC 之间的不固定带宽互联等，只能作为硬管道提供可靠的高速传送。

随着分组业务、视频业务的兴起，业务对带宽的需求逐步增大，基于统计复用的包交换技术成为承载的核心技术；P2P 的业务模型成为固定、移动业务未来的发展方向，终端间可路由、可寻址将成为必然需求，因此要求承载网络具备强大的三层路由能力，这也是本地传送网 IP 化的主要驱动力所在。当然，实时性业务、关键型业务对网络的 QoS 性能和可靠性要求并未降低，反而有所提升，如时延等，这也就要求相应的承载传送网络必须能够保障这些业务的承载质量要求。

从市场发展方面来看，电信运营商面临的竞争越来越激烈，市场发展空间相对越来越小，利润空间被压缩。电信技术的发展需要有一种既廉价又可靠的技术提供以太网业务的承载，并且具备电信级的管理和质量要求。城域承载传送技术在这种环境下发展成熟起来，满足了业务和市场发展的需要。

1.4　城域综合承载传送网的特点

城域综合承载传送技术是在深入分析移动回传业务特点基础上，以可管、可控、可运营的基本目标，简化了传统 IP/MPLS 设备的计费、认证等功能，并融合了 PTN（分组传送网）技术和 IP/MPLS 技术的优点，进行了大量的功能改进，以适应网络和业务的发展需要。

首先从网络融合的角度出发，在组网模式上首次提出了以 IP/MPLS 为核心汇聚层、多种技术为接入层的三层+二层的新型组网模式，简化了网络组织和设备配置，提高了采用 IP/MPLS 技术大规模组网的安全可靠性。符合技术发展的方向，并通过与 SDN 技术相结合的研究和应用，简化网络运行维护手段，简化网络设备，降低网络成本。通过多进程等技术手段，将网络划分为多个网络区域，避免了信令风暴的风险，在一个本地网中实现几千至上万端设备组网的目标。

其次，采用了一系列的技术方案，来实现网络设备的优化，以更好地支持并解决本地网络中的各项业务的性能指标要求。通过对设备和技术的改进，在 IP/MPLS 承载保护技术上实现了链路级、节点级、组网级保护方案及算法的优化，保证了城域承载传送网实现 50ms 保护倒换。此外，还采用了非关联算法保证了业务的主备路径在任意拓扑组网中都可以部署，采用丢包统计和路径关联等技术手段，实现了在 IP/MPLS 网络中丢包链路的识别和保护倒换功能，达到在 IP/MPLS 网络中的 SDH like 的网络体验；采用分布式倒换技术，从而将倒换动作分摊到多个业务处理单元上，各业务处理单元并行处理倒换动作，提高倒换速度。

同步功能也是综合城域承载传送网络的一个特点。在现代通信网络中，大多数电信业务的正常运行要求全网设备之间的频率或时间差异保持在合理的误差水平内，即网络时钟同步。网络时钟同步包括频率同步和时间同步两个概念。频率同步就是时钟同步，是指信号之间的频率或相位上保持某种严格的特定关系，信号在其相对应的有效瞬间以同一平均速率出现，以维持通信网络中所有的设备以相同的速率运行，即信号之间保持恒定相位差。时间同步就是相位同步，是指信号之间的频率和相位都保持一致，即信号之间相位差恒定为零。由于城域承载传送网本身并不要求时钟/时间的同步，支持时钟/时间的同步，主要是为了满足移动回传中基站对时钟/时间同步的要求。无线基站之间的时钟需要同步，不同基站之间的频率必须同步在一定精度之内，否则手机进行基站切换时会出现掉话。而某些无线制式，还在频率之外，特别要求相位同步。各种制式的无线网络对频率同步要求均为 0.05×10^{-6}，对时间同步的要求不尽相同，GSM 和 WCDMA 对时间同步没有要求，TDSDMA、CDMA2000 和 TDD-LTE 对时间同步的要求为 $\pm 1.5 \mu s$。综合承载传送网同时具备频率同步和时间同步功能，可根据需要为业务提供频率或时间同步功能。通过部署 1588v2 环网自动测量、补偿技术，实现在光纤收/发链路不对称、光纤不对称导致引入的延时情况下，环网自动测量和补偿方案，让设备自动计算光纤非对称补偿值。

仿真业务技术是综合城域承载传送网能够成为综合承载网的一个重要技术，通过 ATM/TDM PWE3 仿真方式支持 TDM 和 ATM 业务在网络中的传送，并结合 APS 和 BFD 技术，实现在 IP/MPLS 网络中实现 ATM/TDM 的 50ms 快速保护倒换。

综合城域承载传送技术最重要的特点在于网络维护管理的改进。传统 IP/MPLS 网络由于路由自动算路，在灵活的基础上，也带来了网络管理的困难，无法确切地掌握流量的路径。在综合城域承载网中提供了完善的 IP 网络可视化管理方案，使 IP/MPLS 网络也成为可管、可控、可预测的智能网络。网络的管理提升体现在以下几个方面。（1）业务发放可视化：通过网管提供 IP 域秒级、可视化业务发放模块，一站式配置业务参数，并通过预定义业务模板，相对于 IP/MPLS 网络减少 80％参数输入；业务主路径、保护路径可以显示在拓扑上，提前预览，用户确认路径后可以直接下发，也可以在拓扑上根据规划重新设置约束点；屏蔽了设备的命令行输入方式，利于维护人员的迅速掌握并进行网络部署。（2）业务流量可视化：通过网管上业务路径可视化呈现，结合 GIS 地图，可以图形化显示基于物理位置的业务流路径；同时业务流量大小，带宽占用情况都可以图形呈现；（3）故障管理可视化：网管提供了多重手段，通过告警优先级的评估及筛选，过滤掉大量衍生、闪断等 85%以上的无效告警，在余下的有效告警中，硬件故障可以通过告警直接定位；对于少量的业务质量劣化告警，网管提供了基于路径的快速定位功能，能够还原 IP 路径，一键式执行随路检测，快速定位丢包节点。（4）性能监控可视化：专业性能管理工具，基于全球领先的技术提供的图形化界面显示，为用户提供 7×24 可视化的网络流量、质量监控，通过指标阈值设置和阈值告警，实时监控业务的质量，实时报告网络的质量，及时发现网络劣化指标，预测网络运行趋势，为网络优化提供数据基础。（5）网络时钟部署可视化：可以支持时钟拓扑的自动发现，无需额外配置工作，全网时钟的统一拓扑视图即点即看；时钟状态的实时监控，时钟告警，跟踪关系，保护状态实时显示；支持按时钟类型、网元查看时钟拓扑；供丰富的时钟状态标识，帮助运维人员及时、准确地了解各种时钟状态。

通过对 OAM、保护、同步和可视化管理的不断优化和提升，城域综合承载传送网不仅具备 IP 网络的灵活性，也具有传送网易于管理、控制和维护等多种特性，满足当前多种业务综合承载的要求。同时结合技术进步和网络演进，一方面根据转发能力要求迅速实现硬件的标准化以降低 CAPEX，另一方面通过独立控制器能力提升与能力开放使网络更加智能化、精细化，从而降低 OPEX，这样使得城域综合承载传送网向简化运维、策略集中控制、网络虚拟化、业务快速部署等多个方面进行能力增强，并具有面向未来的扩展能力。

Chapter 2

第2章
城域综合承载传送网络架构分析

2.1　现有城域承载和传送网的网络架构及应用技术

2.1.1　网络概况

传统的本地网主要包括本地传送网、IP 城域网、宽带接入网、同步网、光缆网等，具体网络结构如图 2-1 所示。其中，本地传送网、IP 城域网、宽带接入网是本地承载的重点内容。

在移动回传分组化的大趋势下，当前本地传送网以传送移动回传业务为主，主要采用 UTN（统一传送网络）/PTN/IPRAN、WDM/OTN、SDH/MSTP 等技术，IP 城域网采用 IP 技术，宽带接入网则主要以 xPON 和 DSL 为主。本地承载的重要角色也过渡为以 UTN 网络为代表的本地承载网和 IP 城域网、接入网为主。

光缆网络和管道是各种网络的基础网络资源，同步网络为 SDH 等传送网络及相关业务网络的正常运行提供支撑。

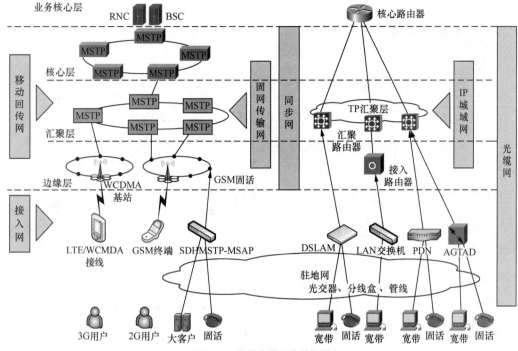

图 2-1　传统本地网络结构图

2.1.1.1　传统本地网的特点

全业务电信运营商的本地网络资源是经过多次电信业的拆分和重组而来，其本地业务承载与传送网络具有以下特点。

（1）各种业务分别独立承载或传送。虽然在重组后，对原网络的各种网络资源进行了重组，但主要体现为局房、管道和光纤光缆资源的共享和融合，以及在核心层中继系统的建设，在网络和系统上基本上仍是分别组织。

（2）由于历史的原因，全业务电信运营商北方基础资源差距较大。南北方在固定宽带的接入存在较大差距，使得普通互联网业务的开展存在较大差异。

（3）移动回传网络与 IP 城域网在网络结构上差异大，移动基站接入一般采用环状结构，固定宽带接入一般采用星状结构。

2.1.1.2　传统本地网存在的主要问题

由于各运营商本地网资源差异，各本地网存在的主要问题也不尽相同，包括光缆、管道、局房等基础资源不足，网络结构不合理，网络容量不足，由于成环率低和光缆路由少引起的安全性低等。

2.1.2　本地传送网

2.1.2.1　本地传送网网络结构

本地传送网一般分为核心层、汇聚层、边缘层三层，如图 2-2 所示。

（1）核心层节点：是指移动网业务本地核心网设备和干线设备所在机房，主要业务设备包括各类交换机、核心路由器、前置机、基站控制器、干线传输设备等。核心机房之间的传输系统定义为核心层网络。

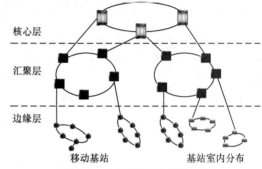

图 2-2　本地传送网分层示意图

（2）汇聚层节点：专门用于汇接边缘层业务的汇聚机房，主要业务设备包括传送网汇聚层设备、IP 城域网汇聚节点设备、承载网汇聚节点设备、BRAS 等。汇聚节点和核心节点间组织的传输系统定义为汇聚层网络。

（3）边缘层节点：室外 2/3/4G 基站、室内分布系统等接入点。边缘层节点至汇聚节点的传输系统定义为边缘层网络。

这样的三层结构也决定了现有移动回传所使用的光缆网的基本架构。

2.1.2.2　MSTP 传送移动回传业务

MSTP 网络的大规模建设主要是为了 2G 时代的业务需求及 3G 初期的业务增长，在 3G 中后期及 4G 时期已经完全退出历史舞台。在 2G 时代，MSTP 作为移动回传的主要技术，发挥了重要的作用，并在 3G 初期继续发挥着余热。

2.1.2.3　MSTP 网络分析

MSTP 网络存在的主要问题如下。

（1）配置带宽按照业务预测进行配置，远远大于实际带宽需求，没有进行统计复用，现有网利用率较低

大部分地市按模型带宽进行汇聚层容量配置。目前汇聚层网络容量充足，采用二级汇聚后，汇聚层容量可满足近期传送需求；对于边缘层，部分地区运营商由于受光缆资

源限制，边缘环路所接节点偏多，每站点可分配带宽受限，经过拆环优化改造，按每
622Mbit/s 环路平均 8 个节点算，每节点可分配带宽在 50～60Mbit/s。在移动站点业务需求低
于 50M 时，通过拆环建设，可以满足移动业务回传需求，但对于 3G 后期及 4G 业务，技术
上的限制已经成为一个突出问题，各大运营商均采用了分组化的回传技术替代 MSTP 技术。

（2）边缘层网络结构不尽合理

前期移动基站接入传输建设模式为移动基站配套接入，一般采用站到站的接入模式，并
且移动基站建设是分期分批建设，同一区域内的基站建设的时间先后顺序不同，造成所建设
光缆线路在拆环时需对光缆线路进行调整才能实现，故边缘层拆环的必要条件是有相应的光
缆网络基础；在光缆资源未形成之前，目前的 MSTP 边缘层环路组织存在较多不合理问题。

2.1.3　IP 城域网

2.1.3.1　IP 城域网网络结构

IP 城域网的网络结构基本分为三种类型，如图 2-3 所示。

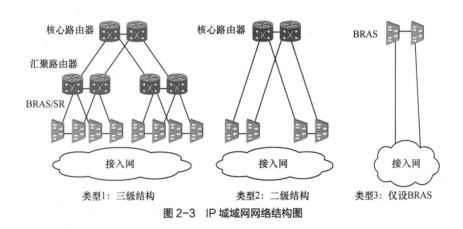

图 2-3　IP 城域网网络结构图

2.1.3.2　IP 城域网网络现状分析

运营商的 IP 城域网目前已经覆盖了全国 334 个本地网络。各地城域数据网基本符
合城域网架构要求，但各城域网的规模差别巨大，在具体的组网结构、网络规模和技术
部署方面存在差异，各城域网具有较大的差异性，BRAS 和 SR 设备平均数量存在较大
差距，各城域网的出口带宽和利用率也差别很大，带宽从 1Gbit/s 至 1.6Tbit/s，利用率从
10%～90%，大部分城域网出口的带宽利用率在 50% 以上。

以某个一级运营商为例，北方 10 省城域网容量大、覆盖广、结构完整，各地市均建设了独立 IP 城域网，合计共 107 个城域网。其中直辖市均采用三层结构，其余北方 8 省城域网结构相对简单，采用核心、接入控制两层结构。北方的 8 个省虽然进行了省网扁平化，但除个别省份外，各省均保留了两台省核心路由器，城域网核心直连骨干网的同时，还上连省网核心。南方 21 省城域网规模和结构差异很大，东南部发达地区网络结构相对完善，中西部地区网络结构相对简单、覆盖范围小，部分省采用跨地市大城域网方式组网。一线城市业务量相对较大，IP 城域网采用核心、汇聚、接入控制三层结构。南方 211 个地市采用核心、接入控制两层结构，核心层绝大部分为两台路由器，个别城域网采用 3～4 台路由器作为核心。此外，西部省份等业务量较少的城域网仅设置 BRAS 设备作为本地接入控制层，核心层路由器设置在其他地市。

超大型城市由于软交换核心网和 3G PS 域网元数量较多，建立了独立的城域 IP 承载网。其中省会城市建设了 NGN 承载网、3G 承载网和 IP RAN，其中 3G 承载网和 IP RAN 已经实现了网络融合。

除了上述超大型城域网外，大部分城域网实现了部分业务的多业务承载，但均以互联网业务为主，语音业务占比很少，视频业务未能规模开展。根据业务的开展情况，大部分城域网部署了 MPLS VPN。对于承载多业务的城域网，部分城域网部署 QoS，QoS 一般仅在城域核心部分部署，用于业务的简单区分和质量保证。对于少量开展 IPTV 等业务的城域网，部署了组播。大部分 IP 城域网硬件支持 VPN 和 QoS 功能。

2.1.4　有线接入网

有线接入网结构及现状如图 2-4 所示，原有的老小区接入方式以 DSL 铜线接入为主，但 2008 年以来 PON 网络规模急剧增大。PON 接入已逐步替代原有的 DSL 铜线接入方式，光接入方式占了宽带接入的 60%以上，并且随着光改的推进，这一比例也在不断提高。到近些年，随着国家光改大战略的逐步实施，仅有原有的铜线接入仅在部分地区少量存在，作为光接入的一个补充手段。

从物理结构看，有线接入网以接入家庭客户为主，OLT 设备一般设置在端局，ONU 设置在家庭、小区和住宅楼附近。

从移动基站接入和固定用户接入的组网特点及业务经营模式来看，两个网络具有较大的不同。移动基站具有一定的无线覆盖范围，而固定用户接入主要面向住宅小区和商务楼宇，两种覆盖具有不同的特点和规律，很难实现两个接入网资源的融合，两种业务接入网络可以在接入主干光缆上实现资源共享，而在系统组织上则需要分别组织。

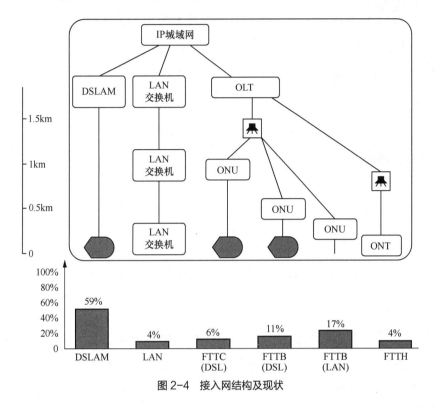

图 2-4　接入网结构及现状

目前，FTTH 是各运营商有线接入的发展目标，xPON 则是家庭用户和商务楼宇接入的主要技术手段。在满足固定接入的同时，充分综合考虑建设和维护成本、网络现状等因素，xPON 设备还可作为解决移动室内分布传输的补充手段，利用现有接入网的空闲端口来解决移动回传网络的深度覆盖。但由于设备特点、组网和保护技术与传统的传输设备存在较大不同，因此建议不宜作为主要的传送手段而大范围使用。

通过上述分析可以看出，目前本地网中最大的问题在于局房、管道、光缆等基础资源的短缺，资源短缺问题大大制约了运营商各种业务的开展，多业务承载、传送与接入网的建设前提应是完善基础设施和光缆网的架构。

2.2　城域业务需求分析

城域承载与传送网络的业务需求包括以下几方面。

（1）移动业务：包括 2G、3G、4G 移动回传业务和前传业务。

（2）固定宽带：固定接入的互联网业务。

（3）固定语音：包括 PSTN 和 NGN 业务，主要考虑 NGN 业务。

（4）IDC 业务：包括城域内 IDC 之间大业务量的调度。

（5）大客户专线业务：集团客户 L1/L2/L3 专线业务。

（6）IPTV 等视频业务。

2.2.1 移动回传

2.2.1.1 2G 传输需求

2G 移动回传传输需求均为从 BTS 到 BSC 的点对点业务，均采用单栈模式，即全部流量由 TDM 链路传送。接口采用 E1 方式，一般带宽需求为 2～3 个 E1。

2.2.1.2 3G 传输需求

3G 移动回传传输需求均为从 NodeB 到 RNC 的点对点业务。一般采用双栈模式，即语音和网管流量由 TDM 链路传送，数据流量由以太网链路传送。部分采用单栈模式，即全部由 TDM 链路传送。对于 HSPA 基站，由无线专业测算后提供的各类基站所需带宽约为 42Mbit/s。

2.2.1.3 4G 移动回传

4G 网络架构主要由演进型 NodeB（eNB）和接入网关（aGW）两部分构成。和 2G、3G 网络比较，除了接口全部采用以太化外，在对回传的要求上最大的差异是在要求基站到核心网的 S1 接口外，增加了基站间 X2 接口互联的要求，需要回传网支持 IP 转发能力。此外，4G 的回传带宽也增加至单站 150Mbit/s 以上。

2.2.1.4 BBU 池组化和移动前传需求

BBU 池组化是基站发展的重要方向，通过池组化可将基带资源集中到一个池中，在不同 BBU 间动态分配无线资源，实现多点协同（CoMP）、自适应负载均衡、联合调度和干扰消除等，最终实现频谱资源利用率和网络容量的提升。基带池主要由分布式无线网络（RRU）、光传送网络（移动前传网络）和集中式基带处理池（BBU 池）三部分组成，如图 2-5 所示。与传统分布式基站不同，基带池架构打破了 BBU 和 RRU 间固定连接关系，每个 RRU 不再属于任何一个 BBU 实体，每个 RRU 上发送或接收信号的处理都可以在 BBU 基带池内的高性能处理器上完成，以保证最大的灵活性。基带池组化的发展阶段分为集中化、协同化和虚拟化三个阶段，目前还处于发展初期阶段。

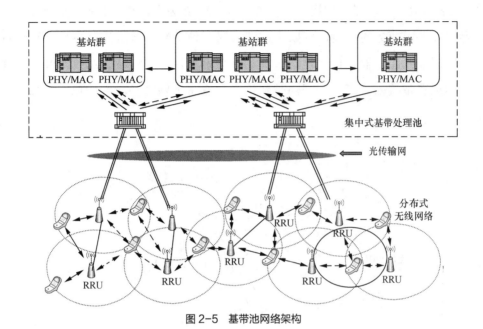

图 2-5　基带池网络架构

近年来，从节能减排、方便实施等角度出发，无线基站出现了集中和池组化的趋势，BBU、RRU 等基站拉远技术在实际网络中开始应用，虽然部分厂商提出解决拉远的技术方案，但一般采用光纤直驱的方式解决，对接入光纤的需求量大大增加。

基带池构架的引入同时也带来一些新的技术挑战，其中灵活、高带宽、低误码、低延迟的移动前传就是其中一个关键技术。拉远分布 RRU 与集中式基带池间通过 CPRI/OBSAI 等接口实现互联，目前主要采用光纤直连。随着无线多制式共站址建设，以及宏微站协同、载波聚合等技术的应用部署，采用光纤直连的拉远 RRU 纤芯消耗量急剧增加，城域接入层光纤光缆资源将可能成为 BBU 池组化发展的限制因素，业内正在研究引入基于城域 WDM 等技术的移动前传网络来解决拉远 RRU 的传送承载。

出于基站归属调整等维护目的，3G 移动回传网络在某一层面具备三层功能。

2.2.2　固定宽带业务

固定宽带上网业务是接入网的传统业务，从早期的 512kbit/s、2Mbit/s、4Mbit/s 等接入发展到现在主流的 20Mbit/s、50Mbit/s 上网，除了带宽的提高外，技术实现方式没有大的变化。

宽带上网用户的认证计费由城域网内的业务接入控制层 BRAS 配合省中心认证计费系统完成，现阶段宽带上网用户认证方式以 PPPoE 为主。宽带上网用户通过认证后即获得开展上网业务的权限，可以通过城域网、骨干网访问运营商的互联网资源，并通过网间互联路由器访问其他运营商的互联网资源。xDSL、LAN、xPON、EOC 等均可实现宽带接入，满足不同的带宽需求。宽带上网业务网络实现方案如图 2-6 所示。

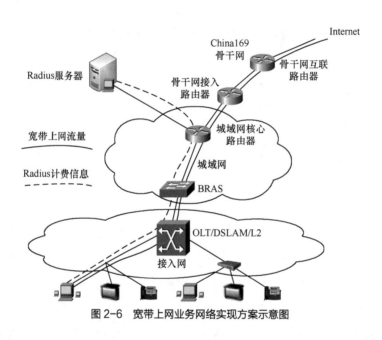

图 2-6　宽带上网业务网络实现方案示意图

2.2.3　固话业务

固话业务随着核心网的软交换化和接入网大规模采用 PON 接入，逐步由传统的 PSTN 网络向软交换 NGN 网络发展，且与宽带业务的结合日益紧密。

除 PSTN 外，采用软交换或 IMS 作为核心的语音接入主要有以下几种方式：独立 AG、MASN、各类 PON 接入和 IAD。可以看出，大部分接入方式均实现了宽窄带业务的统一接入。随着光进铜退的推进，窄带语音随着宽带业务一同下移，从而实现铜缆退网，大部分窄带语音将采用软交换方式，逐步从 PSTN 转出。

随着三网融合的实施，视频、固话和互联网业务进一步融合，固话业务逐步成为互联网和视频业务的辅助业务。

固话业务的发展方向是逐步实现 IP 化，采用 VoIP 方式由设备内置 IAD 方式转变为直接 IP 化，将 IP 化前移至用户侧。在核心网方面，逐步由软交换向 IMS 演进。

固定语音业务在带宽需求较少，一般一路语音的需要在 300kbit/s 以下，语音在时延、时延抖动方面要求较为严格。随着光进铜退，宽窄带语音的下移，固网语音的接入点增加，对承载传送网络的分布范围提出了要求。

2.2.4 集团客户业务

集团客户业务种类繁多，一般包括 L1 业务、L2 业务和 L3 业务。

其中 L1 业务主要包括各种 TDM 专线，如 E1 专线、155M 专线等。L2 业务包括 ATM 专线和以太网专线两大类，其中以太网专线有 E-Line、E-LAN、E-Tree 三种方式，以 E-Line 专线为主。L3 专线主要指 MPLS VPN 业务。

L1 专线一般具有信息安全性高、服务质量要求严格、业务可靠性要求高等特点。

高端的集团客户业务一般对承载传送网络有明确要求，如 ATM 承载，或 MSTP 网络传送等。

随着客户网络的演进，分组化的业务成为主流。QoS 的需求、快速专线的开通、带宽的按需动态调整（BoD）、带宽的分时提供（带宽日历）等，也是未来的专线业务的发展方向。

2.3 城域综合承载传送网的网络功能与承载带宽分析

根据以上业务需求分析，城域（本地）网络业务向 IP 化发展的趋势日趋明显，并呈现出如下两个特点。

（1）业务带宽迅速扩大，呈现超宽带化趋势

对于移动回传业务，带宽由 2G 时代 2～4Mbit/s 到 3G 初期 20Mbit/s，HSPA+阶段 50Mbit/s 到 LTE 时代 300Mbit/s；接口由 2G 时代 E1 到 3G 时代 FE，LTE 时代为 GE。对于固定接入业务，用户带宽近期为 20Mbit/s；随着固定宽带提速及三网融合，每用户带宽可达 50～100Mbit/s。

（2）三层需求不断增加

对于传统的固网宽带及 L3VPN 客户专线均属于三层业务，需要 IP 城域网络完成三层功能。对于移动回传业务，传统的 2G 基站通过本地网核心节点之间的固定中继电路实现基站归属 BSC 的调整；目前，3G 网络则已在 RNC 前增加 CE 设备，完成三层路由功能，实现基站与归属 RNC 之间的电路调整；LTE 阶段 X2 接口需要完成相邻 eNB 之间的灵活连接，对移动回传网络的三层功能提出了更为迫切的要求。由此可以看出，三层功能需求正逐步从固定业务网络向移动回传网络进行扩展。

固定接入业务和移动业务在三层功能需求上的趋同是进行全业务综合承载与传送的基础，但全业务综合承载与传送的具体实施则与业务特点、业务对承载网的要求等紧密相关，需要对各种业务的特点和需求进行研究，提出合理的业务分类，从而进一步明确相关承载与传送网的目标架构。

根据各种业务需求的特点和属性，电信运营商本地网络的业务可划分为两大类。

（1）普通互联网业务

主要包括固定宽带业务。业务关键特点为流量大、突发性强、控制难度大；直接面向个人用户，存在一定安全性问题；无明确质量要求，均为尽力而为业务；其承载网络要求高度开放性。

（2）电信级业务

主要包括 2G/3G/LTE 移动回传、固定语音、IPTV、集团客户专线等业务。这些业务的关键特点为流量模型相对稳定，便于控制；运营商私网或集团客户，安全可控；有严格的质量要求；其承载网络的封闭性要求强。

严格的服务质量要求是电信级业务的主要特点之一，电信级业务对相应的承载与传送网络也提出了更为严格的要求。虽然目前各种业务对于本地承载传送网络尚无统一的指标分配标准，但从现有标准看，移动回传、IPTV、集团客户专线等均有较为严格的性能要求（时延、抖动、丢包率等），各种业务对其承载与传送网的服务质量要求如表 2-1 所示，从表中可以看出，固定宽带对承载性能无明确要求，即尽力而为方式。

表 2-1　业务对承载与传送网的服务质量要求

业务类型	时延（ms）	抖动（μs）	丢包率（%）	业务恢复时间（ms）
移动回传	S1：5～10ms	NA	1E-6*	50ms
LTE	X2：10～20ms			

续表

业务类型	时延（ms）	抖动（μs）	丢包率（%）	业务恢复时间（ms）
IPTV	200ms*	50ms*	1.22E-6(12M)*	50ms
IP 专线	10ms	4ms	0.0001	50ms
固定宽带	NA	NA	NA	NA

注：*表示为业务端对端指标。

以固网运营商为例分析，固网主导运营城市的固定宽带基数巨大，配置容量仍普遍为移动回传配置容量的 10 倍左右；非主导城市移动互联网发展迅猛，移动回传配置容量普遍与固定宽带具有可比性，为 20%～70%。总体来讲，未来电信级业务的带宽占比将有较大提升，这种带宽的变化将对现有网络架构产生根本性的冲击。

总体来看，固定接入业务和移动业务在三层功能需求上的趋同是进行全业务综合承载与传送的基础，得益于近些年 IP 技术不断发展，向面向传输特性的技术不断完善，使得城域（本地）综合业务承载与传送网的建设能够技术实现，并得到大规模的应用。

2.4 城域综合承载传送网的目标架构

针对业务需求，城域综合承载传送网目标架构的研究和确定基于如下总体思路。

（1）保持本地网络现有基本层次结构不变，包括核心层、汇聚层、边缘层、接入层。其原因在于现有光纤光缆网为代表的基础网络是下一步网络规划和发展的基础，在此基础上进行完善，从而形成适合未来多业务承载与传送的网络架构。

（2）抓住业务发展影响本地网络的关键部分，包括移动回传网络、IP 城域网络。

（3）抓住目标架构研究中的关键问题，包括网络功能层次问题、网络结构问题。

2.4.1 城域综合承载传送与接入的基本要求

电信级业务将是未来触发本地网络重构的根本原因。因此，多业务承载传送与接入必须考虑电信级业务的基本要求，主要包括：

（1）应满足 TDM、ATM、以太网、L3VPN 等多种业务需求并存的要求；

（2）应满足电信级业务对网络的要求，包括业务性能、信息安全性、同步、网络保护等；

（3）应满足网络运行维护的要求，包括 OAM 及网管系统。

2.4.2　城域综合传送承载与接入网架构分析

根据以上分析，本地多业务承载传送与接入网架构网络模型包括三个部分，如图 2-7 所示。

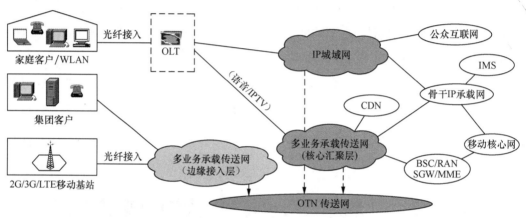

图 2-7　本地多业务承载传送与接入网架构网络模型

（1）传送网络

主要目标如下。

（a）传送网络宽带化：采用 OTN 技术构建核心汇聚层，及部分边缘层的高速智能网络。

（b）传送网络智能化：采用 GMPLS/SDN 构建光电层统一的控制平面，增强网络调度与保护。

（2）承载网络

主要目标如下。

（a）网络层次清晰化：形成清晰的网络功能层次，核心汇聚层采用三层（承载功能）网络实现业务的灵活承载，边缘接入层以二层（传送功能）网络为主，实现经济、可靠的高带宽业务接入和传送。

（b）网络结构扁平化：整合各种业务，形成"两张网"结构；统一采用 IP/MPLS 技术构建"多业务承载传送网络"，承载电信级业务。

（3）接入网络

主要目标如下。

（a）接入手段光纤化：全面推进光纤接入，形成带宽充足、覆盖完善的接入网络。

（b）接入方式多样化：针对不同的接入场景，选择合适的技术，实现综合接入。

需要注意的是，边缘接入层网络在实现电信级业务的接入和传送时，应根据不同的应用场景，综合考虑业务需求、成本和维护各方面因素，灵活选择二层网络或三层网络。

本地网络向目标架构的演进路线如图 2-8 所示。

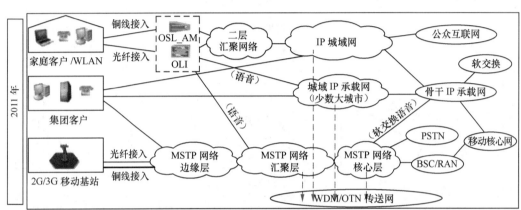

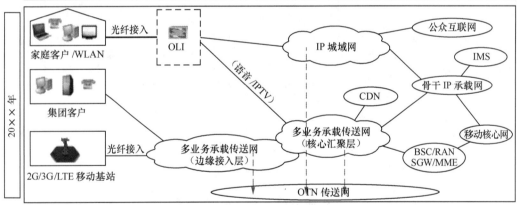

图 2-8　目标架构演进路线图

演进的具体措施如下。

（1）形成完善的"多业务承载传送网络"，实现电信级业务的多业务承载、传送与接入。

（2）采用 OTN 构建本地高速传送平台，提供可靠保护，实现综合业务传送；大城市实现核心汇聚层全光网络。

（3）全面实现光纤接入。

（4）多业务综合承载网络定位于 2G/3G/4G 移动业务、大客户业务（TDM、以太网）传送，多业务综合承载网络与 MSTP 网络长期存在，随着 MSTP 设备老化自然更新。

2.4.3　城域综合传送承载网架构实现与主要功能

2.4.3.1　组网拓扑结构

城域综合承载传送网的近期目标架构如图 2-9 所示。

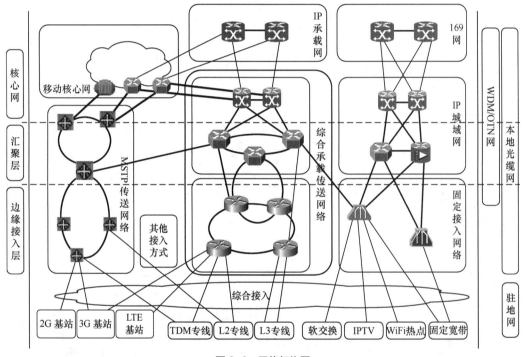

图 2-9　网络架构图

本地网采用"两张网"的网络架构，即传统的"数据城域网"承载普通互联网业务、IP 互联网专线及 IPTV 等业务；本地综合承载传送网承载以基站回传业务、移动软交换、固定软交换、IMS、集团客户业务、其他网内业务等为主的电信级业务。

2.4.3.2　城域综合承载传送网的架构及组网技术

（1）网络层次清晰化：采用三层＋二层的技术架构，形成清晰的网络功能层次，目标网络核心汇聚层设备应同时支持传统 IP/MPLS 和 MPLS-TP 双栈协议，实现动态三层网络和各种业务的高效承载与传送；边缘接入层灵活选择各种二层承载传送技术，实现经济、可靠的高带宽业务接入和传送。

（2）网络结构扁平化：整合各种业务，统一采用 IP/MPLS 技术构建"本地综合承载传送网"核心汇聚层，承载电信级业务。

（3）可靠的网络保护和维护管理：采用可靠的网络保护手段，满足各种业务承载的性能需求。在同一网管系统下实现从接入到核心层端对端的网络管理，提供图形化网管功能。

WDM/OTN 技术主要目标如下。

（1）宽带化：采用 OTN、Pe-OTN 技术构建核心汇聚层，及部分边缘层的高速智能网络。

（2）智能化：采用 SDN 构建光电层统一的控制平面，增强网络调度与保护。

城域综合承载传送网将逐步接入 IP 业务（如核心网 IP 化、3G 基站 IP 化、动环监控 IP 化等），并逐步将业务从 MSTP 网割接到城域综合承载传送网中。

由于与现有 MSTP 网络承载的业务属性极为一致，因此本地综合承载传送网的核心汇聚层也根据目前现有的本地光缆网，可采用环形结构或口子形上连，核心节点的设置应与现有无线网络基站控制器的节点一致，接入层以环形结构为主。

2.5　城域综合承载传送网的业务定位及与 IP 城域网的关系

城域综合承载传送网络在核心汇聚层是采用一张网络承载，还是采用两张网络承载，决定了城域综合承载传送网的业务定位及与 IP 城域网的关系。

当确定网络的功能层次划分后，在核心汇聚层面临网络结构的问题，即采用几张网络承载。

结合网络现状，本课题提出三种方案。

方案一：一张网，改造现有 IP 城域网，扩容后承载所有业务。

方案二：两张网，新建一张电信级业务的承载网络（"多业务承载传送网"），承载电信级业务。

方案三：在方案二的基础上，采用 OTN 保护，提高承载网利用率（30%～60%）。

其中，方案三的思路来源于 ASON/SDN 承载 IP 链路的方案，其可行性和实际效果已经过深入分析和测试验证。该方案中，依靠智能 OTN 网络提供可靠的承载网中继电路，提高承载网可靠性；同时承载网络可在保证 QoS 的前提下，适当加重负载。OTN

网络通过自动选择最佳路由，减少 WDM 层波道需求。通过 OTN 网络与承载网络之间的 UNI 接口动态调整带宽，还可进一步优化网络。

三个方案在网络建设方面的对比如表 2-2 所示。

表 2-2　方案比较表（网络建设）

比较项目	方案一（一张网）	方案二（两张网）	方案三（两张网+OTN 优化）
技术可行性	现有 IP/MPLS 技术可实现	现有 IP/MPLS 技术可实现	跨 IP/MPLS 与 OTN 网络的协调机制待研究
安全性	可采用逻辑隔离方式；互联网业务高度开放，关联性强，多安全隐患	物理网络隔离，安全性高	物理网络隔离，安全性高
服务质量保证	可提供 QoS 手段；普通互联网高带宽和不确定性导致轻载难以实施，高质量业务性能难以保证，实现业务调度尚无成功经验	普通互联网业务——无需质量保证；电信级业务——采用轻载方式保证 QoS，骨干 IP 承载网络大量应用	OTN 网络提供高可靠性链路，"多业务承载传送网"提高负载，通过容量规划可保证 QoS；研究中，尚无应用
实施难度	现网设备型号较多，QoS、MPLS 和组播策略部署工作量大，存在风险；电信级业务多采用私网地址，与互联网共网络承载，地址规划难度大	大部分"多业务承载传送网"需新建，少量利用现有本地 IP 承载网，规划和建设难度小；需将现有少量 IPTV-SR 割接到承载网	需跨专业协调配合，涉及现有建设流程的变化，实施难度较大；跨 IP/MPLS 与 OTN 网络需协调保护、OAM 机制，规划难度大

三个方案在网络运维方面的对比如表 2-3 所示。

表 2-3　方案比较表（网络运维）

比较项目	方案一（一张网）	方案二（两张网）	方案三（两张网+OTN 优化）
现有运维体制的继承性	涉及现有数据、传输业务的融合与分工，对现有体制改变大	涉及现有数据、传输业务的融合与分工，对现有体制改变大	涉及现有数据、传输业务的融合与分工，对现有体制改变大；专业间增加协调机制
维护工作量	网络单一，网元数少，维护工作量较小	网元数较多，维护工作量较大	需专业间协调，维护工作量最大
维护难度	各业务的维护要求不同，各类业务相互影响，故障识别、区分与处理等维护难度大	同一网络上业务的特性和维护要求类似，业务间相互影响小，维护难度较小	增加了专业间协调，维护难度较大

比较项目	方案一（一张网）	方案二（两张网）	方案三（两张网+OTN 优化）
维护人员要求	应熟悉 IP 网络和各种业务知识，要求最高	应熟悉 IP 网络知识和效应的业务知识，要求相对较低	还需了解相关专业知识，要求较高

根据对网络投资的分析，方案二（两张网）总投资略高于方案一（一张网）10%，但随着网络流量增加，差距越来越小；随着承载设备成本下降，方案二在成本上逐渐具备优势。方案三（两张网+OTN 优化）投资最小，且随着电信级业务流量的增加，优势逐步明显。

根据以上分析，"一张网"方案在成本上并无明显优势，在网络建设、运行维护方面问题较多。

因此，目前运营商均采用"两张网"方案建设本地核心汇聚层承载网络。随着传送网络与承载网络控制平面的统一部署，未来可在"两张网"的基础上，采用 OTN 优化，进一步提升网络整体效能。

2.6　主要应用技术比较与技术选择

2.6.1　引入 IP/MPLS 技术的必要性

当前本地综合承载网络主要面向 2G/3G 移动回传、LTE 移动回传、固话和集团客户业务的承载。除 2G 业务为点对点的业务外，其他业务均对网络有不同程度的承载需求。

3G 业务主要为 IP 报文，需要根据不同的目的地址选择目的 RNC，软交换语音主要也为 IP 报文，需要网络具有三层转发的能力；LTE 业务的 S1 和 X2 业务需要网络能够具有 IP 识别和转发的能力，以实现 S1 到 MME 和 S-GW 的业务转发和相邻基站间的 IP 报文转发。集团客户需求较为广泛，除点对点业务外，还需要通过协议学习客户的路由、识别路由和转发等。不仅对网络有传送的需求，也对网络的承载功能提出了较高的要求。

本地综合承载传送网面向城域内所有业务的承载和传送，要求网络具有较强三层能力和网络灵活性，以适应各种业务的不同需求。此外，各种业务之间要能满足相互隔离，之间影响最小。纵观现有的各种技术，具有 MPLS 功能的 IP 网络是最佳选择。

2.6.2 MPLS-TP 技术

PTN 原有定义包括 PBT 技术及 MPLS-TP（T-MPLS）两种技术。PBT 已经不再获得支持，MPLS-TP/T-MPLS 技术成为目前 PTN 技术的唯一技术实现方式。以下仅就 MPLS-TP（T-MPLS）技术展开论述。

2.6.2.1　技术背景

T-MPLS 技术标准最初由 ITU-T 于 2005 年 5 月开始开发，到 2007 年底已发布和制定了 T-MPLS 框架 G.8110.1、T-MPLS 网络接口 G.8112、T-MPLS 设备功能 G.8121、T-MPLS 线性保护 G.8131 和环网保护 G.8132、T-MPLS OAM G.8114 等系列标准。由于 T-MPLS 用到了 IP/MPLS 的一些基本概念，而在一些技术实现细节上又存在差异，IETF 认为这些差异带来的兼容性问题对互联网和传送网带来了共同的风险。经双方讨论后，于 2008 年 2 月 IETF 和 ITU-T 成立联合工作组（JWT），共同讨论 T-MPLS 和 MPLS 标准的融合问题，计划由 IP/MPLS 架构经过扩展可以满足传送网络各方面的需求。2008 年 4 月，JWT 通过对 T-MPLS 和 MPLS 技术的比较分析后得出正式结论：推荐 T-MPLS 和 MPLS 技术进行融合，IETF 将吸收 T-MPLS 中的 OAM、保护和管理等传送技术，扩展现有 MPLS 技术为 MPLS-TP，以增强其对 ITU-T 传送需求的支持；由 ITU－T 和 IETF 的 JWT 共同开发 MPLS-TP 标准，并保证 T-MPLS 标准与 MPLS-TP 一致。2013 年，ITU－T 和 IETF 就 MPLS-TP OAM 工具达成共识，基于 ITU-T 的 OAM 工具被确定为 G.8113.1，基于 IEFT 的 OAM 工具被确定为 G.8113.2，从此逐步形成了一套完整的国际标准。

2.6.2.2　技术特点

MPLS-TP 技术的主要技术特点如下。

（1）MPLS-TP 借用了 MPLS 的数据结构，利用 MPLS 和伪线（PW）技术分别实现对 IP 和以太网等业务的映射和封装，简化了与 IP 相关的功能，如取消 MPLS 信令，简化 MPLS 数据平面，降低运维复杂性。

（2）MPLS-TP 采用面向连接的思路，利用 MPLS 的标签交换，建立端对端连接。与传统 MPLS 不同，MPLS-TP 定义了双向的 LSP，同一业务的来往数据经由同样的路径转发，使网络配置和管理更加简单。

（3）MPLS-TP 沿用 MPLS 局部标签交换技术，在中间节点进行 LSP 标签交换，转发相对复杂，但能够提供灵活的保护机制。

（4）支持分层的 OAM 能力，通过增加管理开销，实现类似 SDH 的丰富管理能力。

（5）MPLS-TP 着重于客户层的以太网业务，也可以利用 MPLS 的伪线仿真技术处理其他业务（ATM、FC、IP/MPLS、PDH、SDH/SONET 等）。

（6）MPLS-TP 采用 20bit 的 MPLSLSP 标签，理论上一个网络内最多可以支持多达 104 万个 LSP。

（7）控制层面可以引入 GMPLS 技术。

MPLS-TP 主要基于二层网络完成业务承载传送功能，特别是基于 G.8113.1 的 PTN 设备采用基于传送网的 OAM 机制，便于网络的管理维护，但由于其类 SDH 的网络特性，决定了基于 MPLS-TP 的网络属于静态网络，如果要适应于 LTE 等网络的业务传送承载，则需要引入控制功能；而基于 G.8113.1 的 PSN（包交换网络）设备的 OAM 机制在 IP/MPLS 已有的机制上进行完善，更适合于与 IP/MLS 设备的互通。

2.6.3　UTN（统一承载传送网）概念的提出和实现

综合以上网内业务的承载需求和技术实现手段，经过认真的技术比对和选择，提出本地或城域范围内，以 IP/MPLS 技术为核心、实现多业务综合承载的网络，主要用于承载各类电信级业务。

在多业务环境下，本地层面的业务承载需求如下。

（a）移动回传：包括 GSM（2G）、WCDMA（3G）、LTE 移动回传业务。

（b）固网宽带：公众和集团客户上网业务。

（c）核心网：包括固网软交换、移动核心网、IMS 等网络的网元设备之间的互联电路。

（d）IPTV。

（e）WLAN 回传：无线局域网业务回传。

（f）集团客户业务：包括 TDM 专线、ATM 专线、以太网专线、视频会议承载、MPLS VPN 等。

（g）高质量家庭用户接入：包括以软交换为主的固定语音等。

（h）其他业务：环境监控、营业厅接入等。

根据上述业务特点和要求，本地综合承载传送网和 IP 城域网网络架构如图 2-10 所示。

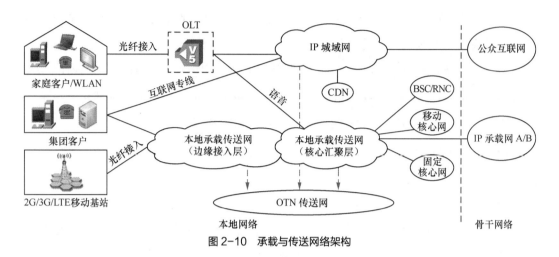

图 2-10 承载与传送网络架构

网络架构包括"IP 城域网"与"本地综合承载传送网（UTN）"两张网。其中，"IP 城域网"主要承载普通互联网业务及含 IPTV 业务，"本地综合承载传送网（UTN）"主要承载 IPTV 业务以外的其他电信级业务（包括移动回传、移动软交换、固定软交换、IMS、集团客户专线及其他网内业务）。

对于本地综合承载传送网技术要求如下。

（a）UTN 和 IP 城域网均采用 IP/MPLS（含 MPLS-TP）技术，其中 UTN 应支持 MPLS-TP 协议，城域网不需支持 MPLS-TP。

（b）中继链路组织：在没有 WDM/OTN 资源情况下，可采用光纤直驱方式组网；在有 WDM/OTN 资源情况下，优选采用 WDM/OTN 的波道或 ODUk 时隙组网，利用本地 WDM/OTN 网络为 IP 城域网和 UTN 网络中继链路提供保护，提高网络的可靠性和链路利用率。IP 与光网络协同组网提高网络可靠性和链路负载率的方案待研究。

（c）UTN 采用的 IP/MPLS 设备，应在 QoS、计费、认证等功能和能力方面进行简化，增强传送特性。

（d）UTN 应具有足够的扩展性，以满足在正常规模下，业务的质量、安全和网络的可靠性、可管理性。

UTN 采用分层结构，分为核心汇聚层和边缘接入层。网络参考结构如图 2-11 所示。

核心层主要负责业务转发和与其他网络的互连，汇聚层主要负责边缘接入层业务汇集和转发，以及就近业务接入。

在网络建设的初期，核心节点之间宜采用网状网结构，提高业务转发效率。汇聚层可根据光缆网、WDM/OTN 网络结构采用双星形或口字形结构与两个核心节点相连，如果采用环形结构，每个汇聚环上的节点数量应不超过 6 个（即 4 个汇聚节点+2 个核心节点）。网络组织应尽量减少业务在核心汇聚层经过的跳数，提高业务转发效率、设备利用率，简化路由管理。

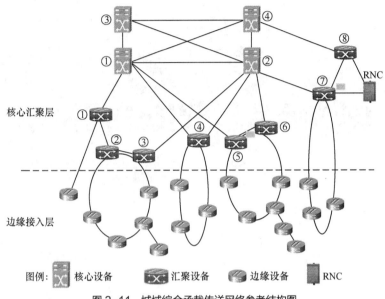

图 2-11　城域综合承载传送网络参考结构图

边缘接入层网络应采用环形结构，光缆网不具备环形条件而采用链形结构时，应避免 3 个节点以上的长链结构，可采用与汇聚层单节点或双节点互联组网方式。

核心节点的数量一般控制在 2～4 个，可选择光缆网络资源丰富、满足业务网组网需求的机房作为核心节点（如 RNC 所在机房等）。

汇聚节点：用于汇聚接入层业务的节点，包括基站边缘层业务汇聚节点、PSTN 端局、核心网设备所在节点等。

边缘接入层节点：基站、室内微蜂窝、模块局等业务接入点。基站边缘层业务汇聚节点应选择空间大、具有长期产权或使用权、维护条件好、光缆资源丰富、满足组网需要的机房。

业务网设备（如移动核心网、固定核心网、IMS 等）通过汇聚节点以双上连方式接入 UTN，如果业务网设备与核心节点同机房，可直接接入核心节点设备，或接入核心节点设备下挂的接入设备。

Chapter 3

第3章

城域综合承载传送网技术

3.1 概 述

多业务承载传送网络对相应的设备形态和功能提出了新的要求，目前尚未有相应完善的国际标准，国内的行业标准正在系统的制订中。对于详细的设备规范，各运营商均以企业标准或其他形式进行发布。

传统 IP/MPLS 与 MPLS-TP 之间的互通依然是城域承载传送网应用的一个关键问题，目前 IETF 正在就 MPLS、MPLS-TP、GMPLS 等制定统一的 MPLS 标准（Unified MPLS），解决 MPLS 家族内各种协议的互通和协同工作问题，目前国内 CCSA 也准备制定相关的互通标准。UTN 采用清晰的"L2+L3 分组组网"方式将逐步实现 PTN 和 IP RAN 的融合演进，实现从网络功能向网络实现的融合演进，满足运营商综合承载和 LTE 等新业务引入的需求。

3.1.1 应用在综合承载传送网上的 IP/MPLS 技术与标准 IP/MPLS 技术的区别

相对于原有 IP/MPLS 技术，应用在综合承载传送网的 IP/MPLS 技术增加了更多的面向传输的特性，主要体现在以下几个方面。

应用于目标架构下的 UTN 设备应以 MPLS 技术为核心，网络性能满足电信级业务承载，并且具有完善网络管理能力。其基本要求如下。

（1）多业务承载

对于核心汇聚层设备，应能提供 MPLS VPN 业务、各种以太网业务、TDM 和 ATM 业务；对于边缘接入层设备，应能提供各种以太网业务、TDM 和 ATM 业务，可选支持 MPLS VPN 业务。多业务承载传送网络应能规定以太网接口、PDH 接口、SDH 接口、ATM 接口、OTN 接口等，应满足各种业务不同的 QoS 和业务性能要求。

（2）快速保护倒换

应能提供端对端和局部的网络保护；应能提供双归保护、与业务网络的对接保护；并根据业务需求在网内实现 50ms 以内的保护倒换，网间保护倒换要求在 200ms 以内。

（3）OAM 机制

应能提供 MPLS（包括 MPLS-TP）网络内 LSP 和 PW 的 OAM、业务层面 OAM、接入链路 OAM 等机制，并可实现网络内端对端 LSP 的 OAM；并实现故障管理、故障定位、性能监测等 OAM 功能。

（4）QoS 机制

应能以区分服务（Diffserv）模型为各种业务提供服务质量保障；并实现流分类和流标记、流量监管（Policing）、流量整形（Shaping）、拥塞管理、队列调度、连接允许功能等 QoS 功能。

（5）同步

应能以 CES 或同步以太网的方式提供频率同步；并以 1588v2 的方式提供时间同步（可选）。多业务承载传送网络应保证 CES 业务时钟的透传。

（6）网管系统

应提供完善的网管系统，采用图形化界面实现拓扑管理、配置管理、故障管理、性能管理、安全管理等功能，可实现端对端的配置管理、故障定位等功能；并可通过北向接口与上层网管系统相连。

核心汇聚层设备、边缘接入层设备及其网管系统主要实现以下功能。

（1）核心汇聚层设备应采用 IP/MPLS 技术实现业务的高效承载，并能实现与 MPLS-TP、IP、MSTP、PON 等边缘接入层设备的互通。

（2）边缘接入层设备可采用多种技术实现。应用于电信级业务传送时，可采用

MPLS-TP、以太网、IP、MSTP 等技术，优选 MPLS-TP。

（3）UTN 设备的网管系统应满足网络拓扑管理、配置管理、故障管理、性能管理、安全管理等功能，并达到类 SDH 的网管水平，实现多业务的快速发放和日常维护。同厂家应实现端对端的网络与业务管理。

3.1.2 应用在综合承载传送网上的 IP/MPLS 技术主要功能

3.1.2.1 综合承载传送

综合城域传送网以可管、可控、可运营的基本目标，简化了传统 IP/MPLS 设备的计费、认证等功能，并进行了大量的功能改进和创新。新型 IP 移动回传网在 IP/MPLS 技术的基础上融合传输与数据网络技术的优点，通过 IP 与传输的协同创新解决了 IP 环境下移动回传网端对端的维护、管理、运营相关问题，保障了移动回传网的质量；并通过对组网模式、业务配置、网络保护、OAM 和维护管理等方面的研究和实践，使基于 IP/MPLS 的新型移动回传网络成为具有电信级业务质量承载能力的多业务承载传送网。新型 IP 移动回传网灵活采用层次化 MPLS L3/L2 VPN、VPLS、PWE3 等技术进行业务部署，支撑全业务承载及超大规模组网；通过采用 Y.1731、改进 BFD、IPFPM 等相关技术，实现网络端对端的 OAM 及流量和性能监测功能，提高了系统的可维护性；通过采用可靠的组网技术及层次化 QoS 技术，实现网络小于 50ms 的电信级保护倒换，弥补了传统 IP/MPLS 方案在网络可靠性方面的不足；通过采用 1588v2/ACR、同步以太等先进技术，提出本地网时间和频率同步网的整体解决方案，构建低成本高可靠的地面定时传送链路和地面时钟传送网。

3.1.2.2 L3/L2 网络功能

综合城域承载网从网络融合的角度出发，在组网模式上提出了以 IP/MPLS 为核心汇聚层，多种技术为接入层的三层+二层的新型组网模式，简化了网络组织和设备配置。通过与 SDN 技术相结合的研究和应用，简化网络运行维护手段、简化网络设备、降低网络成本，符合技术发展的方向。

在业务部署方面，可采用灵活的业务组织方式，特别是结合了 L2VPN 简单和 L3VPN 灵活的特点，通过设备内部桥接技术，解决了 L2/L3 桥接中端口资源瓶颈问题，有效支撑 LTE 网络建设和未来的网络发展。

3.2　L3/L2 的网络功能论证

多业务传送承载与接入网架构的分析主要聚焦在网络功能层次问题，即三层功能、二层功能如何在网络的各层面应用。

三层功能与二层功能在功能定位、设备成本、网络特点、运行维护等方面均有较大不同，具体如表 3-1 所示。

表 3-1　三层网络与二层网络分析表

比较项目	三层网络	二层网络
功能定位	承载功能（IP 寻址、动态路由和信令，大容量包转发，QoS 保证等）	传送功能（多业务高带宽接入，高效传送，可靠保护，QoS 保证等）
设备成本	大量协议需软件处理，架构复杂，成本较高	大量采用硬件处理方式，架构简单，成本较低
网络特点	一般为动态方式，网络灵活性好，但复杂度高	一般为静态方式，网络简单，但灵活性较差
运行维护	目前大量采用控制台命令方式配置；应用于多业务承载需完善网管系统	采用传统传送网管静态配置方式

因此，三层网络、二层网络的功能定位不同，应根据需求应用于网络架构中的不同层次，综合考虑成本，采用合适的覆盖范围。

目前，业务加速 IP 化，包括业务动态化、业务网池组化，未来的业务不再是静态的点对点连接，而是动态的、多点对多点的连接。业务需求的发展要求承载网具备三层寻址功能。同时，网络自身也需要适应多业务承载的动态网络。从网络建设角度考虑，三层功能的引入，使得多业务承载成为可能；从网络运维角度考虑，三层功能的引入可降低配置复杂度（如 LTE-X2 的提供等），快速调整业务路由（如基站归属调整等）。因此，三层功能在电信级业务的承载网络中是必要的。

三层网络、二层网络应用于不同层面时，在网络特点方面存在较大不同，如图 3-1 所示。一般来讲，三层功能从核心层到接入层向下扩展，网络灵活性越好，业务适应性越强；二层功能从接入层到核心层向上扩展，网络复杂度越低，网络成本越小；当三层下沉到接入时，二层上升到核心时，管理难度都较大，当三层功能覆盖核心汇聚、二层功能覆盖边缘接入时，管理难度综合最小。

现网核心节点约 10 个以内，汇聚节点约 100 个以内，边缘节点平均数千，最大近万。如果采用三层动态到边缘，则在边缘接入层引入过多故障可能，如软件故障、协议故障等，导致管理难度大；同时，目前 IP 承载网络单域节点限制在 500 个以内，三层延伸到边缘必须采用层次化的方案，此时与"三层+二层"架构相比，端对端的优势不大。同时，主要的电信级业务均可采用二层的边缘接入网络实现高效的业务接入和传送，能够满足业务需求。因此，三层网络不宜全面覆盖边缘接入层。

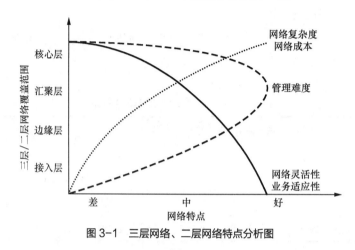

图 3-1　三层网络、二层网络特点分析图

随着业务模型的改变，以 LTE X2 接口为代表的边缘节点到边缘节点的业务将越来越多，业务流向、流量的变化也越来越频繁，需要有一个较大范围（覆盖汇聚层）的动态网络实现业务的灵活承载。同时，业务模型的改变也带来了网络结构的改变，核心层与汇聚层将逐步扁平化，形成网状结构，以提高承载效率、增强多路由保护能力。因此，三层网络以覆盖核心层和汇聚层为宜。

同时，现有宽带城域网也采用了核心汇聚为三层，边缘接入为二层的功能层次，以实现功能、成本与维护之间的平衡。

根据以上分析，核心层、汇聚层宜采用三层网络，边缘层、接入层宜采用二层网络为主。

3.3　城域综合承载传送技术

3.3.1　设备技术

UTN 的核心是 IP/MPLS 技术。在 IP/MPLS 网络中，L2VPN、L3VPN 及纯三层组

网技术都是支持基站回传的解决方案。

MPLS 是基于标记的 IP 路由选择方法。这些标记可以被用来代表逐跳式或者显式路由，并指明服务质量（QoS）、虚拟专网及影响一种特定类型的流量（或一个特殊用户的流量）在网络上的传输方式的其他各类信息。路由协议在一个指定源和目的地之间选择最短路径，不论该路径是否超载。利用显式路由选择，服务提供商可以选择特殊流量所经过的路径，使流量能够选择一条低延迟的路径。MPLS 协议实现将第三级的包交换转换成第二级的交换。MPLS 可以使用各种二层协议。

3.3.1.1　设备分类

根据在网络中的应用位置，本地综合承载传送网设备可分为核心设备、汇聚设备和接入设备三类。应用于边缘节点的设备参照汇聚设备或接入设备最高档的功能要求。

（1）核心设备

本地综合承载传送网的核心设备主要应用于本地网络中的核心节点，位于本地综合承载传送网的核心汇聚层。

（2）汇聚设备

本地综合承载传送的汇聚设备主要应用于本地网络中的汇聚节点，位于本地综合承载传送网的核心汇聚层。

（3）接入设备

本地综合承载传送的接入设备主要应用于本地网络中的接入节点，位于本地综合承载传送网的边缘接入层。

根据基本功能，可分为二层设备、三层设备两种功能配置。

根据应用场景和性能需求，分为 A 型、B 型、C 型三种设备模型。其中，A 型应用于 10GE 接入环节点、B 型应用于 GE 接入环节点、C 型应用于 GE 支链节点。

3.3.1.2　设备功能要求

所有类型、档次的设备均应支持多业务的承载，包括 TDM 电路仿真业务（SAToP 方式）、以太网业务（E-Line、E-LAN、E-Tree）、L3VPN 业务。

核心设备的功能要求如表 3-2 所示。

表 3-2　核心设备功能要求表

序号	功能项目			功能要求
				核心设备
1	数据平面功能			
1.1.1.1	接口	以太网接口	FE	必要
1.1.1.2			GE	必要
1.1.1.3			10GE	必要
1.1.1.4			40GE	可选
1.1.2.1		SDH 接口	CSTM-1/STM-1	必要
1.1.2.2			STM-4	可选
1.1.2.3			STM-16	—
1.1.3		PDH 接口	E1	可选
1.1.4		ATM 接口	ATM STM-1	可选
1.1.5.1		OTN 接口	OTU2/2e、OTU3 接口	可选
1.1.6		管理及辅助接口		必要
1.2	分组转发与交换			必要
1.3.1	业务适配	TDM 业务		必要
1.3.2		ATM 业务		可选
1.3.3		以太网业务		必要
1.3.4		IP 业务		必要
1.4.1.1	承载功能	隧道	动态隧道	必要
1.4.1.2			静态隧道	必要
1.4.1.3			流量工程	必要
1.4.2.1		伪线	动态伪线	必要
1.4.2.2			静态伪线	必要
1.4.3		L3VPN		必要
1.5.1	QoS 功能	流分类和流标记		必要
1.5.2		流量监管和整形		必要
1.5.3		拥塞管理		必要
1.5.4		队列调度		必要

续表

序号	功能项目		功能要求
			核心设备
1.5.5	QoS 功能	连接允许控制（CAC）	必要
1.5.6		层次化 QoS　　三层	可选
1.6.1.1	OAM 功能	业务层 OAM	以太网业务 OAM	必要
1.6.1.2			TDM 业务 OAM	必要
1.6.1.3			ATM 业务 OAM	可选
1.6.1.4			IP 业务 OAM	必要
1.6.2.1		隧道 OAM	动态隧道 OAM	必要
1.6.2.2			静态隧道 OAM	必要
1.6.3.1		伪线 OAM	动态伪线 OAM	必要
1.6.3.2			静态伪线 OAM	必要
1.6.4.1		链路 OAM	以太网链路 OAM	必要
1.6.4.2			OTN 链路 OAM	—
1.6.5		L3VPN OAM	必要
1.6.6.1		接入链路 OAM	以太网链路 OAM	必要
1.6.6.2			SDH 链路 OAM	必要
1.7.1.1	网络保护	隧道保护	动态隧道保护	必要
1.7.1.2			静态隧道保护	必要
1.7.2.1		伪线保护	动态伪线保护	必要
1.7.2.2			静态伪线保护	必要
1.7.3		L3VPN 保护	必要
1.7.4.1		接入链路保护	以太网接入链路保护	必要
1.7.4.2			SDH 接入链路保护	必要
1.8.1	同步	频率同步	同步以太网	必要
1.8.2		时间同步	1588v2	必要
1.8.3		设备时钟要求	必要
1.9.1.1	IP 相关功能	基本 IP 协议	ARP	必要
1.9.1.2			ICMP	必要
1.9.1.3			UDP	必要

续表

序号	功能项目			功能要求
				核心设备
1.9.1.4	IP 相关功能	基本 IP 协议	TCP	必要
1.9.2.1		组播	组播	必要
1.9.3.1		DHCP	DHCP Relay	可选
1.9.3.2			DHCP Server	—
1.9.4		MCE		可选
2	控制平面功能			
2.1.1	路由功能	静态路由配置		必要
2.1.2.1		动态路由协议	OSPF/IS-IS	必要
2.1.2.2			OSPF-TE/IS-IS-TE	必要
2.1.2.3			BGP4	必要
2.2.1.1	信令功能	隧道信令	RSVP-TE	必要
2.2.1.2			LDP	必要
2.2.3		伪线信令	LDP	必要
2.3.1	可靠性	NSR		必要
2.3.2		GR		必要
3	硬件要求			
3.1.1	设备冗余	电源冗余		必要
3.1.2		主控冗余		必要
3.1.3		路由模块冗余		必要
3.1.4		交换矩阵冗余		必要
3.2	单槽线速转发容量			不小于 40GB

汇聚设备的功能要求如表 3-3 所示。

表 3-3　汇聚设备功能要求表

序号	功能项目			功能要求
				汇聚设备
1	数据平面功能			
1.1.1.1	接口	以太网接口	FE	必要

续表

序号	功能项目			功能要求
				汇聚设备
1.1.1.2	接口	以太网接口	GE	必要
1.1.1.3			10GE	必要
1.1.1.4			40GE	可选
1.1.2.1		SDH 接口	CSTM-1/STM-1	必要
1.1.2.2			STM-4	可选
1.1.2.3			STM-16	—
1.1.3		PDH 接口	E1	必要
1.1.4		ATM 接口	ATM STM-1	可选
1.1.5.1		OTN 接口	ODUk 接口	可选
1.1.5.2			OTSn 接口	—
1.1.6		管理及辅助接口		必要
1.2	分组转发与交换			必要
1.3.1	业务适配	TDM 业务		必要
1.3.2		ATM 业务		可选
1.3.3		以太网业务		必要
1.3.4		IP 业务		必要[注1]
1.4.1.1	承载功能	隧道	动态隧道	必要[注1]
1.4.1.2			静态隧道	必要
1.4.1.3			流量工程	必要
1.4.2.1		伪线	动态伪线	必要[注1]
1.4.2.2			静态伪线	必要
1.4.3		L3VPN		必要
1.5.1	QoS 功能	流分类和流标记		必要
1.5.2		流量监管和整形		必要
1.5.3		拥塞管理		必要
1.5.4		队列调度		必要
1.5.5		连接允许控制（CAC）		必要
1.5.6		层次化 QoS	三层	可选

序号	功能项目			功能要求
				汇聚设备
1.6.1.1	OAM 功能	业务层 OAM	以太网业务 OAM	必要
1.6.1.2			TDM 业务 OAM	必要
1.6.1.3			ATM 业务 OAM	可选
1.6.1.4			IP 业务 OAM	必要
1.6.2.1		隧道 OAM	动态隧道 OAM	必要注1
1.6.2.2			静态隧道 OAM	必要
1.6.3.1		伪线 OAM	动态伪线 OAM	必要注1
1.6.3.2			静态伪线 OAM	必要
1.6.4.1		链路 OAM	以太网链路 OAM	必要
1.6.4.2			OTN 链路 OAM	—
1.6.5		L3VPN OAM		必要
1.6.6.1		接入链路 OAM	以太网链路 OAM	必要
1.6.6.2			SDH 链路 OAM	必要
1.7.1.1	网络保护	隧道保护	动态隧道保护	必要注1
1.7.1.2			静态隧道保护	必要
1.7.2.1		伪线保护	动态伪线保护	必要注1
1.7.2.2			静态伪线保护	必要
1.7.3		L3VPN 保护		必要
1.7.4.1		接入链路保护	以太网接入链路保护	必要
1.7.4.2			SDH 接入链路保护	必要
1.8.1	同步	频率同步	同步以太网	必要
1.8.2		时间同步	1588v2	必要
1.8.3		设备时钟要求		必要
1.9.1.1	IP 相关功能	基本 IP 协议	ARP	必要注1
1.9.1.2			ICMP	必要注1
1.9.1.3			UDP	必要注1
1.9.1.4			TCP	必要注1
1.9.2.1		组播	组播	可选注1

续表

序号	功能项目			功能要求
				汇聚设备
1.9.3.1	IP 相关功能	DHCP	DHCP Relay	可选[注1]
1.9.3.2			DHCP Server	—
1.9.4		MCE		可选[注1]
2	控制平面功能			
2.1.1	路由功能	静态路由配置		必要[注1]
2.1.2.1		动态路由协议	OSPF/IS-IS	必要[注1]
2.1.2.2			OSPF-TE/IS-IS-TE	必要[注1]
2.1.2.3			BGP4	必要[注1]
2.2.1.1	信令功能	隧道信令	RSVP-TE	必要[注1]
2.2.1.2			LDP	必要[注1]
2.2.3		伪线信令	LDP	必要[注1]
2.3.1	可靠性	NSR		必要[注1]
2.3.2		GR		必要[注1]
3	硬件要求			
3.1.1	设备冗余	电源冗余		必要
3.1.2		主控冗余		必要
3.1.3		路由模块冗余		必要
3.1.4		交换矩阵冗余		必要
3.2	单槽线速转发容量			不小于 10GB

注 1：当应用在边缘节点时，该项目为"可选"。

接入设备的功能要求如表 3-4 所示。

表 3-4　接入设备功能要求表（三层设备）

序号	功能项目			功能要求		
				接入 A 型	接入 B 型	接入 C 型
1	数据平面功能					
1.1.1.1	接口	以太网接口	FE	必要	必要	必要
1.1.1.2			GE	必要	必要	必要

续表

序号	功能项目			功能要求		
				接入 A 型	接入 B 型	接入 C 型
1.1.1.3	接口	以太网接口	10GE	必要	—	—
1.1.1.4			40GE	—	—	—
1.1.2.1		SDH 接口	CSTM-1/STM-1	必要	可选	—
1.1.2.2			STM-4	可选	—	—
1.1.2.3			STM-16	—	—	—
1.1.3		PDH 接口	E1	必要	必要	必要
1.1.4		ATM 接口	ATM STM-1	可选	可选	可选
1.1.5.1		OTN 接口	ODUk 接口	—	—	—
1.1.5.2			OTSn 接口	可选	可选	可选
1.1.6		管理及辅助接口		必要	必要	必要
1.2	分组转发与交换			必要	必要	必要
1.3.1	业务适配	TDM 业务		必要	必要	必要
1.3.2		ATM 业务		可选	可选	可选
1.3.3		以太网业务		必要	必要	必要
1.3.4		IP 业务		必要	必要	必要
1.4.1.1	承载功能	隧道	动态隧道	必要	必要	必要
1.4.1.2			静态隧道	必要	必要	必要
1.4.1.3			流量工程	必要	必要	必要
1.4.2.1		伪线	动态伪线	必要	必要	必要
1.4.2.2			静态伪线	必要	必要	必要
1.4.3		L3VPN		必要	必要	必要
1.5.1	QoS 功能	流分类和流标记		必要	必要	必要
1.5.2		流量监管和整形		必要	必要	必要
1.5.3		拥塞管理		必要	必要	必要
1.5.4		队列调度		必要	必要	必要
1.5.5		连接允许控制（CAC）		必要	必要	必要
1.5.6		层次化 QoS	（两层）	可选	可选	可选
1.6.1.1	OAM 功能	业务层 OAM	以太网业务 OAM	必要	必要	必要

续表

序号	功能项目			功能要求		
				接入A型	接入B型	接入C型
1.6.1.2	OAM 功能	业务层 OAM	TDM 业务 OAM	必要	必要	必要
1.6.1.3			ATM 业务 OAM	可选	可选	可选
1.6.1.4			IP 业务 OAM	必要	必要	必要
1.6.2.1		隧道 OAM	动态隧道 OAM	必要	必要	必要
1.6.2.2			静态隧道 OAM	必要	必要	必要
1.6.3.1		伪线 OAM	动态伪线 OAM	必要	必要	必要
1.6.3.2			静态伪线 OAM	必要	必要	必要
1.6.4.1		链路 OAM	以太网链路 OAM	必要	必要	必要
1.6.4.2			OTN 链路 OAM	可选	可选	可选
1.6.5		L3VPN OAM		必要	必要	必要
1.6.6.1		接入链路 OAM	以太网链路 OAM	必要	必要	必要
1.6.6.2			SDH 链路 OAM	—	—	—
1.7.1.1	网络保护	隧道保护	动态隧道保护	必要	必要	必要
1.7.1.2			静态隧道保护	必要	必要	必要
1.7.2.1		伪线保护	动态伪线保护	必要	必要	必要
1.7.2.2			静态伪线保护	必要	必要	必要
1.7.3		L3VPN 保护		必要	必要	必要
1.7.4.1		接入链路保护	以太网接入链路保护	必要	必要	必要
1.7.4.2			SDH 接入链路保护	可选	—	—
1.8.1	同步	频率同步	同步以太网	必要	必要	必要
1.8.2		时间同步	1588v2	必要	必要	必要
1.8.3		设备时钟要求		必要	必要	必要
1.9.1.1	IP 相关功能	基本 IP 协议	ARP	必要	必要	必要
1.9.1.2			ICMP	必要	必要	必要
1.9.1.3			UDP	必要	必要	必要
1.9.1.4			TCP	必要	必要	必要
1.9.2.1		组播	组播	可选	可选	可选
1.9.3.1		DHCP	DHCP Relay	可选	—	—

序号	功能项目			功能要求		
				接入 A 型	接入 B 型	接入 C 型
1.9.3.2	IP 相关功能	DHCP	DHCP Server	—	—	—
1.9.4		MCE		可选	—	—
2	控制平面功能					
2.1.1	路由功能	静态路由配置		必要	必要	必要
2.1.2.1		动态路由协议	OSPF/IS-IS	必要	必要	必要
2.1.2.2			OSPF-TE/IS-IS-TE	必要	必要	必要
2.1.2.3			BGP4	必要	必要	必要
2.2.1.1	信令功能	隧道信令	RSVP-TE	必要	必要	必要
2.2.1.2			LDP	必要	必要	必要
2.2.3		伪线信令	LDP	必要	必要	必要
2.3.1	可靠性	NSR		可选	—	—
2.3.2		GR		可选	—	—
3	硬件要求					
3.1.1	设备冗余	电源冗余		必要	必要	必要
3.1.2		主控冗余		必要	必要	—
3.1.3		路由模块冗余		—	—	—
3.1.4		交换矩阵冗余		必要	必要	—
3.2	单槽线速转发容量			不小于 10G	不小于 1G	不小于 1G

3.3.1.3 设备性能要求

对各种应用层级设备的最低性能要求如表 3-5～表 3-7 所示。

表 3-5 核心设备性能要求

序　号	性能项目	支持能力
1	基本配置	
1.2	交换容量（单向）	≥320GB
1.3	FIB 容量（IPv4）	≥256KB
1.4	ACL 数量	≥4KB

续表

序　号	性能项目	支持能力
2	接口	
2.1	线速 10GE 光口数量	≥32 个
2.2	线速 GE 光口数量	≥16 个
2.3	线速 FE 电口数量	≥8 个
2.4	CSTM-1/STM-1 光口数量	≥16 个
3	接口转发时延（整机满负荷）	≤150μs

表 3-6　汇聚设备性能要求

序　号	性能项目	支持能力
1	基本配置	
1.2	交换容量（单向）	≥80GB
1.3	FIB 容量（IPv4）	≥256KB
1.4	ACL 数量	≥1KB
2	接口	
2.1	线速 10GE 光口数量	≥8 个
2.2	线速 GE 光口数量	≥16 个
2.3	线速 FE 电口数量	≥8 个
2.4	CSTM-1/STM-1 光口数量	≥8 个
3	接口转发时延（整机满负荷）	≤150μs

表 3-7　接入设备性能要求

序　号	性能项目	支持能力
1	基本配置	
1.2	交换容量（单向）	≥2.5GB
1.3	FIB 容量（IPv4）	≥4KB
1.4	ACL 数量	≥128
2	接口	
2.1	线速 GE 光口数量	≥2 个
2.2	线速 FE 光口数量	≥4 个

续表

序　号	性能项目	支持能力
2.3	E1	≥8 个
3	接口转发时延（整机满负荷）	不大于 150μs

注：线路侧端口均应满足板卡分离原则。

3.3.1.4　目前主流厂家设备简介

当前城域综合承载传送设备厂家主要包括华为、中兴、烽火、贝尔、思科等公司，如表 3-8 所示。典型设备的详细描述参见附录 A。

表 3-8　城域综合承载传送设备

厂商	核心 A 档	核心 B 档	汇聚 A 档	汇聚 B 档	接入 A 档	接入 B 档（冗余）	接入 B 档（非冗余）	接入 C 档
华为	CX600-X8	CX600-X8	CX600-X3	CX600-X3/CX600-M8	ATN 950B	ATN 950	ATN 910	ATN 910
中兴	ZXCTN 9008/9000-8E	ZXCTN 9008/9000-5E	ZXCTN 9004/9000-3E	ZXCTN 9004/9000-3E	ZXCTN 6220/6150	ZXCTN 6200/6150	ZXCTN 6130/6120S	ZXCTN 6110
贝尔	7750 SR-12	7750 SR-7	7450 ESS-7	7450 ESS-7	7705 SAR-18	7705 SAR-8	7210 SAS-M	7705 SAR-M
烽火	CiTRANS R865	CiTRANS R865	CiTRANS R855	CiTRANS R845	CiTRANS 640/R835E	CiTRANS 635/R835	CiTRANS 630/R830E	CiTRANS 620A/R820
思科	ASR 9010	ASR 9010	ASR 9006	ASR 9006	ASR 903	ASR 903	ASR 901	ASR 901

3.3.2　路由技术

3.3.2.1　路由技术的选择

路由技术通常分为两大类：内部网关协议和外部网关协议。内部网关协议是在一个自治系统内部使用的路由选择协议；外部网关协议是在不同自治系统路由器之间使用的协议。

其中内部网关协议，为大家熟知的是 RIP、OSPF 和 IS-IS 路由协议。RIP 路由协议是基于距离矢量的路由选择协议，适用于路由变化不剧烈的中小型互联网；OSPF 路由协议和 IS-IS 路由协议是基于链路状态的路由协议，适用于规模庞大、环境复杂的网络，但对路由器处理能力要求较高。

对于外部网关协议，典型的是 BGP 路由协议。BGP 路由协议是基于距离矢量的路由选择协议，主要应用于自治系统之间。

3.3.2.2　OSPF 路由协议

1．OSPF 基本原理

开放最短路径优先（Open Shortest Path First，OSPF）路由协议是一种基于链路状态的内部网关协议（Interior Gateway Protocol，IGP）。OSPF 协议的操作概括如下。

（1）开启 OSPF 路由协议的路由器将 Hello 数据包从其开启了 OSPF 协议的接口上发布出去。共享一条链路的两台 OSPF 路由器，通过协商 Hello 数据包中的相关信息，从而建立 OSPF 邻居关系。

（2）网络中的 OSPF 路由器向具有邻接关系的邻居发送链路状态通告消息（Link State Advertisement，LSA）。通过 LSA 消息来通告 OSPF 路由器所有链路、接口、邻居及链路状态的信息。

（3）OSPF 路由器收到其他邻居发送的 LSA，从而将其记录在链路状态数据库（Link State DataBase，LSDB）中，并且将继续发送一份相同的 LSA 给其他所有邻居。

（4）利用 LSA 的泛洪，使整个区域的所有路由器均获得相同的 LSA 消息，形成相同的 LSDB。从而，每一台 OSPF 路由器都以自己为根，使用 SPF 算法以计算一个无环路的拓扑图，以形成其到达每一个目的地址的最短路径树。进而，每一台路由器由此形成到达每一个目的地址的路由表。

（5）网络中各 OSPF 路由器完成路由表创建后，通过 Keepalive 消息每隔一段时间重传一次 LSA，完成拓扑和路由收敛。

2．OSPF 路由发布与计算

（1）区域

OSPF 的区域是描述的一组逻辑上的 OSPF 路由器和链路，它可以将 OSPF 域分割成几个子域，而对于每一个区域内的路由器无需了解区域外部的拓扑细节。LSA 泛洪扩散被限制在每一个区域内来进行，且路由器仅需保持与其区域内的路由器相同的 LSDB，无需同整个 OSPF 域内的所有路由器同步相同的 LSDB。

（2）路由器类型

OSPF 协议的路由器类型有以下 4 种。

（a）内部路由器（Internal Router）——所有接口均属于同一个区域的路由器。

（b）区域边界路由器（Area Border Routers，ABR）——连接一个或多个区域到骨干区域的路由器。

（c）骨干路由器（Backbone Router）——至少有一个接口是和骨干区域相连的路由器。

（d）自主系统边界路由器（Autonomous System Boundary Router，ASBR）——OSPF 域外部的数据进入 OSPF 域的网关路由器。

（3）OSPF 状态机

OSPF 路由协议具有 8 种邻居状态，如图 3-2 所示，分别是 Down、Attempt、Init、2-way、Exstart、Exchange、Loading、Full。其中 Down、2-way、Full 的状态是一种稳定的长期存在的状态，Attempt、Init、Exstart、Exchange、Loading 是一种瞬间存在的不稳定状态。

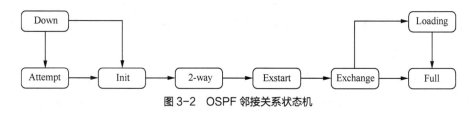

图 3-2　OSPF 邻接关系状态机

（a）Down 状态——这是邻居会话的初始状态，通常表示该路由器没有在邻居失效时间间隔内收到来自邻居设备的 Hello 数据包。

（b）Attempt 状态——这种状态仅适用于 NBMA 网络上的手工配置的邻居。在此状态下，定期向其邻居发送 Hello 数据包。

（c）Init 状态——这种状态通常表明在邻居失效时间间隔内收到了来自邻居设备的 Hello 数据包，但对端设备并没有收到本设备发送的 Hello 报文，双向通信仍然没有建立。

（d）2-Way 状态——这种状态表示本路由器已经收到了邻居路由器发送的 Hello 数据包（且在其邻居字段中发现了本路由 ID），从而双向通信的会话已经建立成功。

（e）Exstart 状态——这种状态表示本地路由器与邻居路由器开始协商主/从关系，并为数据库描述数据包（DD）的交换做准备。

（f）Exchange 状态——这种状态下，本地路由器将本地 LSDB 的 DD 发送给其邻居路由器，并向其邻居路由器请求最新的 LSA。

（g）Loading 状态——这种状态下表明本地路由器向其邻居路由器发送链路状态请求数据包，请求最新的 LSA 通告，两端进行 DD 报文的交换。

（h）Full 状态——这种状态下表明邻居路由器之间已经建立起了邻接关系，两端设备的 LSDB 已经完成同步。

（4）LSA 类型

LSA 描述了路由器所有的链路、接口、邻居路由器及链路状态信息。而由于链路状态信息的多样性，OSPF 协议定义了许多 LSA 类型，如表 3-9 所示。

表 3-9　LSA 类型

序号	类型代码	描　　述
1	1	路由器 LSA
2	2	网络 LSA
3	3	网络汇总 LSA
4	4	ASBR 汇总 LSA
5	5	AS 外部 LSA
6	6	组成员 LSA
7	7	NSSA 外部 LSA
8	8	外部属性 LSA
9	9	Opaque LSA（链路本地范围）
10	10	Opaque LSA（本地区域范围）
11	11	Opaque LSA（AS 范围）

（a）Router LSA（Type 1）——每一台路由器都会产生。描述了路由器所有的链路或接口，以及沿各链路方向出站的开销和所有已知的 OSPF 邻居。通告范围为路由器所属的区域内泛洪扩散。

（b）Network LSA（Type 2）——由指定路由器（DR）产生。描述一个多路访问网络中的与之相连的所有路由器。通告范围为 DR 所属的区域内泛洪扩散。

（c）Network Summary LSA（Type 3）——由 ABR 路由器产生，描述区域内某个网段的路由，并通告给其他相关区域。通告范围为接收此 LSA 的非 Totally Stub 或 NSSA 区域。

（d）ASBR Summary LSA（Type 4）——由 ABR 路由器产生。描述本区域到其他区域中的 ASBR 的路由。通告范围为除 ASBR 所在区域的其他区域。

（e）AS External LSA（Type 5）——由 ASBR 路由器产生。描述到 AS 外部的目的

地或者缺省路由。通告范围为除了 Stub 区域和 NSSA 区域的所有区域。

（f）NSSA External LSA（Type 7）——由 ASBR 路由器产生。描述到 AS 外部的路由。通告范围为非纯末梢区域内部。

（g）Opaque LSA（Type 9/Type 10/Type 11）——用于 OSPF 的扩展的 LSA。9 类的通告范围仅在接口所在网段范围内传播。10 类的通告范围为在区域内传播。11 类 LSA 的通告范围为在自治域内传播。

（5）路由类型

OSPF 路由协议具有 4 类路由类型，分别是区域内路由、区域间路由、类型 1 的外部路由和类型 2 的外部路由。

（a）Intra-area——目的地在路由器所在的区域。

（b）Inter-area——目的地在 OSPF 自主系统内的其他区域。

（c）Type 1 External——目的地在 OSPF 自主系统外的路由。这类路由的可信度要高一些。ASBR 路由器给通告的外部路由指定一个开销。对于类型 1 的外部路由来说，这个开销是 ASBR 到该路由目的地址的开销加上本设备到 ASBR 的开销。

（d）Type 2 External——目的地在 OSPF 自主系统外的路由。这类路由的可信度要低一些。OSPF 计算路由开销的时候只考虑 ASBR 到自治系统之外的开销，不再计入到达 ASBR 路由器的开销。

（6）路由计算

OSPF 采用最短路径优先算法（Shortest Path First，SPF）计算路由，通过链路状态通告 LSA 来描述网络拓扑，依据网络拓扑生成以本设备为根的最短路径树，从而计算出到网络中所有目的地的最短路径。当 OSPF 的链路状态数据库发生变化时，需要重新对最短路径进行计算。

通过 Router LSA 和 Network LSA 可以对区域内部的网络拓扑进行掌握，根据 SPF 算法，计算到达区域内各个目的地址的最短路径。通过检查 Network Summary LSA，可以得到相邻区域的路由的最短路径。通过检查 AS External LSA 就可以得到到达各个自治系统外部路由的最短路径。

3.3.2.3　IS-IS 路由协议

1．IS-IS 基本原理

中间系统到中间系统（Intermediate System to Intermediate System，IS-IS）路由协议

是一种基于链路状态的内部网关协议（Interior Gateway Protocol，IGP）。IS-IS 协议的操作概括如下。

（1）开启 IS-IS 路由协议的路由器将 Hello 数据包从其开启了 IS-IS 协议的接口上发布出去。IS-IS 路由器间通过协商 Hello 数据包中的相关信息，从而建立 IS-IS 邻居关系。

（2）网络中的 IS-IS 路由器向具有邻接关系的邻居发送链路状态通告信息（Link State Packets，LSP）。通过 LSP 消息来通告 IS-IS 路由器所有链路、接口、链路状态等信息。

（3）IS-IS 路由器收到其他邻居发送的 LSP，从而将其记录在链路状态数据库中，并且将发送一份 LSP 的拷贝给除发送该 LSP 的邻居以外的所有邻居。

（4）利用 LSP 的泛洪，使整个层次内每一台 IS-IS 路由器都获得相同的 LSP 消息，建立相同的 LSDB，并保持 LSDB 的同步。从而，每一台 IS-IS 路由器以自己为根，使用 SPF 算法计算一个无环路的拓扑图，以形成其到达每一个目的地址的最短路径树。进而，每一台路由器由此形成到达其他目的地址的路由表。

2．IS-IS 路由发布与计算

（1）路由器类型

IS-IS 为支持大规模的网络，从而在其路由域内采用分层的结构，网络可被分为多个区域，并包含以下几种路由器。

（a）Level-1 路由器——负责区域内部的路由，与同一区域的 Level-1 和 Level-1/Level-2 路由器建立邻居关系。仅维护本区域内的链路状态数据库。

（b）Level-2 路由器——负责区域间的路由，与 Level-2 或其他区域的 Level-1/Level-2 路由器建立邻居关系。维护 Level-2 的链路状态数据库。

（c）Level-1/Level-2 路由器——可与同一区域的 Level-1 和 Level-1/Level-2 路由器建立邻居关系，也可与其他区域的 Level-2 和 Level-1/Level-2 路由器建立邻居关系。区域内的 Level-1 路由器通过 Level-1/Level-2 路由器才能连接到其他区域。维护本区域内的链路状态数据库，以及区域间的链路状态数据库。

（2）IS-IS 报文

与 OSPF 一样，IS-IS 路由器也是通过收集其他路由器泛洪的链路状态信息来构建本设备的链路状态数据库。IS-IS 协议中的链路状态信息（Link State Packets，LSP）包含了 IS-IS 路由器产生的对于路由选择信息的描述。

IS-IS 协议具有三种报文。

（a）Hello 报文——用来建立和维持 IS-IS 路由器之间的邻接关系。

（b）LSP 报文——用来承载和泛洪路由器的链路状态信息，且 IS-IS 路由器据此完成链路状态数据库的建立。

（c）SNP 报文——用户控制数据包链路状态数据包的发布，并提供链路状态数据库的同步机制。

（3）路由计算

当网络完成了链路状态数据库的同步过程时，IS-IS 就将对链路状态数据库中的信息进行最短路径优先（Shortest Path First，SPF）算法计算路由，依据网络拓扑生成以本设备为根的最短路径树，从而计算出到网络中所有目的地的最短路径。当 IS-IS 的链路状态数据库发生变化时，需要重新对最短路径进行计算。

而 SPF 算法需要分别独立地在区域内和区域间的链路状态数据库中运行。对于 Level-1 路由器，通过 SPF 算法需要计算出到达最近的 Level-2 路由器的路径，继而选择开销最小的 Level-1/Level-2 路由器作为它区域间的中间设备。

3.3.2.4　BGP 路由协议及路由策略

1．BGP 路由协议

边界网关协议（Border Gateway Protocol，BGP）是一种应用于自治系统（Autonomous System，AS）之间的动态路由协议。BGP 使用 TCP（端口号 179）作为底层传送机制，提高了协议的可靠性。BGP 是一种距离矢量（Distance-Vector）路由协议，每一个 BGP 节点都依赖邻居进行路由传递：BGP 节点基于下游邻居通告的路由完成路由计算，并将其通告给上游邻居。区别于其他距离矢量路由协议，BGP 使用数据包到达特定目的地所要经过的一个 AS 号列表来量化距离。BGP 通过携带 AS 路径信息来标记其途经的 AS，而将带有本地 AS 号的路由丢弃，从而避免了域间产生环路。BGP 在 AS 内学习到的路由将不再通告给其 AS 内部的 BGP 邻居，避免了域内环路。

与 BGP 路由器建立对等体关系的邻居既可以在不同的 AS 之中，也可以在同一个 AS 之中。若邻居位于不同的 AS 之中，则该邻居为外部对等体，此时 BGP 称为 EBGP。若邻居位于同一 AS 之中，则邻居为内部对等体，此时 BGP 称为 IBGP。

（1）BGP 消息类型

BGP 具有 4 种消息类型，并通过单播的方式经过 TCP 连接传递给邻居。

（a）Open 消息——在 TCP 连接建立以后，用于建立 BGP 对等体之间的连接关系。每个邻居都利用该消息标识自己并指定相关的参数，每个邻居在接收到 Open 消息并协商成功以后，即建立起 BGP 对等体的连接关系。

（b）Keepalive 消息——若路由器接受其邻居发送来的 Open 消息中指定的参数，则响应一条 Keepalive 消息。BGP 也会周期性地向对等体发出 Keepalive 消息，用来保持连接的有效性。

（c）Update 消息——Update 消息可用于宣告可达路由信息，也可以撤销多条不可达的路由信息。Update 消息包括网络层可达性信息（Network Layer Reachability Information，NLRI）、路径属性（Path Attributes）、已撤销路由。

（d）Notification 消息——当 BGP 检测到错误状态时，就会向对等体发送 Notification 消息，并关闭 BGP 连接。

（2）BGP 有限状态机

BGP 有限状态机共有 6 种状态，分别是 Idle、Connect、Active、OpenSent、OpenConfirm 和 Established。

（a）Idle 状态——BGP 以 Idle 状态为起始点，该状态拒绝所有入站连接。BGP 收到开始事件后，会初始化所有的 BGP 资源、启动连接重传计时器，启动到对等体的 TCP 连接，监听来自邻居的 TCP 初始化消息，并将状态更改为 Connect 状态。

（b）Connect 状态——BGP 等待 TCP 连接的建立完成。若 TCP 连接建立成功，BGP 将向邻居发送 Open 消息并进入 OpenSent 状态。若建立不成功，BGP 继续侦听，重置计时器，并迁移到 Active 状态。若计时器超时，则重置计时器，尝试再次连接，保留在 Connect 状态。

（c）Active 状态——BGP 尝试进行 TCP 连接的建立。若 TCP 连接建立成功，则重置计时器，向邻居发送 Open 消息，并转移到 OpenSent 状态。若建立不成功，重置计时器，保留在 Active 状态。若计时器超时，重置计时器，转移到 Connect 状态。

（d）OpenSent 状态——此状态下，BGP 已经发送了 Open 消息，并且等待直至侦听到来自邻居的 Open 消息。若收到正确的 Open 消息，则转移到 OpenConfirm 状态。若收到的 Open 消息存在差错，则会发送 Notification 消息并转移到 Idle 状态。若收到 TCP 中断消息，重置计时器，监听 TCP 连接，并且转移到 Active 状态。

（e）OpenConfirm 状态——此状态下，BGP 进程将等待 Keepalive 消息或 Notification 消息。若收到的是 Keepalive 消息，则转移到 Established 状态。若收到的为 Notification 消息，则断开 TCP 连接，转移到 Idle 状态。

（f）Established 状态——此状态下，BGP 对等连接已完全建立，对等体之间可以交换 Update 消息、Notification 消息和 Keepalive 消息。若收到 Update 或 Keepalive 消息，则保持为 Established 状态。若收到 Notification 消息，转移到 Idle 状态。

（3）BGP 路径属性

（a）ORIGIN 属性——用于确定优选路由的因素之一。它有三种类型。IGP 具有最高优先级，路由源为 IGP。EGP 的优先级次于 IGP，从外部网关协议中学到的。Incomplete 的优先级最低，从其他方式学习到的路由信息。

（b）AS_PATH 属性——AS_PATH 属性利用一串 AS 号描述某条路由从本地到目的地的 AS 间路径或路由。当 BGP 发言者在本地通告一条路由时，若通告到本地 AS，则 Update 消息中创建一个空的 AS_PATH 列表；若通告到其他 AS，将本地 AS 号添加到 AS_PATH 列表中，通过 Update 消息通告给邻居设备。后续的 BGP 发言者将在路由通告给外部对等体时，将自己的 AS 号加入到 AS_PATH 中。

（c）Next-Hop 属性——描述了下一跳路由器的 IP 地址。若通告路由器与接收路由器在不同 AS，那么 Next_Hop 为本地与对端建立 BGP 邻居关系的接口地址；若通告路由器与接收路由器在同一 AS，则把下一跳属性设置为本地与对端建立 BGP 邻居关系的接口地址；若 BGP 发言者向 IBGP 对等体发布从 EBGP 对等体学习到的路由时，不改变路由信息的下一跳。

（d）Local_Pref 属性——仅用于内部对等体之间的 Update 消息，不会传递给其他自治系统。该属性用于向 BGP 路由器通告某被宣告路由的优先级。若内部 BGP 发言者接收到多条去往同一目的地的路由，则比较这些路由的 Local_Pref，本地优先级高的路径被选中。

（e）MED（Multi_Exit_Disc）属性——MED 属性仅在相邻两个 AS 之间传递，收到此属性的 AS 一方不会再将其通告给第三方 AS。该属性承载在 EBGP Update 消息中，用于判断流量进入 AS 时的最佳路由。当 BGP 设备具有可通过不同的 EBGP 对等体去往目的地址相同的路由时，在其他条件相同的情况下，优先选择 MED 值较小的 EBGP 对等体。

（f）Community 属性——将目的地视为某些共享一个或多个公共特性的目的地的一个成员。利用 Community 属性值来增强路由策略。

（4）BGP 选路策略

当到达同一目的地存在多条路由时，BGP 采取以下策略进行路由选择：

（a）优选管理性权值最大的路由；

（b）优选 Local_Pref 最大的路由；

（c）优选学习自 IGP 的路由；

（d）优选 AS_PATH 最短的路由；

（e）优选 Origin 属性优先级高的路由；

（f）优选 MED 值最低的路由；

（g）优选 EBGP 路由，最后选择 IBGP 路由；

（h）优选到 BGP 下一跳最近的路由（去往下一跳路由器 IGP 度量值最小）；

（i）优选 Cluster-ID 最短的路由；

（j）优选 BGP 路由器 ID 最小的路由。

（5）路由反射器

为保证 IBGP 对等体之间建立全连接关系，利用路由反射器（Route Reflector，RR）可以大大减少 BGP 对等体的数量。将某台路由器配置成为 RR，其他的 IBGP 路由器则称为客户端（Client），客户间不再需要建立全连接的对等关系，只要与 RR 建立对等体关系即可。路由反射器是通过放宽 IBGP 对等体不允许对外宣告学习自其他 IBGP 对等体的路由的规则来进行工作的。RR 可以把来自于 IBGP 对等体的路由不经修改路由属性就反射给其他的客户，以避免路由环路。

若路由学习自非客户端的 IBGP 对等体，则仅反射给客户端对等体；若路由学习自某客户端对等体，则反射给所有非客户和客户端对等体（除发起该路由的客户端）；若路由学习自 EBGP 对等体，则反射给所有的非客户和客户端对等体。

为增加网络的可靠性，防止单点故障，需要在一个簇中配置多个路由反射器进行 RR 的备份。在冗余的环境中，客户端对等体会收到不同的路由反射器发来的到达同一目的地址的多条路由，客户端对等体应用 BGP 选路策略选择最佳路由。

2．路由策略

路由策略非常重要，尤其是在 BGP 环境中。这就要求必须非常细致地规划 BGP 的路由策略，必须完全了解哪些数据包应该发给邻居，应该从邻居接收哪些数据包，等等。而路由策略作用对象是路由信息，在正常的路由协议之上，根据某种规则，通过改变某些参数等来改变路由产生、发布和选择的结果。路由策略的实现需要经过定义规则和应用规则的过程。也即首先需要定义一组匹配规则，可以用路由信息的不同属性来作为匹配的依据来进行设置，然后再将这些匹配的规则应用于路由的发布、接收和引入等过程的路由策略之中。

通常通过以下几种方式来进行路由控制。

（1）通过 NLRI 过滤路由——路由策略的核心内容是过滤器，对入站和出站路由策略来说，最可能的就是要定义路由器应该接受哪些路由和应该通告哪些路由。最简单的路由过滤器是针对每个邻居或者是对等体组所定义的，并指向一个定义了的前缀或 NLRI 的访问列表。

（2）通过 AS_PATH 过滤路由——AS_PATH 过滤是一组针对 BGP 路由的 AS_PATH 属性进行过滤的规则。相比在访问列表中穷举每个内部地址，采用按 AS 号进行过滤的方式更加简单。AS_PATH 过滤使用一种正则表达式的文本解析工具，用以在 BGP 更新消息中的 AS_PATH 属性中寻找匹配项。

（3）通过 Community 属性过滤路由——团体属性过滤是一组针对 BGP 路由的团体属性进行过滤的规则。在 BGP 的路由信息中，携带有团体属性，团体属性是一组有相同特征的目的地址的集合，因此基于团体属性定义一些过滤规则，就可以实现对 BGP 路由信息的过滤。

（4）通过 Local_Pref 属性控制路由——Local_Pref 属性被用于在 IBGP 中传递，设置来自不同下一跳的优先级。路由器的 Local_Pref 属性取值范围在 0～4 294 967 295 之间，值越大，代表该路由越优。从而通过修改 Local_Pref 方法可以实现对 BGP 路由信息的控制。

（5）通过 Multi_Exit_Disc 属性控制路由——MED 属性用于在影响邻居自治系统之间的路由决策，MED 取值范围为 0～4 294 967 925。当 BGP 发言者从对等体学习到路由后，可以将该路由的 MED 传递给任意的 IBGP 对等体。MED 较权值、Local_Pref、AS_PATH 等是相对较弱的属性，当以上变量均相同时，选择 MED 值最小的路由。

3.3.2.5　不同路由协议的应用场景

1. OSPF 的应用场景

OSPF 用于自治系统内部间传递路由信息，可以应用于以下场景：

（1）企业网内部用户实现网络互相通信，共享资料，网络规模在 10 台路由器以上；

（2）校园网内部用户实现网络互相通信，网络规模较大；

（3）用户与 ISP 互连接口应用 OSPF 协议，通过 ISP 实现 VPN 内互相访问；

（4）ISP 内部本地回传网络接入层可采用 OSPF 协议，且应采用多进程或多区域方式避免单 IGP 域过大。

2．IS-IS 的应用场景

OSPF 用于自治系统内部间传递路由信息，可以应用于以下场景：

（1）企业网内部用户实现网络互相通信，共享资料，网络规模在 10 台路由器以上；

（2）校园网内部用户实现网络互相通信，网络规模较大；

（3）用户与 ISP 互连接口应用 IS-IS 协议，通过 ISP 实现 VPN 内互相访问；

（4）ISP 内部接入层网络可采用 IS-IS 协议，且应采用多进程或多区域方式避免单 IGP 域过大；

（5）ISP 内部本地回传网络核心汇聚和接入层均可采用 IS-IS 协议，且应采用多进程方式避免单 IGP 域过大。

3．BGP 的应用场景

BGP 用于在 AS 之间传递路由信息，可以应用于以下场景：

（1）用户通过 ISP 开通 MPLS BGP VPN 时，用户与 ISP 之间互连接口可应用 BGP 协议，ISP 网络 PE 节点间采用 BGP 传播私网路由；

（2）用户需要通过 ISP 开通二层 VPN 时，ISP 可以选择以 BGP 为信令传播二层信息；

（3）用户同时与多个 ISP 相连，通过 BGP 选择到达目的地应走哪一个 ISP；

（4）ISP 内部不同自治系统之间可采用 BGP 进行信息传播。

3.3.3 MPLS 技术

3.3.3.1 MPLS 技术概述

MPLS 技术是作用于路由器上，使其通过 MPLS 标签来创建映射关系。在 IP 报文上粘连 MPLS 标签，从而使得路由器可以通过标签查找来进行数据转发。MPLS 技术处于 OSI 七层模型的第 2.5 层，并且以第 2.5 层为基础进行实施。

MPLS 技术要求路由器支持 MPLS 功能，作为标签交换路由器（Label Switch Router，LSR），能够理解 MPLS 标签，又能在数据链路上接收和发送带标签的报文。

MPLS 网络中存在三种类型的 LSR：

（1）入站 LSR——接收尚不具有标签的报文，在报文上打上标签后发送出去；

（2）出站 LSR——接收带标签的报文，移除标签后发送出去；

（3）链路中 LSR——链路中间的 LSR 在接收到带标签的报文后，对其进行操作后发送到数据链路中去。

在 MPLS 网络中转发带标签的报文所经过的路径为标签交换路径（Label Switch Path，LSP）。一条 LSP 的第一台 LSR 为入站 LSR，最后一台 LSR 为出站 LSR。注意 LSP 为单向的。

在 MPLS 网络中，转发等价类（Forwarding Equivalence Class，FEC）表明一组沿相同路径转发且按相同规则执行的数据流。所有属于同一 FEC 的报文都拥有相同的标签。由入站 LSR 决定哪个报文属于哪一个 FEC。

MPLS 网络中采用标签分发实例库（Label Forwarding Information Base，LFIB）来进行标签的查找，它由入站标签和出站标签构成。入站标签由 LSR 本地捆绑，出站标签由 LSR 从所有可能的远程捆绑标签中进行选择，远程标签的选择根据路由表中找出的最优路径确定。

分发标签的协议有三种：标签分发协议（Label Distribution Protocol，LDP）为所有的内部路由条目分发标签；资源预留协议（Resource Reservation Protocol，RSVP）为 MPLS 流量工程分发标签；MP-BGP 协议为 BGP 路由条目分发标签。

MPLS 具有两种标签分发方式：下游被动（DoD）分发标签模式和下游主动（UD）分发标签模式。两种标签的保持模式：自由的标签保留模式和保守的标签保留模式。

MPLS 具有三种标签操作方式，分别为交换、添加和移除。转发报文时依据收到报文形式进行 IP 查找或 LFIB 查找，从而进行相应的操作，也决定了报文在离开路由器时是否携带标签。

标签 0～15 都是被保留的标签，LSR 通常是不能够使用这些标签来进行报文的转发的。标签 0 是显式空标签，用于携带 QoS 信息；标签 3 是隐式空标签，在 LSP 的倒数第二跳进行标签弹出操作，减少了出站 LSR 的处理时间；标签 1 是路由器报警标签，标签 14 是 OAM 报警标签。标签值共有 20 个比特位，所以标签值 16～1048575 均可以用来进行普通报文的转发。

3.3.3.2 基于 LDP 的标签分发

标签分发协议（LDP）是多协议标签交换 MPLS 的一种控制协议。通过 LDP 协议，LSR 可以把网络层的路由信息直接映射到数据链路层的交换路径上。由于 LDP 协议为所有的内部路由条目分发标签，从而，所有直连连接的 LSR 之间必须建立 LDP 会话。LDP 对等体之间通过 LDP 会话交换标签映射信息。

LDP 协议主要进行以下操作：发现运行 LDP 的 LSR；会话的建立和维护；标签映射通告；使用通知来进行管理。LDP 协议操作中涉及 11 类消息：Notification 消息、Hello 消息、初始化消息、保活消息、地址消息、地址撤销消息、标签映射消息、标签请求消息、标签撤销消息等。当两台 LSR 都运行了 LDP，且它们之间共享一条或多条链路时，通过 Hello 消息发现对方，然后通过 TCP 连接建立会话。LDP 就在这个 TCP 连接中的两个 LDP 对等体之间通告标签映射消息。

通常情形下，LDP 会话都是建立在直连的 LSR 之间的。但也有一些情况下，需要远程的基于目的的 LDP 会话。建立这种 LDP 会话的 LSR 就不再是直接连接的了。

为避免 MPLS 网络中由于 LDP 会话断开，但 IGP 仍然将该链路作为出站链路使用；以及 LSR 重新启动时，IGP 早于 LDP 建立邻接关系的情形下，导致 LDP 会话未正确建立的两台 LSR 之间的大量 MPLS 流量被丢弃的情况，采用 MPLS LDP-IGP 同步解决问题，确保链路在 LDP 会话断开后不会再被用来转发无法标记的流量，而是将流量从另外一条存在 LDP 会话的链路转发出去。

LDP 协议存在以下几种工作模式：下游主动（UD）与下游被动（DoD）通告模式；无限制的标签保留与受限制的标签保留模式。

3.3.3.3 流量工程技术

传统的 IP 网络中，节点选择最短路径作为最优路由，不考虑带宽等因素。容易出现流量集中于最短路径而导致拥塞，而其他可靠的路径却较为空闲。然而，通过流量工程可以自适应地来改变链路的带宽和属性参数以解决这样的问题。流量工程使用了基于源的路由，而非基于目的的路由。从而提高了流量在网络中扩散的效率，避免了链路的使用不充分或使用过度。

MPLS-TE 将链路带宽和其他的一些链路参数配置在链路中，并且通过链路状态协议来进行通告。然后 MPLS-TE 会根据链路状态路由协议发送的 TE 信息构建一个 TE 数据库。这个数据库中包含了所有启用 MPLS-TE 的链路及这些链路的特征或者参数。接着采用 CSPF 可以根据这个 MPLS-TE 数据库计算出最短的满足所有限制条件的从首端 LSR 到尾端 LSR 的路径。LSP 的链路中 LSR 需要了解用于特定 LSP 的 TE 隧道的入站和出站标签。用于学习标签的信令协议有：用于 TE 的扩展 RSVP-TE 和限制的 LDP（CR-LDP）。网络中启用 TE 的方法有两种：在网络中的边缘 LSR 对之间创建 MPLS-TE 隧道；以及在网络中的任何位置启用 MPLS-TE，只在需要的时候才创建 TE

隧道。

MPLS-TE 隧道中转发流量具有两种模式。

（1）自动路由通告

用以使 LSR 可在 TE 隧道的路由表中插入被用作下一跳或者出站接口的 IP 的目的地址。自动路由通告修改了 SPF 算法，从而使 LSR 可以插入下游最近的 TE 隧道尾端路由器的 IP 前缀到首端路由器 TE 隧道的路由表来作为下一跳。

（2）邻接关系转发

邻接关系转发使 IGP 将 TE LSP 看作一条链路。TE 隧道首端路由器上的 IGP 将 TE LSP 关联上一个特定的 IGP 度量值后以链路的形式将其通告出去。如此，同一区域中的任何首端路由器在执行 SPF 算法时都将包含这条链路。注意只有当在隧道的两个方向上都能看到这条链路的时候，才会在 SPF 算法中包含该邻接关系转发链路。

3.3.3.4　不同标签分发方式的应用场景

1．基于 LDP 的标签分发

基于 LDP 的标签分发方式可以应用于以下几种应用场景：

（1）为内部路由条目分发标签，建立 LSP；

（2）在 L2VPN 业务中，PE 设备以基于目的的 LDP 方式建立伪线，用来传送客户数据。

2．基于 RSVP-TE 的标签分发

基于 RSVP-TE 的标签分发方式可以应用于以下几种应用场景：

（1）UTN 网络中端对端的 VPN 技术以 MPLS-TE 作为 VPN 的公网隧道，保证业务质量和可靠性；

（2）IP 城域网采用 MPLS-TE 隧道作为 VPN 的公网隧道，以满足业务涉及带宽、QoS 和可靠性方面的需求。

3．基于 BGP 的标签分发

基于 BGP 的标签分发方式可以应用于以下几种应用场景：

（1）MPLS BGP VPN 场景下，采用 MP-BGP 做标签分发协议为 BGP 路由条目分发标签；

（2）以 Kompella 方式开通 MPLS L2VPN 场景下，采用扩展了的 BGP 为信令协议

来发布二层可达信息和标签信息。

3.3.4　OAM 技术

3.3.4.1　以太网 OAM

传统以太网可维护、可运营能力比较弱，而底层或高层的 OAM 功能对于以太网操作管理和维护是不合适的。为了对以太网链路的连通性、有效性进行检测，并定位出以太网层故障，衡量网络利用率和性能，从而出现了以太网 OAM（Operations Administration and Maintenance）。以太网 OAM 遵循的协议目前为 IEEE 制定的两套标准，即 802.3ah 和 802.1ag 和 ITU-T 提出的 Y.1731 和 802.3ah。

以太网 OAM 主要功能可分为两个部分。

（1）故障管理——通过定时或手动的方式发送检测报文探测网络的连通性；提供类似 Ping 和 Traceroute 的功能，对以太网进行故障的诊断和定位；与保护倒换协议配合，进行故障检测触发倒换。

（2）性能管理——主要是对网络传输过程中的丢包、时延、抖动等参数的衡量，也包含对各类的流量进行统计。

以太网 OAM 的故障管理功能主要包括了连续性检测（CC）、环回功能（LB）和链路跟踪功能（LT）。性能检测功能主要包括：丢包统计功能、时延统计功能、AIS 功能等。

（1）连续性检测（CC）——用于检测维护端点之间的连通状态，由维护端点 MEP 周期性地发送 CCM（Continuity Check Message）组播报文，相同维护联盟的其他维护端点接收该报文。当维护端点在 3.5 个超时周期内未收到源端发送的 CCM 报文，则认为链路有问题。

（2）环回功能（LB）——与网络层 Ping 类似，用于验证本地设备与远端设备之间的连接状态。由 MEP 发起，目的节点可以是同一个 MA 内，也可以是不同的 MA 内的与发起节点级别相同的 MP。指定地址的 MP 收到 LBM（Loop Back Message）后，将向源 MEP 回应 LBR（Loop Back Reply）。故障位置前的 MP 能够响应环回消息，而故障位置后的 MP 则不能响应环回消息，从而实现故障的定位。

（3）链路跟踪功能（LT）——与网络层 Traceroute 类似，用以确定源端到目的维护端点的路径。由 MEP 发起，目的节点可以是同一 MA 内的或不同 MA 内的与发起节点级别相同的 MEP 或 MIP。源端 MEP 构造 LTM（Link Trace Message）消息后发送到目的 MP。在转发到目的 MEP 或 MIP 的过程之中，MIP 会回复 LTR（Link Trace Reply），同时转发 LTM，到达目的 MEP 则终止 LTM 的转发同时回复 LTR。这样远端 MEP 就得到了整个路径的信息。

（4）丢包统计功能（ETH-LM）——用于统计网络中端对端链路的丢包性能，通过在本端的 MEP 向对端 MEP 发送带有 ETH-LM 信息的帧，并类似地从对等 MEP 接收带有 ETH-LM 信息的帧实现的。每个 MEP 丢包统计过程都包括近端和远端帧丢失的测量。对于一个 MEP，近端的帧丢失是指与入口数据帧相关联的帧丢失，而远端的帧丢失是指与出口数据帧相关联的帧丢失。

（5）时延统计——时延统计用于测量帧时延和帧时延的变化。通过向对等 MEP 周期地发送带有 ETH-DM 信息的帧，并在诊断间隔内从对等 MEP 接收带有 ETH-DM 信息的帧来完成的。

（6）AIS 功能——又称为告警指示信号，是用于传递故障信息的协议。在设备检测到链路故障后，向下游持续地发送 AIS 报文；直到链路故障恢复后，设备停止发送 AIS 报文。

3.3.4.2　网络层 OAM

网络层 OAM 常用以下几种手段来检验网络层状态。

（1）Ping——用于测试网络连接的程序，检查目标对象是否存在。Ping 发送一个 ICMP（Internet Control Message Protocol）回声请求消息给目的地并报告是否希望应答，因为 ICMP 可以标识错误环境（目的地不可达、时间超时等），并且可以发送信息化通告（重定向、地址掩码等）。目的设备收到后会回复一个响应回复报文。若源收到响应回复的话，说明两台主机在网络层可达，从而检查出网络是否通畅或者网络的连接速度（时延）情况。

（2）Traceroute——用于检测到达目的地址的路由。程序通过向目的地发送具有不同生存时间（TTL）的 ICMP 控制报文，以确定至目的地的路由。路径上的每个路由器都要在转发该 ICMP 回应报文之前将其 TTL 值至少减 1。当报文的 TTL 减少到 0 时，路由器向源设备发回 ICMP 超时信息。随后在发送报文时每次将 TTL 值加 1，直到目标响应，可以确定到达目的地的路由。

（3）BFD——双向转发检测主要用于快速检测系统之间的通信故障，并且出现故障时通知上层应用。两个系统建立 BFD 会话，并沿它们之间的路径周期性发送 BFD 控制报文，若一方在既定的时间内没有收到 BFD 控制报文，则认为路径上发生了故障。

（4）路由器警报选项——IP 报文可以在 IP 头部附带一个路由器警报选项。表明路由器在转发该报文时，发现即使该报文目的地址并非自己时，仍需要深度检查该报文。

（5）SNMP——SNMP 是一个提供在 IP 网络中的 SNMP 管理终端和 SNMP 代理通信的协议。SNMP 可以用两种方式管理网络中的节点：轮询方式和中断驱动方式。在轮询方式中，管理终端周期性轮询或者询问网络中的设备。当故障事件发生时，可能会在事件发生一段时间后，通过轮询设备才会注意到这个事件。中断驱动方式，只要当被管理设备发生一个事件时，SNMP 便会发送一个 trap 到管理终端，以告知它产生了变化。

3.3.4.3　MPLS OAM

考虑到标签转发层面的故障、标签交换路径中的缺陷、MPLS 网络中 SLA 度量等，通常以太网 OAM、网络层面 OAM 无法进行检测和维护，从而在 MPLS 网络中将采用 MPLS OAM 进行 MPLS 层面的故障检测和维护。

MPLS 层面的 OAM 主要有以下几种手段。

（1）路由器警报标签——路由器警报标签值为 1，可以存在于标签栈中除底部的任何位置。收到该报文的 LSR 若检查到顶部标签值为 1，则进行深度检查该报文，并移除顶部标签，按第二层标签进行 LFIB 查找并转发。在转发之前，把标签 1 重新放置在标签栈的顶部。

（2）MPLS LSP Ping——由于传统的 IP Ping 方式不足以检查 MPLS LSP 的正确性。在两台 LSR 之间的 LDP 会话断开的情况下，报文就再也不能进行标记了。但通过 IP Ping 的方式，Ping 请求包可能仍会到达对端 LSR，源端也可收到对端发送回的响应报文。但是实际的 LSP 已经发生故障了，通过 IP Ping 进行检测一切正常。从而，需要 MPLS LSP Ping 来检查 MPLS 层面的正确性。MPLS LSP Ping 具有完全不同的报文格式，可以返回更多的故障排查信息。一个 MPLS 响应请求是一个 UDP 报文，拥有路由器警报选项。报文的 TTL 被设置为 1，报文的目的 IP 地址为 127.0.0.0/8 范围内，源地址是发送方的任意一个 IP 地址。

（3）MPLS LSP Traceroute——作用是为了检测 LSP 路径，并且检测沿 LSP 的所有 LSR 的控制层面及数据层面。MPLS LSP Traceroute 会发送多个 MPLS 响应请求报文，并且这些报文的 MPLS TTL 将会依次递增。第一个 MPLS LSP Traceroute 报文的 MPLS

TTL 值为 1，而后续的每一个探测报文的 TTL 都会增加 1。若一台 LSR 收到的 MPLS 响应请求的 TTL 为 1，则会对其进行回复。

（4）VCCV Ping——VCCV 用于测试和检验数据层面的伪线路。考虑 MPLS 情况，VCCV 应用 MPLS LSP Ping 来测试伪线路的连通性。VCCV 在 PE 路由器之间创建一个控制信道，VCCV 报文会如 IP 报文一样被发送。

（5）VCCV Traceroute——通过扩展的 MPLS LSP Traceroute 来实现的。VCCV Traceroute 使用伪线路转发 MPLS Echo Request 报文，来收集 PW 上每个节点的信息。为确保 VCCV 的报文和伪线路中的数据报文经过的路径保持一致，VCCV 的报文必须采取与伪线路的封装方式相同。

（6）BFD——双向转发检测主要用于快速检测系统之间的通信故障，并且出现故障时通知上层应用。两个系统建立 BFD 会话，并沿它们之间的路径周期性发送 BFD 控制报文，若一方在既定的时间内没有收到 BFD 控制报文，则认为路径上发生了故障。

3.3.5 仿真技术

3.3.5.1 PWE3 技术

PWE3（Pseudo-Wire Emulation Edge to Edge）是一种点对点的 MPLS L2VPN 技术。由于传统通信网络的升级和拓展，为充分利用现有的网络资源，PWE3 技术将传统通信网络与现有分组传送网络结合。

PWE3 技术建立 PW 可通过静态和动态信令协议方式：静态方式为纯手工配置，指定 PW 信息；动态方式有 Martini 方式、PWE3 方式、Kompella 方式。Martini 与 PWE3 均采用 LDP 信令协议进行 PW 建立，区别在于 PW 的 AC 端口 Down 或者隧道 Down 时，两种方式的处理有所不同；Kompella 方式采用 BGP 作为信令协议进行 PW 的建立。

PW 建立可以分为建立单段 PW 和多段 PW：单段 PW 是设备间只有一段 PW，无需标签交换；多段 PW 指设备间存在多段 PW，在 SPE 设备上需要进行标签交换。

PW 建立方式以 Martini 方式为例，建立 PW 时 PE 与 PE 之间需要建立 LDP 会话。当 PW 两端的 PE 设备上完成了 PWE3 的配置，且建立起 LDP 会话后，开始动态建立 PW。

（1）设备 1 发送 Request 和 Mapping 报文给设备 2。

（2）设备 2 收到来自设备 1 的 Request 消息后，触发设备 2 发送 Mapping 报文给设备 1。

（3）设备 2 收到 Mapping 消息后，检查本地是否也配置了相同的 PW。若本地配置的参数的协商结果一致，则设备 2 将本端 PW 置为 Up 状态。

（4）设备 1 收到来自设备 2 的 Mapping 消息，同样检查本地配置的 PW 参数，若协商一致，设备 1 会将本端 PW 置为 Up 状态。至此设备 1 和设备 2 的 PW 建立完成，之后通过 Notification 消息互相通报状态。

3.3.5.2　TDM 技术

TDM（Time Division Multiplex）时分复用是将某一信道按照时间进行分割，各语音信号的抽样量化值按一定顺序占用某一时隙。语音信号通过 PCM（Pulse Code Modulation）数字化处理后，和其他数字信号一起通过 TDM 时分复用技术完成在 PDH（Plesiochronous Digital Hierarchy）或 SDH（Synchronous Digital Hierarchy）连接上的传送。

TDM 业务按传输形态分为：PDH 体系（E1、T1、E3、T3 等）和 SDH 体系（STM-1、STM-4、STM-16 等）。

TDM 业务是一种时钟同步业务，通信的双方中一方需要跟随另一方的时钟。时钟错误会造成误码或对接不上。

TDMoPSN（TDM Circuits over Packet Switching Network）基于包交换网络的 TDM 电路，是 PWE3 中的一种业务仿真，通过 MPLS、Ethernet 等包交换网络完成 TDM 业务仿真，实现 TDM 业务在 PSN 网络的透传。主要有 SAToP（Structure-Agnostic TDM over Packet）和 CESoPSN（Structure-Aware TDM Circuit Emulation Service over Packet Switched Network）两种主流实现协议。

3.3.5.3　SAT 技术

SAToP（Structure-Agnostic TDM over Packet）技术提供针对较低速率的 PDH 电路业务的仿真功能，用来解决非结构化，也即非成帧模式的 E1/T1/E3/T3 业务传送，它将 TDM 业务都作为串行的数据码流进行切分和封装后在 PW 隧道上进行传输。

非结构化传输方式的特点：

（1）不需要保护结构完整性，也不需要解释或操控各个通道的情况；

（2）适用于传输性能比较好的 PSN 网络；

（3）不要求区分通道和不需要对 TDM 信令进行干预的应用。

3.3.5.4　CES 技术

CESoPSN（Structure-Aware TDM Circuit Emulation Service over Packet Switched Network）技术提供针对 E1/T1/E3/T3 等较低速率的 PDH 电路业务的仿真功能，提供结构化的 TDM 业务仿真传送功能，也即成帧结构和 TDM 帧内信令的识别和传送功能。

结构化传输方式的特点：

（1）当在 PSN 上传送时要求或希望显式地保护 TDM 结构；

（2）结构敏感的传送可以用在网络性能稍差的 PSN 网络上，以这种方式传输可以提高传输的可靠性。

3.3.6　保护技术

3.3.6.1　设备本地保护

1. IP FRR

对于 IP 转发而言，转发是逐跳进行的单机行为。任何一台 IP 路由器，只要按照预置的转发信息将流量送往自己的下一跳节点即可。而 IP 转发依据两个主要部分：区分流量的依据（如目的地址）和流量的去向（下一跳节点）。在网络出现故障后，原本的下一跳变得不可达后，通过协议的收敛可以在一段时间以后，重新找到另一个可用的下一跳路由器。但是，为了减少业务流量的丢弃，可以人为地指定一个备份的下一跳。在检测到原有的下一跳不可用时，直接将流量切换到备用下一跳。

IP FRR 在信令层面建立备用转发方案，不会对原有的拓扑和流量转发有影响。保护手段仅在本机生效，不会影响其他设备。IP FRR 需要在全网范围内考虑 IGP 的 Cost 值规划，以确保每条备份路由都没有发生环路。

2. LDP FRR

LDP FRR 技术是一项解决 MPLS 网络可靠性的技术，通过主备标签技术完成网络故障的倒换功能。运行 LDP 协议的网络中，LSR 可以从任何相邻 LSR 收到对于 FEC 的标签映射信息，LDP FRR 不止将 FEC 对应路由的下一跳发送来的标签映射生成标签转发表，也为其他标签映射生成标签转发表，并作为备份标签转发表。

LDP FRR 在本地化实现，无需相邻设备配合支持。LDP FRR 需要在全网范围内考虑 IGP 的 Cost 值规划，以确保每条备份路由都没有发生环路。

3. BGP FRR

BGP FRR 应用于有主备链路的网络拓扑结构中。通过 BGP FRR，可以使 BGP 的两个邻居切换或者两个下一跳切换达到 50ms 以内。BGP FRR 从多个对等体学习到相同的前缀的路由，利用最优路由做转发，自动将次优路由的转发信息添加到最优路由的备份转发表项中，并下发到 FIB，进而到数据转发层面。当主链路出现故障的时候，系统快速响应 BGP 路由不可达的通知，并将转发路径切换到备份链路上。BGP FRR 也是单机动作，无需对等体设备配合和支持。

3.3.6.2   传输通道保护

1. TE FRR

TE FRR 需要预先为每一条被保护链路或节点准备一条备份隧道，当被保护的设备或链路发生故障后，流量随即切换到备份隧道上，使 LSP 从被保护的链路重新路由到备份隧道的倒换只需要几十毫秒。备份隧道不止可以传送业务数据，也可以传送信令协议。

TE FRR 具有链路保护和节点保护两种保护方式。其中所有经过了特定链路的 TE 隧道都通过一条备份隧道进行保护的技术称为 Facility Backup。这种保护只是暂时的，因为链路故障触发本地修复点发送一条 PathErr 消息到 TE 隧道的首端路由器。当首端路由器收到 PathErr 消息后，将为该隧道重新计算一条新的路径，并且创建该路径。当首端路由器完成创建后，备份隧道上的数据将倒换到新路径上去。而节点保护是通过创建下一跳（NNHOP）备份隧道来进行工作的。一条 NNHOP 备份隧道并不是连接到 PLR 下一跳路由器的隧道，而是连接到被保护路由器后面一跳路由器的隧道。要求本地修复点正确学习到 NNHOP 的标签，以及发送正确的 PATH 消息，保证 TE 保护隧道的正常工作。

2. HotStandBy

TE 隧道的路径保护功能 HotStandBy 保护简称 HSB 保护。HSB 保护是通过和现有的 LSP 并行建立一条额外的 LSP 来实现的，这条额外的 LSP 只有在主 LSP 发生失效的时候，才会使用，称为备份 LSP。

备份 LSP 在主隧道 LSP 建成之后，发起建立。当主隧道 LSP 失败消息（以 BFD 或 RSVP-TE 协议报文等形式）传到发送端 PE 后，流量会切换到备用隧道 LSP。当主隧道 LSP 恢复后，将流量切换回去。

基于单向 MPLS 隧道的 1∶1 路径保护由于宿端处于永久双收状态，在源端基于工作隧道和保护隧道的故障状态来选择从哪个端口进行选发。

3.3.6.3 业务保护

1. PW 冗余

PE 设备上为 PW 建立一条备份 PW，形成 PW 的冗余保护。保持冗余备份的一组 PW 中只有一条处于工作状态，其他都处于备用状态。PW 冗余具有两种工作模式：主/从模式——本地确定 PW 的主备，并通过信令协议通告远端，远端 PE 可以感知主备状态；独立模式——本地 PW 的主备状态由远端 AC 侧协商结果确定，远端通告主备状态到本地。

由于 PW 保护组与 AC 侧的一一对应关系，从而对于 PW 的冗余保护，也可认为是网络对于业务的保护。

2. VPN FRR

VPN FRR 解决的是 CE 双归网络中，当 PE 设备故障时业务快速收敛的技术。VPN FRR 利用基于 VPN 的私网路由快速切换技术，通过预先在远端 PE 中设置指向主用 PE 和备用 PE 的主备用转发项，并结合 PE 故障的快速探测，旨在解决 CE 双归 PE 的 MPLS VPN 网络中，PE 节点故障导致的端对端业务收敛时间长的问题，同时解决 PE 节点故障恢复时间与其承载的私网路由数量相关的问题。

VPN FRR 技术面向内层标签的快速倒换，在外层隧道选择相应的隧道保护机制。当 VPN FRR 与隧道保护技术组合使用时，遵循的原则是 VPN FRR 是比外层隧道切换级别要高的倒换技术，其故障检测时间需要配置的长于外层隧道的故障检测时间和隧道倒换时间之和，以保证在外层隧道能够进行倒换的情况下，不触发 VPN FRR 的倒换技术，以满足内层业务不感知的需求。

3.3.6.4 网间保护

1. VRRP

VRRP 将一组路由器构成一个 VRRP 组，功能上相当于一台虚拟路由器。一台设备处于活动状态，称为主备设备，另外一台设备处于备份状态，称为备用设备。局域网内的主机将自己的缺省路由下一跳地址设置为该虚拟路由器的 IP 地址。于是，局域网内的主机就通过该虚拟路由器与其他网络进行通信。

通常情况下，VRRP 用于在 AC 侧的设备双归于两个 PE 设备的情况下，当主设备出现故障时，备设备成为 VRRP 主设备，发布免费 ARP 报文，吸引 AC 侧流量。

2. LAG

主要用作在以太网链路层面提供保护。通过将多个以太物理端口聚合起来组成一个逻辑端口，从而提高网络带宽，并提供链路层面的保护。

MC-LAG（Multi-Chassis Link Aggregation Group）多机箱链路聚合组可实现跨机箱的 LAG。

3. APS

APS 是当出现链路故障时，通过 APS 保护字节发出保护倒换请求，并由对端设备给予倒换桥接应答的保护倒换机制。主要用作在 SDH 接入链路层面提供保护，可采用 1∶1 或 1+1 两种方式。

3.3.7　QoS 技术

IETF 提供了两种在 IP 网络中实施 QoS 的方法：综合服务（Intserv）和区分服务（Diffserv）。Intserv 使用信令协议资源预留协议（RSVP）。连接于网络的主机通过 RSVP 来通告其发送的数据流所需要的 QoS。Diffserv 使用位于 IP 头部中的 Diffserv 比特来为 IP 报文指定一个特定的 QoS。路由器通过查看这些比特来进行标记、排队、整形，以及设置报文的丢弃优先级。相对于 Intserv 而言，Diffserv 最大的优势在于 Diffserv 模型不需要信令协议。

3.3.7.1　IP 报文的区分服务

IP 头部字段如图 3-3 所示。其中 IP 头部中用于定义 QoS 的 TOS 字段如图 3-3 所示。TOS 字段中用于优先级的比特有 3 位，共有 8 个级别的服务。为将服务级别进一步细分，TOS 字段的前 6 位进行区分服务的定义，以提供更多的 QoS 级别，如图 3-4、图 3-5 所示。

版本	IHL	服务类型（TOS）	总长度	
标识符			标记	分段偏移
生存周期		协议	头部校验和	
源地址				
目的地址				
选项				填充位

图 3-3　IP 头部字段

图 3-4 IP 头部的 TOS 字节中用于定义优先级比特的部分

图 3-5 IP 头部中的 DSCP 比特

在区分服务模型中定义了两种类型的转发类型：加速转发（EF）和确保转发（AF）。EF 是一种低丢失率、低延迟、低延迟抖动、保证带宽、穿越区分服务域进行端对端服务的转发类型。AF 定义了穿越区分服务域的不同保证转发服务。几种 AF 类型和丢弃优先级如表 3-10、表 3-11 所示。

表 3-10 4 种 AF 类别的值

序号	名　　称	DSCP（二进制）	DSCP（十进制）
1	AF11	001010	10
2	AF12	001100	12
3	AF13	001110	14
4	AF21	010010	18
5	AF22	010100	20
6	AF23	010110	22
7	AF31	011010	26
8	AF32	011100	28
9	AF33	011110	30
10	AF41	100010	34

续表

序号	名　称	DSCP（二进制）	DSCP（十进制）
11	AF42	100100	36
12	AF43	100110	38

表 3-11　4 种 AF 类别和 3 个丢弃优先级别

序号	丢弃优先级	类别 1	类别 2	类别 3	类别 4
1	低	001010	010010	011010	100010
2	中	001100	010100	011100	100100
3	高	001110	010110	011110	100110

3.3.7.2　MPLS 报文的区分服务

MPLS 标签格式如图 3-6 所示，标签中有 3 个比特的 EXP，或者说试验用比特。这 3 个比特用于 QoS。如果为 QoS 使用这 3 个比特的话，称这条标签交换路径 LSP 为一条 E-LSP，它表示标签交换路由器将使用 EXP 比特来分配报文，并且决定丢弃优先级别。

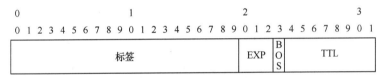

图 3-6　MPLS 标签的格式

当一台 LSR 转发带标签报文的时候，它只需要查看顶部标签中的 EXP 比特来确定如何处理该报文。支持对流量标记、拥塞管理、拥塞避免和流量整形，且可以对报文实施低延迟队列（LLQ）、基于类的加权公平队列（CBWFQ）、加权随机早期检测（WERD）、流量监管，以及流量整形。

3.3.7.3　区分服务隧道模式

隧道化区分服务信息是带标签的报文含有 QoS 信息，或者是进入 MPLS 网络的 IP 报文具有优先级或 DSCP 信息。在 MPLS 网络中，入站 LSR 至出站 LSR 传送 QoS 信息时具有 3 种模式，分别为管道模式、短管道模式和统一模式。

（1）管道模式——EXP 比特既可以通过从 IP 优先级进行复制，又可以在入站 LSR 上进行设置得到；在一台 P 路由器中，EXP 比特从入站标签传播到出站标签；出站 LSR 上，报文的转发处理是基于 EXP 比特，且 EXP 比特不会传播到 IP 优先级中。

（2）短管道模式——与管道模式基本一致，区别在于在出站 LSR 上，短管道模式的报文转发处理是基于 IP 优先级的，且 EXP 比特不会被传播到隧道化区分服务信息中去。

（3）统一模式——EXP 比特必须是入站 LSR 从 IP 优先级信息中进行复制；在 P 路由器上，EXP 比特从入站标签传播到出站标签；出站 LSR 上，EXP 比特会传播到 IP 优先级中。

3.3.7.4　报文重标记

对报文的重标记是指在任意 LSR 上面，通过路由器配置能够修改报文的 LSP 区分服务信息。这样，顶部标签会得到一个新的 EXP 值，且确保修改后的 QoS 在标签被移除之后仍然能够进行传播。

Chapter 4

第 4 章
城域综合承载传送网的频率和
时间同步

4.1 概　　述

4.1.1 综合城域承载网络对频率同步的需求

传统的 TDM 网络和业务需要严格的时钟同步，三大运营商覆盖全国范围的数字同步网就是为此而建设的。时钟同步的本质是维持时钟振荡频率的准确和稳定，因此时钟同步也可以称为频率同步。

SDH 系统自身需要频率同步，同时又是目前进行频率传递的最佳方式。频率同步网正是利用这种 TDM 网络的连续固定码流的特性，将频率信号按时钟质量等级逐级通过地面定时链路传递到全国范围，形成以 PRC/LPR 为基准钟的、频率准确度达 1×10^{-11} 的同步网络，向所有需要频率同步的通信设备提供标准的频率参考信号。相关的标准成熟，有 ITU-T G.810、G.811、G.812、G.813、G.823 等。

在本地层面，2G/3G 基站同样需要时钟同步信号的支撑。现在，传统的 TDM 网络正在让位于新兴的基于 IP/MPLS 或 MPLS-TP 的综合城域承载传送网络（简称分组网络或是分组网元），以满足移动业务等为主的多业务承载的需要，而传统的 TDM 业务与以 IP 为基础的新兴业务还需长期共存。大家知道，IP 网络本身不需要频率同步，但为了满足终端用户（如 3G 基站）的频率同步需求，也需要分组承载设备具有时钟传递和恢复的能力。

4.1.2　移动及其他相关业务对时间同步的需求

通信方面的时间同步需求首先是从计费、账单、网管、故障分析等方面提出的。这个层面所需要的时间准确度要求不高，一般是在毫秒量级到秒量级，基本采用 NTP 协议方式就能够得到解决。该协议的应用通常是在省域范围设置数个 NTP 时间服务器（例如，一主一备共两个为常见方式），通过 IP 承载网络以 NTP 协议方式对外提供标准时间服务。

基于 TD-SCDMA、CDMA2000 等移动制式的 3G 基站对时间同步需求上升到了一个更高的层面，即微秒量级，目前的 NTP 实现方式已无法满足此种高要求，人们开始寻找其他的途径。GPS 存在诸如某些基站施工安装困难、带来投资及后期维护成本的增加、受政治因素的影响较大、每年存在大概 10% 的故障损耗率、120 度的净空安装要求在繁华市中心不易实现等一系列问题，随之出现了 PTP 方式，也称 IEEE 1588v2 方式。即地面定时链路为需要时间同步的基站提供高精度的时间同步信号自然成为国际国内热衷研究的课题。IEEE 标准委员会 2002 年颁布的 IEEE 1588 标准全称是网络测量和控制系统的精确时钟同步协议标准，是为了解决工业自动化中控制系统的时间同步问题。2008 年发布了 1588v2 版本草案，1588v2 版本增加了单播等内容，具有更优的时间精度，更适合应用于电信网络环境。

总结一下，时间同步需求，在以下应用中得到了体现。

（1）传送网络的网管维护类应用：主要是从计费、账单、网管、故障分析等方面提出的。这个层面所需要的时间准确度要求不高，基本在毫秒（ms）到秒（s）量级，一般采用 NTP 协议方式能够得到解决。

（2）移动网络的应用：主要是需要时间同步的 3G/LTE/WiMax 等移动基站的需求，这个层面所需的时间准确度要求较高，基本在微秒（μs）或纳秒（ns）量级，实际上传输承载网络并不需要时间同步。但这些传送网络（MSTP、PTN、IPRAN、OTN 等）在为需要时间同步的基站提供业务的综合承载时，需要其提供时间同步的传递和恢复功能。

（3）IDC 网络的应用：互联网数据中心 IDC 除了能提供 Internet 接入服务之外，还能向用户提供电信级丰富的网络资源及全面的网络管理和应用服务，是电信数据业务的新热点和增长点。IDC 托管主机、租用主机、虚拟主机等业务应用和设备维护都存在时间同步需求。

4.2　频率和时间同步

频率同步和时间同步的基本做法相似，都包含两大基本面：一是如何传递基准（或者说用户如何获得基准），二是根据获得的基准如何调整自身时钟。前者主要涉及传递技术和传递网络，后者主要涉及设备自身的功能和性能。频率同步可以解决"时间间隔"的均匀性问题，所以也称为时钟同步。但频率同步不能向用户提供准确时刻信息（年月日时分秒），因此时间信息的传递还必须另寻其他的传递技术。但需强调的是，频率同步和时间同步二者紧密相关。

本节关注于地面定时链路传递技术和传递网络，包括频率同步和时间同步两个方面。对设备的功能和性能要求见 4.3 节。

4.2.1　频率同步的地面定时链路传送

4.2.1.1　TDM 环境中的时钟传递

随着运营商 PDH 系统的全部退网，传统的 TDM 业务已由 SDH 网络承载，SDH 系统自身需要频率同步，同时又是传统频率传递的最佳方式。国内运营商的数字同步网中的同步节点设备（如 PRC、LPR、BITS）之间同步信号的传递全部采用诸如 2.5Gbit/s 或 10Gbit/s 的 SDH 系统承载。

基于对数字信号在国际链路全程的滑码/滑帧的控制要求（G.822），ITU-T 在 TDM 环境下的同步和定时方面的建议规范主要有以下几个。

（1）G.803：SDH 传送网络架构——定义了 SDH 环境下的时钟链路。

（2）G.811：基准钟（PRC）的定时规范——规范了基准钟的功能和性能指标。

（3）G.812：同步网络中从钟作为节点时钟（SSU）的定时规范——规范了节点从钟的功能和性能指标。

（4）G.813：SDH 设备从钟（SEC）的定时规范——规范了 SDH 设备从钟的功能和性能指标。

（5）G.823：2M 系列数字网络的抖动和飘动的限制——规范了网络的抖动飘动指标和指标分配。

以上规范对同步网模型、节点钟性能、网络指标等都做了规定，形成了衡量同步网漂动的三大项指标：Δf/f（频偏）、MTIE（最大时间间隔误差）、TDEV（时间漂动方差）。图 4-1 是同步网模型和 MTIE 指标总量 18μs 及其分配。这些全部是对时钟方面的要求，没有时间方面的要求。

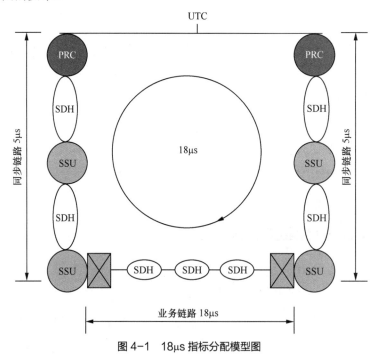

图 4-1 18μs 指标分配模型图

本地网上采用 MSTP 设备组网时，依旧通过 TDM 环境传递时钟同步信号给基站使用。TDM 环境下的频率传递是大家熟悉和惯用的技术，这里就不再赘述了。

4.2.1.2 分组网络时钟传递的几种方法

分组网自身无需同步，但是为了适应一些时钟传递方法将被迫要求自身分组网网元参与到时钟信号的恢复中，例如，下面描述的 Sync-E 及 CES 时钟恢复方式 DCR 等。

1．同步时钟——Sync-E（EEC）

同步以太（Sync-E）传递定时方式与 SDH 传递定时方式在原理上是完全相同的。

SDH 采用线路码流传送定时，即以在物理层线路码流中传递同步信息，SDH 网元接收后转发的逐段恢复方式进行。同步以太也采用线路码流传送定时，即以在物理层线路码流中传递同步信息，分组网元接收后转发的逐段恢复方式进行。

SDH 网元时钟称为 SEC（SDH Equipment Clock），满足 G.813 指标要求。同步以太网设备时钟称为 EEC（Synchronous Ethernet Equipment Clock），满足 G.8262 指标要求。两种设备时钟形态相近，指标要求相似。

2．同步时钟——基于分组方式的时钟（PEC）

采用从接收到的分组报文中恢复远端设备的频率信号，用于自身网元时钟的同步技术，称之为基于分组方式获得时钟，这类分组网元的时钟称为 PEC（Packet based Equipment Clock），通常的做法是采用从 IEEE 1588 规定的 PTP 包中恢复时钟。

PTP 包本身只携带离散型时间信息，在电信网络应用中，传递 PTP 包的初衷是解决需要微秒、纳秒量级的无线基站间的时间同步需求。而频率和时间是紧密相关的，既然可以获得很高准确度的时间，就可以从连续不断的时间脉冲恢复出同样准的频率。

PEC 从 PTP 包中恢复频率，一般采用单向方式，即时间服务器连续不断地向外发送同步（Sync）包，处于 Slave 状态的 PEC 从这些包流中恢复出频率。

有关 PEC 钟的功能、性能等方面要求，目前 ITU-T G.8263 中有所规范。

3．CES 业务时钟透传方式

综合城域承载传送网中，也需要考虑其承担"用户租借的 TDM 电路"的情形。

由于分组网的特点，分组网承担 TDM 业务是将这些业务转换成分组包形式传递的，到达出口端再重建 TDM 业务码流，此种 TDM 业务在分组网上的承载方式称其为"电路仿真业务——CES"。在出口端恢复 CES 业务时钟是分组传送网的任务，需要特别关注。

分组网涉及两类性质不同的时钟：同步系统时钟和用户业务时钟，简称系统时钟和业务时钟。我们无需关心用户网如何同步，但提供给用户的"电路"应该满足接口指标要求，这其中就包括"恢复出相同速率的码流给用户"，例如，用户从 A 端送入 2Mbit/s、码速相对于标称偏差为 $+1 \times 10^{-6}$，经分组网"电路仿真业务"传递送到 B 端出来的 2Mbit/s、其码速相对于标称偏差仍应为 $+1 \times 10^{-6}$。这就是为用户提供"透传时钟"，这个"透传时钟"一般不是用作用户远端网络同步于主网络，而是保证用户网络不会在该

"电路仿真业务"上产生滑码。

CES 业务时钟透传有两种方式：DCR（Differential Clock Recovery）方式和 ACR（Adaptive Clock Recovery）方式，分别如图 4-2 和图 4-3 所示。

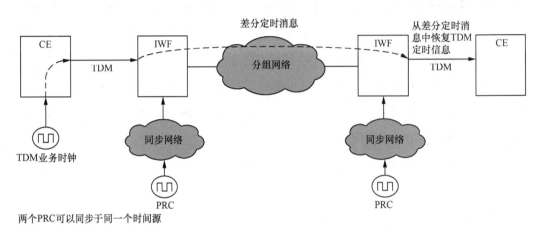

图 4-2　DCR（Differential Clock Recovery）方式

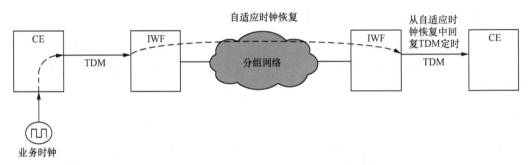

图 4-3　ACR（Adaptive Clock Recovery）方式

DCR 方式与 ACR 方式的最大区别是，DCR 方式需要分组网系统时钟支持（至少在 TDM 的出入口有系统时钟支持），因此也就对分组网提出了同步系统时钟要求。而 ACR 是自适应的恢复方式，其无需系统时钟支持，因此也就无所谓分组网内是否同步的问题。

从原理上说，DCR 方式不受分组网流量波动影响，而 ACR 方式必然受分组网流量波动影响，所以 DCR 方式恢复出来的业务时钟信号要好于 ACR 方式的业务时钟信号，即 DCR 方式较 ACR 方式能更好地传递和恢复客户业务时钟。

4.2.2　时间同步

一般所说的"时间"有两种含义：一是"时刻"，指连续流逝的时间的某一瞬间，是某个事件何时发生；二是"时间间隔"，指两个瞬间之间的间隔长度，是某一事件持续多久。

时间传递从形式上可分为单向方式和双向方式。单向方式类似于现在数字同步网的频率传递，从上到下单向进行，无需反向信息。单向方式的例子有卫星定位和授时（GPS、GLONASS、BEIDOU），地面专线传递的 IRIG-B、DCLS。双向方式需要上下交互，有问有答，双向沟通。双向方式的例子有 NTP、PTP（即 1588v2）。

1. IRIG-B（Inter Range Instrumentation Group）和 DCLS（DC Level Shift）

IRIG 编码源于为磁带记录时间信息，带有明显的模拟技术色彩，从 20 世纪 50 年代起就作为时间传递标准而获得广泛应用。IRIG-A 和 IRIG-B 都是于 1956 年开发的，它们的原理相同，只是采用的载频频率不同，故其分辨率也不一样。IRIG-B 采用 1kHz 的正弦波作为载频进行幅度调制，对最近的秒进行编码。IRIG-B 的帧内包括的内容有天、时、分、秒及控制信息等，可以用普通的双绞线在楼内传输，也可在模拟电话网上进行远距离传输。到了 20 世纪 90 年代，为了适应世纪交替对年份表示的需要，IEEE 1344-1995 规定了 IRIG-B 时间码的新格式，要求编码中还包括年份，其他方面没有改变。

DCLS 是 IRIG 码的另一种传输码形，即用直流电位来携带码元信息，等效于 IRIG 调制码的包络。DCLS 技术比较适合于双绞线局内传输，在利用该技术进行局间传送时间时，需要对传输系统介入的固定时延进行人工补偿，IRIG 的精度通常只能达到 10μs 量级。

2. NTP（Network Time Protocol）网络时间协议

在计算机网络中，传递时间的协议主要有时间协议（Time Protocol）、日时协议（Daytime Protocol）和网络时间协议（NTP）三种。另外，还有一个仅用于用户端的简单网络时间协议（SNTP）。网上的时间服务器会在不同的端口上连续的监视使用以上协议的定时要求，并将相应格式的时间码发送给客户。在上述几种网络时间协议中，NTP 协议最为复杂，所能实现的时间准确度相对较高。RFC1305 中非常全面地规定了运行 NTP 的网络结构、数据格式、服务器的认证及加权、过滤算法等。NTP 技术可以在局域网和广域网中应用，精度通常只能达到毫秒级或秒级。

近几年来还出现了新型的 NTP 设备。与传统的 NTP 不同，Master 和 Slave 是在物理层产生和处理时戳标记，其时间精度可以得到大幅度提升。新型 NTP 依旧在 Master 和 Slave 之间采用 NTP 协议算法实现时间传递，但网络仍然会对时间传递的精度带来影响。目前支持新型 NTP 的设备还较少，其精度和适用场景等还有待进一步研究。

3．1PPS（1 Pulse per Second）

1PPS，即秒脉冲信号，它不包含绝对时刻信息（ToD），但其上升沿却可以准确标记每秒的开始，通常作为一种局内时间分配方式。通过 RS232/RS422 串行通信口，将绝对时刻信息（ToD）以 ASCII 码字符串方式进行编码（波特率一般为 9600bit/s），精度不高，通常需和 1PPS 信号结合使用，即 1PPS+ToD。由于串行口 ASCII 字符串目前没有统一的标准，不同厂家设备间无法实现互通，故该方法应用范围较小。

2012 年，中国通信标准化协会对 1PPS+ToD 的接口进行了规范，ToD 信息采用二进制协议。1PPS+ToD 技术可用于局内时间单向传送，需要人工补偿传输时延，但不能实现远距离的局间时间传送。

4．1588v2 的传送方式

1588v2 技术是以包交换为基础解决地面时间信号传递的思路，具有大胆创新，技术新，前景好等优势，既能解决时间问题又能解决频率问题。

1588v2 是 NTP 的继承和发展。NTP 广泛应用于因特网为用户提供时间，准确度在数毫秒到数百毫秒量级，可以满足计费、网管、故障分析等方面对时间的需求，但无法满足准确度更高的要求，例如，CDMA2000 相邻基站之间需要的 3μs 的时间准确度要求。

IEEE 标准委员会 2002 年颁布的 IEEE 1588 标准全称是"网络测量和控制系统的精确时钟同步协议标准"，是为了解决工业自动化中控制系统的时间同步问题。2008 年发布了 1588v2 版本草案，1588v2 版本增加了单播等内容，具有更优的时间精度，更适合应用于电信网络环境。

PTP 工作原理图如图 4-4 所示。

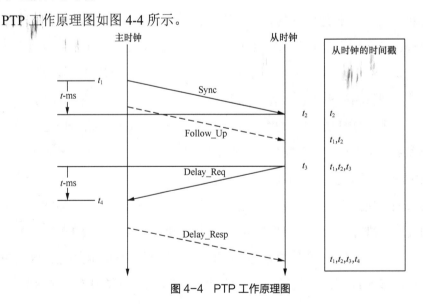

图 4-4　PTP 工作原理图

PTP 工作原理与 NTP 相同，都是在 IP 网上交互时间包而达到时间传递目的。其特点如下。

（1）PTP 和 NTP 都以交互时间包获得时间：

$$t_{偏差} = \frac{(t_2 - t_1) + (t_3 - t_4)}{2}$$

$$t_{时延} = (t_4 - t_1) - (t_3 - t_2)$$

（2）NTP 只在源—宿之间交换时间信息，包网络中的其他网元仅透传这些信息。而 PTP 不仅在源—宿之间交换时间信息，还要求路径上的其他网元在 PTP 包里打上驻留时间。IEEE 1588 在 PTP 领域将网元时钟分为 OC（普通时钟）、BC（边界钟）、TC（透传钟）。时间服务器和时间用户都归类于 OC，中间的传递网络网元都可归类于 BC 和/或 TC。

（3）NTP 的时间戳是在上层软件打上的，因此准确度不高；而 PTP 的时间戳在物理层打上的，准确度很高。资料表明，若是在应用级打戳，则典型误差在百微秒至数毫秒量级；若以中断级打戳，则典型值减小到数十微秒量级；若是在物理层硬件打戳，则在纳秒量级（注：由于技术的发展，现在一些新的 NTP 服务器也在物理层打戳了）。

（4）NTP 包的包速率很低，几乎不占网络流量；PTP 包的包速率较高，占用少量网络流量。

（5）NTP 协议解决 ms 量级时间准确度，准确度低不能恢复出准确度高的频率；而 PTP 协议解决 ns 和 μs 量级的时间准确度，由此还可以从 PTP 报文中恢复出准确度较高的频率信号。

IEEE 1588 将整个网络内的时钟分为两种，普通时钟 OC（Ordinary Clock）和边界时钟 BC（Boundary Clock），只有一个 PTP 通信端口的时钟是普通时钟，有一个以上 PTP 通信端口的时钟是边界时钟，每个 PTP 端口提供独立的 PTP 通信。其中，边界时钟通常用在确定性较差的网络设备如交换机和路由器上。从通信关系上又可把时钟分为主时钟和从时钟，理论上任何时钟都能实现主时钟和从时钟的功能，但一个 PTP 通信子网内只能有一个主时钟。

4.2.3　PTP 时间同步网络

精确时间协议（PTP）又称 IEEE 1588，目前的最新版本为 1588v2。PTP 时间同步网网络目标架构如图 4-5 所示。PTP 时间同步网络的服务对象主要是 LTE 基站，相邻 LTE 基站的时间同步准确度要求不超过 3μs，为满足这个指标要求，PTP 时间同步网目前仅局限于本地网范围使用即可。即时间服务器部署在本地网核心节点机房，通过综合城域承载网络为 LTE 基站提供时间同步。

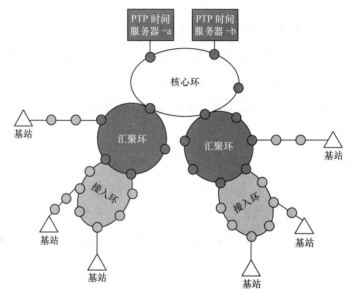

注：图中极长时间链路 BC 数量暂定：正常链路 10 个 BC；迂回链路 20 个 BC。

图 4-5　PTP 时间同步网网络目标架构

具体部署可在需要高精度时间服务的本地网内分别配置一主一备两套 PTP 时间服务器（PRTC+GM）。

为保证精确时间传递，整个移动回传网络（包括时间服务器、传送与承载网元、LTE 基站）需要频率同步作为时间信号精确传递的基础支撑，整个网络由此形成两个逻辑层面：频率层和时间层。目前获得业界认可的回传网络的同步传递技术是 Sync-E+PTP，即频率层同步采用同步以太技术，时间层同步采用 PTP 分组报文。

中途承载网元设置为 1588v2 中的边界时钟 BC（透明时钟 TC 模式待研究），网络两端的网元可设置为普通时钟 OC 模式。PTP 报文在分组网络中传递时优先采用二层组播的方式，三层单播可选。

PTP 时间传递链路中，全程承载网络的 BC 时钟网元个数暂定：

（1）正常传递链路时，BC 网元数不得超过 10 个；

（2）迂回传递链路时，BC 网元数不得超过 20 个。

4.3　分组承载设备和基站设备功能及性能要求

4.3.1　1588v2 高精度时间服务器（PRTC+GM）的功能和设备配置

高精度时间服务器（PRTC+GM）必须配置卫星接收机，主用时间来源于卫星信号。

高精度时间服务器各功能模块数量和功能应符合以下要求。

卫星定位接收系统。工程中采用 GPS 和/或北斗卫星定位系统，至少配置一个卫星接收机。卫星定时信号经时间服务器内部相关功能模块处理后输出标准的时间信号和频率信号。

地面信号输入输出系统如下。

（1）地面频率输入接口应优选 2048kbit/s，可选 2048kHz。设备应具有按 SSM 和优先级进行输入倒换的功能。

（2）卫星信号不可用后，时间服务器应可选择以地面标准频率信号（应溯源至 PRC）为基础工作于频率守时状态下，并输出时间信号。

（3）频率输出信号接口类型应可灵活配置。默认配置是 2048kbit/s（必选），可选配置为 2048kHz。应可根据工程需要增加其他信号种类配置。

（4）时间输出信号接口包括 PTP 格式和 1PPS+ToD 格式两种。其中，PTP 格式和功能应满足 IEEE 1588v2 标准，1PPS+ToD 格式和功能应满足我国行标"高精度时间同步技术要求"。

作为 PRTC+GM 的本地网 1588v2 高精度时间服务器可以是独立设备，也可以和 LPR/SSU 合并为一个混合设备，对是否合并具体应结合不同本地网的实际情况综合考虑，对于具备条件的建议优先选择采用混合设备的方式以做到频率和时间同源。作为混合设备，将共同使用设备的硬件资源，包括卫星接收机和内部时钟处理板卡。混合设备应在逻辑上同时实现时间同步和时钟（频率）同步功能，若时间选源和频率选源发生冲突，则应强制采用时间选源。

按照 ITU-T G.8272 规定，1588v2 高精度时间服务器在跟踪卫星信号正常情况下，输出的频率信号性能应优于一级基准时钟要求；输出的时间信号（包括 PTP 格式和 1PPS+ToD 格式）性能应不劣于 ±100ns（参考于 UTC）。

4.3.2　传送承载设备 MSTP 网元的功能和设备配置

MSTP 设备是从 SDH 设备演进而来的，它具备所有 SDH 设备的功能。不仅仅支持从 CES 业务中恢复时钟信号，而且可以锁定以太网客户侧时钟信号同步于 SDH 网络，也可以透传以太网信号，是目前地面同步定时链路的最佳传递选择，其可以很好地支持传统的频率同步，在此不再赘述。具体要求可参考 YD/T 1238-2002 "基于 SDH 的多业务传送节点技术要求"。

目前的 MSTP 设备，从原理上来讲可以透传时间同步信号，即将 PTP 报文看作是普通的数据业务，MSTP 设备仅负责进行传送，不对报文进行恢复和处理。从实际测试结果来看，该方式不可行，不能满足高精度的时间同步传递。

另外补充一点，也有厂家支持在 MSTP 设备开销字节传递方式：该方式是把 PTP 报文放在 SDH 冗余开销字节中进行传递，中间节点启用 1588v2 功能对 PTP 报文进行恢复和处理，然后逐点向下传递。目前支持该方式的设备厂家有限，未得到大多数厂家的支持，除了和该方式一直未得到 ITU-T 的认可有关外，同时随着 SDH 网络的逐步萎缩，其逐步被分组网络所替代也是一个关键的原因。

4.3.3　分组承载设备网元的功能和设备配置

4.3.3.1　分组承载网元频率传递

（1）分组承载网络系统可利用线路物理层（线路速率 FE/GE/10GE 等）传递同步网的标准频率信号，频率质量信息 SSM 在分组承载网内通过以太同步状态消息通道 ESMC 传递。

（2）分组承载网元时钟应满足 ITU-T G.8262 建议，分组承载网元同步功能性能应满足 ITU-T G.8264 建议，频率组网规划满足 G.803。

分组承载网络系统自身不需要同步支撑，但若利用其线路物理层传递频率，就需要有"定时自愈"和防止"定时自环"的功能，因此也需要像 SDH 一样做同步规划。

（3）分组承载网元必须配备有外频率输入口和外频率输出口。外频率口默认信号为 2048kbit/s，并具有 SSM 信息。

（4）外频率接口除 2048kbit/s 之外，还可以选配 2048kHz 及其他种类信号，用于特殊情形，如专用测试接口。

分组承载网络系统传递频率信号的另外一种方式是 1588v2 报文经网元 BC 逐点频率传递方式。此种传递频率方式的应用场景待进一步研究。

4.3.3.2　分组承载网元时间传递

（1）分组承载网元利用分组处理功能传递 1588PTP 时间信号，默认采用二层组播方式。此时分组承载网元属于 PTP 域内的 BC 或 OC（TC 方式待研究）。与普通 IP 网的路由器交换机不同，要运行 1588 传递高精度时间信号，则分组承载网元必须要配备适当质量的设备内置时钟。目前业界普遍采用的（Sync-E+PTP）方式实现时间同步传递，则分组承载网元时钟同步性能应满足 G.8262，时钟同步功能应满足 G.8264。

（2）分组承载网元时间层 PTP 域功能满足 IEEE 1588v2。

（3）分组承载网元必须配备时间输入口和时间输出口。必须包括两种时间口信号：分组业务接口 PTP，时间专用接口 1PPS+ToD。

（4）分组承载网元之间的时间传递必须采用分组业务接口中的 PTP 格式。当既传递时间又传递频率时，则频率 Sync-E+时间 PTP 都经过分组业务接口传递。

（5）时间服务器-分组承载网元之间的时间传递，默认采用分组业务接口中的 PTP 格式，一般不建议采用时间专用接口 1PPS+ToD。

当既传递时间又传递频率时，则频率 Sync-E+时间 PTP 都应经过分组业务接口传递。在特殊情形下，时间用接口 1PPS+ToD，频率用频率接口 2048kbit/s。

（6）分组承载网元-基站之间的时间传递，默认采用分组业务接口中的 PTP 格式，特殊情况下可以采用时间专用接口 1PPS+ToD。

当既传递时间又传递频率时，则频率 Sync-E+时间 PTP 都应经过分组业务接口传递。在特殊情形下，可采用 1PPS+ToD 用于时间接口，2048kbit/s 用于频率接口。

4.3.4　传送承载设备 OTN 的功能和设备配置

在城域网环境下，分组传送网设备一般位于接入层和汇聚层，用以接入各类业务，并进行汇聚；在业务量大，距离远的网络，多数城域网采用 OTN 网络进行本地网或城域核心/汇聚层的业务传送，这样就存在一个接入/汇聚层的分组网络和核心/汇聚层 OTN

混合组网的场景。时间源设备一般统一部署在核心层，OTN 设备采取适当措施保证各类同步信息的精准传输，与分组网络构建端对端的统一同步网，这样就存在同步信息要穿越核心层的 OTN 网络到达汇聚层的分组设备。此时，需要 OTN 设备应具备一定的同步功能，来保证同步信息的精确传递。

4.3.4.1 OTN 网络频率透传

OTN 的 ODUk 天然具有频率透传能力，它将 CBR 用户速率适配到 ODUk，然后在 OTN 网内透传。这样，业务（例如，SDH 速率的业务和同步以太速率的业务）物理层频率就在 OTN 层面透传到了对端 UNI 接口。

（1）透传方式的 OTN 网络等同于"传输管道"。

（2）OTN 网络自然透传 SDH 业务速率（频率）。

（3）OTN 网络可透传同步以太类型的数据业务速率（频率）。当需要对这些速率信号（FE/GE/10GE 等）进行频率透传时，OTN 将数据封装适配到 ODUk 时必须采用 GMP 或 BMP 方式，而不能采用 GFP 的方式。

（4）当 SDH 或同步以太形式的频率传递链路经由 OTN 网络时，宜采用透传方式穿越 OTN。

（5）OTN 透传方式不适用于时间同步传递，以及时间传递和频率传递共同进行的频率传递（例如，Sync-E+PTP）。

（6）OTN 不能直接承载小颗粒用户业务（例如，2Mbit/s），因此 OTN 透传方式不能直接透传 2Mbit/s 信号的频率。

4.3.4.2 OTN 网元频率传递和时间传递

对于时间同步的传递，OTN 时间同步传递技术主要有三种方式，一是客户信号承载（透传方式），二是 OSC 方式，三是 ESC（开销）方式。

（1）透传方式：当 GE 业务进入 OTN 设备时，无论是采用 ODU0 的映射方式，还是 GFP 封装方式，都会无法控制映射过程带来的时延变化，导致延时误差过大。当 10GE LAN 业务采用超频方式进入 OTN 设备时，正常情况下时间传递性能可以保证。采用透传方式时，受到承载业务类型的限制，上下行之间的延时无法做到主动控制，因此目前客户信号承载（透传方式）存在一定的问题。设备厂商一般也不建议采用这种方式。

（2）OSC 方式：通过改造 OTN/WDM 的光监控通道（OSC）系统，采用 1588v2 协议实现时间信号的逐点传递和恢复。因为 OSC 信号处理简单，在光放大器站点不经过信号的放大处理过程，不会带来额外的设备处理时延，可以较好地保证同步传递质量；同时，由于 OSC 逐点再生，每两个站点间光缆的差异都可以通过每个节点的延时设置进行补偿，克服了透传方式下因为光缆级联带来的较大差异，此时，可以认为中间的 OTN 节点均设置为 1588v2 中的 BC 时钟模式。

（3）ESC（开销）方式：1588v2 报文处理单元根据系统集中时钟单元下发的各种参数，构造发送的 1588v2 报文，然后送给开销处理单元进行封装，将 1588v2 报文封装到位置固定的开销中，以便在 OTN 线路上进行传输。1588v2 同步精度很大程度上依赖打时戳的位置，因此 OTN 能否和以太业务一样找到稳定的时戳点非常重要。在 OTN 接口，通过事先定义好的开销字节存放 1588v2 报文，这个开销的位置在 OTUk 帧结构里面的位置是固定的（第 1 行第 13 列），因此在 OTN 开销模块中对 1588v2 报文进行打戳是可行的。

在 OTN 网络发生保护倒换后，对于 OSC 方式，OSC 单板本身可以知道光纤的倒换状态，因此可以及时更新物理链路的静态不对称补偿值，不会影响同步传递的精度。对于 ESC（开销）方式，需要通过光层单板通知到电层单板，电层单板根据光纤的状态更新光纤物理长度的静态误差，从而实现光纤不对称的补偿值更新，避免光层倒换对 1588v2 同步精度的影响。

OTN 网络可以透传频率但不能透传高精度时间。当需要 OTN 实现 1588 时间传递时，则要求 OTN 网元具有分组承载网元同样的频率同步功能和时间同步功能。这些附加的同步功能和接口如下。

（1）OTN 传递 1588 时间信号，业务 UNI 接口上采用二层组播方式。此时 OTN 网元属于 PTP 域内的 BC 或 OC（TC 方式待研究）。要运行 1588 传递高精度时间信号，则 OTN 网元必须要配备适当质量的时钟。目前业界采用 Sync-E+PTP 方式实现时间同步，则 OTN 网元时钟性能应满足 ITU-T G.8262 建议，OTN 时钟同步功能的 SSM 处理机制等应满足 G.8264。

（2）OTN 网元时间层 PTP 域功能应满足 IEEE 1588v2。

（3）OTN 网元必须配备时间输入口和输出口，应包括 PTP 接口和 1PPS+ToD 时间专用接口。

（4）OTN 网元必须配备有外频率输入口和输出口。外频率输入输出默认信号为 2048kbit/s，并携带 SSM 信息。除 2048kbit/s 之外，可选配备 2048kHz 及其他种类信号，用于特殊情形。

（5）OTN 网内的时间传递必须采用 IEEE 1588v2 协议中的标准 PTP 格式；OTN 网内的频率传递建议采用逐点传递方式（OSC 和 ESC 均可）。

（6）OTN 网内的同步状态消息传递（包括时间 PTP 和频率 OSMC）占用 OTUk 开销中的预留字节（第 1 行第 13 列）。

4.3.5 基站设备的同步功能和设备配置

4.3.5.1 2G 基站设备的同步功能和设备配置

（1）具有 TDM 2Mbit/s 接口的 2G 基站，以 2Mbit/s 接口实现频率同步。

（2）基站应配备有外频率输入/输出口，外频率输入输出默认信号为 2048kbit/s，可选 2048kHz、10MHz 等。

4.3.5.2 WCDMA 制式 3G 基站设备的同步功能和设备配置

（1）以 SDH/MSTP 网络实现移动回传业务的 3G 基站，以 2Mbit/s 接口实现频率同步。

（2）以 IP 网络实现移动回传业务的 3G 基站，3G 基站以同步以太方式实现频率同步。基站时钟性能应满足 G.8262，基站同步功能应满足 G.8264。

（3）基站应配备有外频率输入/输出口，外频率输入输出默认信号为 2048kbit/s，可选 2048kHz、10MHz 等。

（4）作为可选方式，无线设备厂家可在 RNC 端配置满足 ITU-T G.8265.1 建议要求的专用时钟服务器，3G 基站经分组承载网络同步于专用时钟服务器，即专用时钟服务器与基站间建立 PTP 三层单播通信方式，基站从 G.8265.1 规定的报文中恢复频率。注意两点：

➢ 专用时钟服务器与基站之间的分组承载网络无需考虑支持 G.8265.1 功能；

➢ 此情形的基站设备时钟应满足 ITU-T G.8263 建议。

4.3.5.3 LTE 基站设备的同步功能和设备配置

（1）LTE 基站采用（Sync-E+PTP）方式实现频率同步和时间同步，基站时钟性能应满足 G.8262，频率同步功能应满足 G.8264。

（2）LTE 基站时间层 PTP 域功能满足 IEEE 1588v2。PTP 报文传递 BC 模式优选采用二层组播方式（TC 模式待研究）。

（3）基站所需的频率 Sync-E+时间 PTP 都应经过分组接口传递。在特殊情形下，可采用 1PPS+ToD 和 2048kbit/s 分别给基站提供时间和频率参考。注意分组承载网络的各网元必须支持 1588v2 功能。

（4）LTE 基站必须配备时间输入口和输出口。输入口应包括 PTP 接口和 1PPS+ToD 时间专用接口；时间输出接口至少应有 1PPS+ToD。

（5）LTE 基站必须配备有外频率输入口和外频率输出口。外频率输入输出默认信号为 2048kbit/s。

4.3.6　设备的频率同步接口和时间同步接口要求

1．外频率接口（2048kbit/s，2048kHz）

外频率接口要求应满足 ITU-T G.703 建议。

2．时间接口 1PPS+ToD

1PPS+ToD 信息传送采用 422 电平方式，物理接口采用 RJ45，其接口线序要求参见通信行业标准 YD/T 2375-2011《高精度时间同步技术要求》8.3.1 节；ToD 帧结构要求参见该标准 8.3.2 节；物理和电气要求等应满足 ITU-T G.703 建议。

1PPS+ToD 接口的时间应采用 GPS 时标。

3．以太网接口（包括同步以太口频率和 1588 分组报文时间）

以太网接口包括 FE/GE/10GE 等，所有机械和电气特性应满足相应的数据业务接口要求。

PTP 接口的时间应采用 PTP 时标。

PTP 报文发包频率应可根据需要进行配置，对于二层组播 BC 场景，建议使用的发包频率如表 4-1 所示。

表 4-1　PTP 报文的发包频率配置范围和默认发包频率

序号	报文名称	可配发包频率（Hz）	默认发包频率（Hz）
1	Sync	1/2～256	16
2	Delay-Req	1/16～16	16
3	Announce	1/16～16	8

其中，Delay_Resp 报文的发包频率应与 Delay_Req 报文相同，Pdelay_Resp 报文的

发包频率应与 Pdelay_Req 报文相同，Two-step 模式下的 Follow Up 报文的发包频率应与 Sync 报文相同，Pdelay_Resp_Follow_Up 报文的发包频率应与 Pdelay_Resp 报文相同。Management 报文和 Signaling 报文的发包频率待进一步研究。

其他业务形态的频率接口有：

（1）PDH 业务接口，2Mbit/s；

（2）SDH 系列接口，STM-1/STM-4/STM-16/STM-64 等；

（3）OTN 系列接口，OTUk。

以上业务形态的接口，其机械和电气特性应满足相应的业务接口要求。

传送承载设备（SDH、分组承载网元、OTN 等）从以上业务形态接口中获取标准频率，然后将该频率信息在传送承载网络中传递。

4.4 同步定时链路的组织

4.4.1 概述

IP 传递时钟和时间的网络，需要像数字同步网一样建立网络结构模型。与数字同步网网络相结合的 IP 环境下的时钟时间网络基本模型已在前面给出。但是，根据几次网络测试情况，我们认为现在大范围长距离的时间传递技术尚不成熟，因此建议采用的实用模型如图 4-6 所示。注意：模型中的频率传递范围是全国性的，而时间传递范围局限于本地网层面。

1．IP 网中传递时钟的性能考虑

IP 网络传递时钟的性能要求，ITU-T 有了正式文件即 G.8261、G.8262、G.8264。这些性能要求按 IP 网在时钟网络模型中的位置，可以分为高、中、低三个等级指标。高指标要求用于"IP 网处于同步网定时传递链路"；中指标要求用于"IP 网处于业务网络核心层的链路"（但该链路不用于传递定时）；低指标要求用于"IP 网处于网络边缘层为终端互用传递时钟和业务"，例如，移动通信基站。

从原理上、测试数据上和实际设备水平来说，Sync-E 方式都能很好满足以上高、中、低指标。

用 PTP 包方式传递时钟，从原理上、技术上和性能上，都要逊色于 Sync-E 方式。

当前测试表明，现阶段的 IP 设备 PTP 包方式难以满足高指标和中指标，能够满足低指标。因此建议，能够采用 Sync-E 的地方要采用 Sync-E 方式。PTP 包方式只能用在边缘网络，且不能采用 Sync-E 的地方。

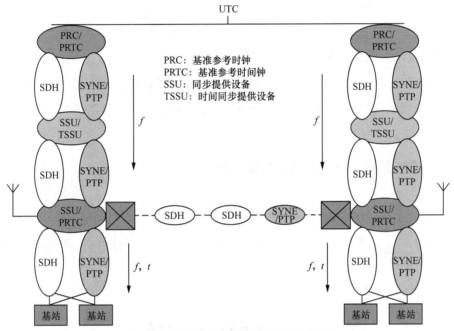

图 4-6　IP 环境下的时钟时间网络实用模型

2．IP 网中传递时间的性能考虑

ITU-T 尚未给出时间传递方面的指标，仅给出了影响 PTP 包的 PDV 的流量模板。

根据多业务特别是移动业务今后发展的可能需要，建议时间同步准确度暂定±1.5μs。

同步网的时钟漂动从 PRC 到链路末端，允许 5μs。时间的 PTP 包传递要难于时钟的物理层连续信号传递，因此若也像时钟同步网一样长途跋涉传递，则时间准确度可能超过 5μs，更不要说 1.5μs 了。因此近期内，时间的传递应该在本地网范围考虑。

4.4.2　2G/3G 基站同步的定时链路组织

2G/3G 基站同步的定时链路组织遵循全国频率同步网三级层级结构间的定时链路组织原则。基站同步定时链路组织是指基站如何通过 MSTP 网络或者综合城域承载传送网络获取频率定时参考，也可以理解为全国频率同步网定时链路组织的最末端延伸。

对于 GSM 和 WCDMA 无线制式的 2G/3G 基站，仅需要频率同步即可满足基本功能。可有如下 4 种方式实现频率同步：

（1）SDH 系统传送频率信号（传统方式）；

（2）在分组承载网上采用同步以太方式传送频率信号；

（3）在分组承载网上建立"电路仿真"通道，传递 2048kbit/s 频率信号；

（4）在分组承载网上采用 PTP 报文方式传递频率信号。

针对 GSM 和 WCDMA 无线制式的 2G/3G 基站的频率同步需求，承载网络的同步传递应优选（1）、（2）两种方式，其他两种方式原则上不建议使用。

4.4.3　LTE 基站频率同步定时链路组织

LTE 包括 LTE-FDD 和 LTE-TDD 两种制式。LTE-TDD 需要频率同步和时间同步，而 LTE-FDD 目前可能仅需要频率同步，但随着业务种类的展开也需要时间同步。

因此，LTE 基站频率同步将随时间同步要求而统一安排。

4.4.4　LTE 基站 1588 时间同步网同步链路组织

1588v2 时间同步网络结构目前暂限于本地网范围，即每个本地网配置一主一备两套 PTP 高精度时间服务器（PRTC+GM），通过分组承载网络的核心、汇聚、接入链路将标准时间传递给基站。

为保证精确时间传递，整个 1588 时间域（包括时间服务器、分组承载网元、LTE 基站）都需要频率同步作为支持基础，因此整个网络形成两个逻辑层面：频率层和时间层，通常采用 Sync-E+PTP 方式，即频率层同步采用同步以太技术，时间层同步采用 PTP 技术。

分组承载网元设置为 1588v2 的边界时钟 BC，整个 1588 域采用二层组播方式通信。视其发展需要，在二层组播基础上将来可增加三层单播方式。

二层组播的时间同步链路组织如图 4-7 所示。

注：BC 网元个数暂定为，正常时间链路 $i \leqslant 10$；
异常下的迂回时间链路 $i \leqslant 20$。

图 4-7　二层组播的时间同步链路组织

注意，在需要经由 OTN 传递 PTP 时间的场合，网络中的每个 OTN 网元可认为是 1588 域中的一个 BC 时钟，频率上具备 EEC 网元的时钟性能，时间上实现 PTP 处理功能。总之，时间同步链路组织图中的 BC 既可以是分组承载网元，也可以是 OTN 网元。

4.4.5　频率和时间链路的切换

1．频率定时链路切换

目前运营商的同步定时传递主要采用传统的 SDH 传递定时和 Sync-E 传递定时（仅在本地分组承载网络上使用）两种方式。由于均采用物理层传递的方式，两种方式在链路组织原则上和传递性能上没有任何差别。但在时钟链路切换时，SDH 传递定时方式时，下游设备依靠上游来的 SDH 开销字节中的 SSM 消息判断是否进行定时链路的切换；Sync-E 传递定时时，下游设备通过 ESMC 报文消息判断是否进行定时链路的切换。切换应自动进行，非特殊条件下，不应人为进行干预。

频率定时链路在进行规划时，一定要合理，要避免定时环路的产生。切换前后的链路均应如此。

2．时间链路切换

时间链路即 PTP 链路，根据 IEEE 1588v2 协议，时间传递的链路和切换均应按照 BMC 算法自动进行，特殊条件下，可人工通过修改设备端口状态（Master、Slave、Passive）来改变时间传递的路径。

4.5　时间同步网关于频率层和时间层的协调和选源要求

4.5.1　时间同步与频率同步的关系和关联

当前，时间同步技术主要采用 1588v2 的 PTP 协议，运行 1588v2 功能的设备称作 PTP 网元设备。

在 Sync-E+PTP 组网模式下，具有 1588v2 功能的网元设备是在基于频率同步的基础上实现高精度时间同步，即频率同步是时间同步的基础，频率同步的性能会影响时间同步的性能，但时间同步的性能不会影响频率同步的性能。

有多种频率同步方式来支持时间同步。在实际部署中，通常采用同步以太实现频率同步、采用 PTP 实现时间同步。频率层和时间层采用了不同的技术，逻辑上它们两个层面是相互独立的，例如，在频率层，同步以太采用"同步网规划+SSM 功能"实现频率联网和定时链路故障重组，而在时间层，采用 1588v2 协议 BMC 算法实现时间联网和时间链路故障重组。但由于频率同步是时间同步的基础，频率层同步故障或降质将会影响时间层同步性能。因此，频率层的各类故障信息和状态信息应及时反映到时间层，特别是同步以太 Sync-E 和代表频率质量的 SSM 消息。

频率层和时间层关联机制示意如图 4-8 所示。

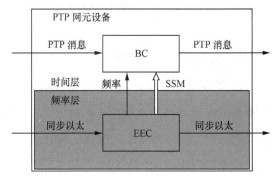

图 4-8 频率层和时间层关联机制示意图

4.5.2 PTP 网元在网络中的定位和运行方式

1588 时间网络可分为时间源设备（例如，高精度时间服务器）、时间网络传递设备（例如，分组承载设备）和时间客户设备（例如，基站）。

4.5.2.1 1588 时间服务器工作方式

时间服务器配置卫星接收机形成 UTC 标准的时间和频率源，向网络和客户提供时间（和频率），因此它有时间输出口和频率输出口。

当时间服务器与 SSU 结合为一个设备时，整个设备必然需要有频率输入口。

高精度时间服务器的典型逻辑功能框图如图 4-9 所示。

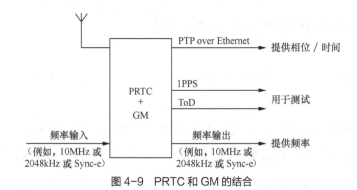

图 4-9 PRTC 和 GM 的结合

当卫星信号正常时，PRTC+GM 输出的所有信号（时间和频率）都源自于卫星信号，当卫星信号不可用时，PRTC+GM 输出的频率信号跟踪自频率输入口（或用设备内时钟）信号，输出的时间信号转用频率维持，此时称为频率守时。

4.5.2.2　分组承载设备工作方式

分组承载设备功能模型如图 4-10（此处分组承载设备定位于 1588v2 中的 BC 时钟）所示。相互独立的两个层面（时间层、频率层）的基本例子是 PTP+Sync-E，即时间传递采用 PTP 方式，频率传递采用同步以太方式。

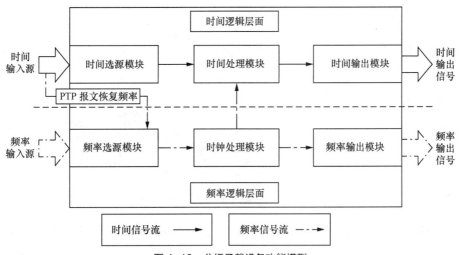

图 4-10　分组承载设备功能模型

频率输入口：通用同步以太接口或 E1 接口（2048kbit/s），也可采用其他业务信号接口从其接口获取物理层频率，这样的业务接口包括 STM-N 接口、OTUk 接口等。所有接口必须携带有 SSM 消息（或等同的 SSM，例如 ESMC）。频率层面独立选源应遵循 SSM 原则。

时间输入口：优选 PTP 接口，特殊需要下可采用 1PPS+ToD。时间接口可有数个，时间层面独立选源应遵循 BMC 算法原则。

当分组承载设备的时间参考来自于 1PPS+ToD 接口时，按照 1588v2 规则，实际上此 BC 已经转变为 GM。该应用场景如图 4-11 所示。

4.5.2.3　用户端设备工作方式

用户端设备是时间传递的终结节点（如 LTE 基站设备），其设备功能模型与传送网元 BC 功能模型相似，具有相互独立的两个层面（时间层、频率层），基本方式同样是

PTP+Sync-E。设备在跟踪锁定上游的 Sync-E 的基础上从 PTP 报文中恢复时间信号。如图 4-11 环 1 中的虚线路径所示，时间信号和频率信号到达末端 BC 网元后，经已有的业务接口直接进入基站，无需末端 BC 网元和基站间另接同步专用线。

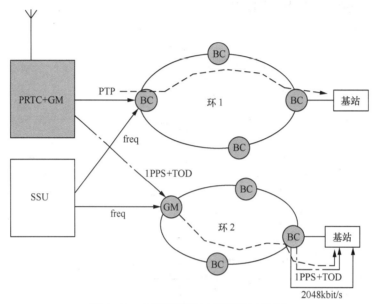

图 4-11 分组承载设备功能模型应用场景

在特殊场合下（例如，基站不支持同步以太和 1588 功能），则只能在末端 BC 网元上终结 PTP 传递和频率 Sync-E 的传递，由该 BC 网元从 PTP 报文中恢复出时间 1PPS+ToD 信号；从 Sync-E 中恢复出频率 2048kbit/s（或 2048kHz）信号，分别经两条专用同步连接线输出至基站，如图 4-11 环 2 中虚线路径所示。

4.5.3 PTP 网元设备时间运行机制及时间层和频率层的协调操作

分组承载网络内时间层同步采用 1588v2 的 PTP 方式进行，参见 IEEE 1588v2 标准。但 1588v2 标准中的一些参数、频率层面与 PTP 层面的关联参数，以及 1PPS+ToD 与 PTP 的关联参数等并未规范完善。在基于综合城域承载传送网络的应用中，针对相关重要参数的设定和使用说明如下。

（1）DomainNumber：这里考虑单域环境，PTP 域号=0。

（2）Priority1：参数用于时间同步网络的分级。对于同级同步网络，网络中的网元 Priority 1 统一设定为一个数值。

（3）GrandMasterClockClass：1588v2 中规定，在 PTP 中此参数代表时间信号的优劣，而不直接对应频率 SSM 值。

1588v2 规范并不强求时间服务器设备内部时钟质量，而电信网需要高质量的时钟。经多次研究测试表明，二级钟可设定为可用"频率门限"，即等于或优于门限的频率可作为正常使用，低于门限的频率作为降级使用或不用。

（4）GrandMasterClockAccuracy：1588v2 将其作为重要参数参与 BMC 选源操作。固定此参数=0x21，等于此参数不起选源作用。

（5）GrandMasterClockVariance：1588v2 将其作为重要参数参与 BMC 选源操作。固定此参数=0xFFFF，等于此参数不起选源作用。

（6）FrequencyTraceable：该参数用于体现频率跟踪状态。粗略区分为：频率跟踪于卫星或频率质量 SSM=PRC 的，参数值为 TRUE；反之为 FALSE。

（7）TimeTraceable：该参数用于体现时间跟踪状态。粗略区分为：时间跟踪于卫星为 TRUE；反之为 FALSE。

（8）TimeSource：该参数用于粗略表达时间源类型。这里定义了两种情形：粗略分类为卫星来源的，TimeSource=0x20；否则 TimeSource=0xa0。

1588v2 规范中，PTP 的时间参数包括 ClockClass/timeTraceable/frequencyable/timeSource，是由祖时钟 GM 产生的，在网络传递中不应改变。由于电信网在 1588v2 时间层面上又另外引入了一个相对独立的频率层面，因此由 GM 产生的 PTP 这些参数，在沿途网元传递过程中，就需要根据本网元的具体情况而加以改变。

4.5.4　关于时间接口 1PPS+ToD 的参数

设备的 1PPS＋ToD 时间和接口主要用途如下。

（1）时间源头 PRTC 与 GM 间的接口。

（2）承载网络出口端设备向用户设备（例如，基站）提供的标准时间参考输出。

（3）设备对外提供 1PPS+ToD 用于网络同步性能检查、性能测试及其他目的。

设备的 1PPS+ToD 的信息格式参见行标 YD/T 2375—2011 "高精度时间同步技术要求"。

其中，1PPS+ToD 中的 leapS、秒脉冲状态和 TAcc 应与 PTP 信息一一对应，即：

➢ leapS ↔ CurrentUtcOffset；

➢ 秒脉冲状态 ↔ grandMasterClockClass；

➢ TAcc ←→ grandMasterClockAccuracy。

4.5.5 PTP 域中设备参数的配置

PTP 域中的时间服务器和分组承载网元设备都需要配置设备参数，主要的设备参数包括 clockID，sourcePortID 等。

设备参数配置应遵循 IEEE 1588v2 标准。

时间服务器和分组承载网元设备在 1588v2 时间同步网内都有各自明确的功能分工和网络定位。例如，时间服务器为 GM，分组承载网元设备为 BC。但设备在网络中的地位并非一成不变，在某些罕见场合下，作为频率和时间源头的时间服务器有可能转变为分组承载网元设备，例如，某些应用允许时间服务器获取 PTP 时间信号作为本设备的时间来源时，该设备就转变为 BC 或 Slave（注：本体制不允许这种应用）。在另外一些特定条件下，传递时间的分组承载设备可以转变为 PTP 域的时间源 GM，例如，当选择 1PPS+ToD 作为本设备的时间来源时，这个设备就转变为临时 GM；再如，当上游时间链路中断，断点处 BC 只能采用频率守时方式提供 PTP 时间给下游，则这个 BC 就临时转变为 GM，当上游时间链路恢复后，这个网元设备再次从临时 GM 转变为 BC。

在 PTP 域中转变了角色改变了地位的设备，原配置好的参数继续使用，无需变动。

4.5.6 设备上电重启（或进程重启）运行的时间状态

网络中的时间同步设备 PRTC/GM 在上电重启（或进程重启，下同）运行过程中，只要时间还没有与 UTC 时间关联并达到正常输出水平，设备的 clkclass 就应处于 255 状态。此期间不应发出 Announce 信息，但应在 1PPS+ToD 口送出 1PPS+ToD 信号，1PPS+ToD 信号此时的 ToD 秒脉冲状态编码=0x02，对应于 clkclass=255。

正常情况下，设备上电重启后可经过相应渠道获得 UTC 时间或与 UTC 关联的时间（包括卫星时间、PTP 时间等）。若设备上电重启后未获得 UTC 时间或与 UTC 关联的时间（例如，卫星信号不可用而处于频率守时），则不应发出 Announce 信息，但应在 1PPS+ToD 口送出 1PPS+ToD 信号，1PPS+ToD 信号此时的 ToD 秒脉冲状态编码=0x02，对应于 clkclass=255。

网络中的分组承载设备（OC、BC）在上电重启过程中，其时间状态要求同上。

Chapter 5

第5章
城域综合承载传送网的网管系统

城域综合承载传送网的网管系统采用分层管理模式。从逻辑功能上划分，城域综合承载传送网的网络管理主要分为网元层、网元管理层（EMS）和网络管理层（网管系统），分层结构如图 5-1 所示。

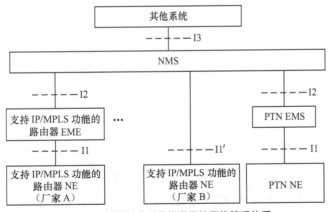

图 5-1　城域综合承载传送网的网络管理体系

在城域综合承载传送网网络中，IP/MPLS 节点设备主要包括支持 IP/MPLS 协议的路由器设备或支持 MPLS-TP 协议的 PTN 设备。因此，城域综合承载传送网网络管理系统能够统一管理这两种设备，即网络管理系统应同时具备二层和三层的管理能力，实现对不同 MPLS 子网的统一管理。其中，对仅支持 MPLS-TP 协议的 PTN 设备网络管理部分要求应符合 YD/T 2336"分组传送网（PTN）网络管理技术要求"部分标准的规范。对支持 IP/MPLS 协议的路由器设备网络管理部分，要求应符合 2013—1040T—YD"支持多业务承载的 IP/MPLS 网络管理技术要求"部分标准的规范。

在图 5-1 中，路由器 NE 可以是单个设备，也可以是一个单厂商的子网。路由器 EMS 是由各设备厂商提供的管理系统，可以对本厂商的路由器设备进行配置、操作和维护。网管系统可以管理不同设备厂商的城域综合承载传送网网络。

图 5-1 中与城域综合承载传送网管理相关的接口包括 I1～I3。

I1 为路由器 NE 和 EMS 之间的接口，I1'为路由器 NE 与网管系统之间的接口，采用不同接口协议，它属于厂商管理设备内部接口。

I2 为各个 IP/MPLS EMS 或 PTN EMS 向网管系统提供的接口。

I3 为网管系统与其他系统之间的接口，其他系统可能为综合网络管理系统、资源管理系统等。

5.1　网管系统基本功能

根据城域综合承载传送网的 IP/MPLS 网络、业务结构，以及设备形态特征，其网管系统满足拓扑管理、配置管理、故障管理、性能管理和安全管理等功能管理需求。

5.1.1　拓扑管理

5.1.1.1　网络拓扑视图显示功能

拓扑管理用于构造并管理整个城域综合承载传送网网络的拓扑结构。用户可以通过网络拓扑视图的查询条件获得网络（网元）的实时拓扑结构，了解和监控整个网络的运行情况。网络拓扑视图包括被查询对象的显示和实时告警显示，支持拓扑搜索方式建立网络拓扑视图，并对拓扑对象进行管理，网络拓扑视图提供如下网络拓扑视图的显示功能，且各视图之间可做到无障碍切换。

（1）物理视图：显示网管系统所管辖的所有网元、网元组或子网及其连接关系。视图中的节点可以是网元、网元组或子网，连线表示网元、网元组或子网之间的物理连接关系。物理视图上可同时呈现的内容有节点 ID、互联端口编号、端口 IP 地址/掩码/VLAN

及端口物理状态。

（2）LSP 层路由视图：拓扑图中能提供通过动态协议或静态方式指配获得的 LSP 的关系视图，并由此可以获得与 LSP 相关的属性信息，如路由（源宿节点、经过的节点）、带宽等；可提供 LSP 及其承载的所有 PW 的关联功能；可提供 LSP 层的保护路由视图。

（3）PW 层路由视图：在 IP/MPLS/MPLS-TP 组网环境中，可以提供 L2VPN 端对端的 PW 路由关系视图，并由此可以获得与 PW 相关的属性信息，如路由（源宿节点、经过的节点）、带宽等；可以提供 PW 层的保护路由视图。

（4）客户业务视图：支持多业务承载的 IP/MPLS 网络上，可显示基于 PWE3 仿真的 TDM/ATM 业务，以太网二层 VPN 业务和三层 VPN 业务等多种业务视图。可基于全网的业务拓扑视图，对全网的业务进行创建、查看、修改和删除。

（5）网络保护视图：可对网络中的保护进行查看、创建、修改及删除操作；可对各种保护进行配置，包括网络中的 LSP、PW、MSP 进行配置，保护倒换管理方式进行设置。

（6）时钟和时间同步视图：具备在同步视图下提供当前 IP/MPLS 网元时钟及时间同步跟踪状态的显示能力，同步视图中应该能够明确给出当前各网元的时钟及时间跟踪关系，包括跟踪的方式及端口。

（7）协议视图：针对不同层次的协议形成不同的专题视图，包括 OSPF 视图、IS-IS 视图、MPLS-TE 视图、BGP 视图等。

5.1.1.2　网络监视功能

网络拓扑应能够动态、实时显示所管辖全网的运行状态和状况，告警信息在拓扑图上呈现，关联到网元和链路，包括以下几方面。

（1）实时反映网络设备配置的变更情况，网元配置信息的改变也应能通过某种方式（如图标闪烁或其他醒目的方式）通知用户。

（2）网管系统应可支持对于拓扑视图中的网元告警采取集中屏蔽功能。

（3）当网管系统与 EMS 之间的通信出现故障时，应能在拓扑图上实时反映出来。

（4）需要支持从网络拓扑到告警列表的关联定位。

（5）支持下层拓扑的紧急和主要告警传递至上层拓扑进行告警呈现。

（6）实时反映业务路由和网络保护状况，实时反映资源的空闲和占用情况。

（7）实时反映被管网元的告警事件，告警应以可视、可闻的形式提醒维护人员。

5.1.1.3　拓扑信息同步

网管系统应支持与 EMS 之间同步城域综合承载传送网网络拓扑信息，包括手工和自动同步方式，缺省方式为自动同步。

5.1.2　配置管理

网管系统支持对所管辖网络中网元、路径、业务等资源相关配置信息的统计分析功能，主要配置信息包括网元配置信息、网元物理连接信息、LSP 信息、PW 信息、业务信息、L3VPN 路由信息等。

网管系统支持以下配置信息的统计功能：

（1）按资源类型统计物理网元数量、板卡数量、端口数量等；

（2）网元交叉能力资源占用情况，包括 LSP 和 PW 标签空间等；

（3）全网 LSP 和 PW 数量统计，包括已建立的 LSP 和 PW 数量、已分配客户层业务的 LSP 和 PW 数量等；

（4）每条链路带宽占用情况的统计，包括总带宽（基于端口、基于 LSP）、已占用带宽、可用带宽等；

（5）QoS 的统计功能；

（6）业务保护的链路数量及类型统计。

5.1.3　报表管理

网管系统应能以报表的形式（表格或图形等）将全网配置信息和统计分析结果呈现给用户。根据用户设定的报表内容、格式和生成报表的时间，生成相应的报表，并根据用户要求将报表以指定的格式打印出来或输出到其他外围存储设备上。

5.1.4　网元管理

网管系统应支持使用多种组合设置条件查找/修改网元，支持的查询条件包括网元 ID、IP 网段、网元类型、网元状态等。

网管系统应能提供直观的机架配置图和子架正面板配置图，分别以图形方式显示机架中子架布局和子架中槽位和板卡的布局（子架中所包含槽位、每个槽位所安装的板卡）信息，用户可通过对图形界面的操作完成网元硬件配置参数的查询和修改功能。

用户可查询和修改的网元信息包括槽位信息、板卡信息、主控板、交叉板信息等。

网管系统应可对网元运行的软件进行管理，包括可查询到网元当前的软件版本，同时也可以对网元日志及License进行管理。

5.1.4.1　业务端口管理

在网管系统上应可对TDM端口、以太网端口、ATM端口（可选），以及端口环回进行配置信息的查询管理。

5.1.4.2　协议的配置管理

网管系统应该支持对网络上配置的基础协议进行查询和统计的功能。

1. 路由管理

（1）可支持静态路由配置参数管理

路由目的地址及掩码配置。

（2）可支持对OSPF协议进行配置管理

（a）OSPF协议的基本属性：进程号，实例名称，路由器标识，外部路由管理距离，域间路由管理距离，域内路由管理距离。

（b）域的基本参数配置：域标识、Area类型，Area汇总使能。

（3）可支持对IS-IS协议进行配置管理

（a）IS-IS协议的基本属性：IS-IS地址，节点类型，System ID，区域，层级，Metric等。

（b）IS-IS端口管理：DIS的指定，Hello报文的间隔周期，认证方式等。

（c）路由增强特性：路由泄露使能功能及条目，流量工程（TE）。

（4）可支持对BGP协议进行配置管理

（a）路由器基本属性：本地AS号，路由器ID，认证信息，使能GR，路由反射器。

（b）BGP路由属性：起点属性、AS路径属性、下一跳属性、MED属性、本地优先级属性、团体属性。

2. MPLS信令管理

（1）可支持LDP协议的配置查询管理

（a）可支持 explicit-null 的使能功能。

（b）可支持 Keepalive 的发送间隔时间和保持时间。

（c）邻居 Hello 的发送间隔时间和保持时间。

（d）可支持配置 LSR ID。

（e）可支持两种标签发布方式的配置管理：DU 和 DoD。

（f）可支持两种标签分配控制方式：独立标签分配控制和有序标签控制方式。

（g）可支持两种标签保持方式：自由标签保持方式和保守标签保持方式。

（2）可支持 RSVP-TE 协议的配置查询管理

（a）可支持针对 CSPF 功能的启用、关闭。

（b）可支持针对 PHP 功能的启用、关闭。

（c）可支持 Hello 的刷新间隔时间。

5.1.4.3　MPLS 路径管理

1．LSP 配置

网管系统应支持单个网元的 LSP 配置管理，包括在网元上查询 LSP。LSP 参数包括：

（a）LSP 名称；

（b）LSP 配置方式：动态/静态；

（c）LSP 类型（E-LSP/L-LSP）；

（d）入端口/出端口；

（e）LSP 入口/出口标签；

（f）方向（正向/反向）；

（g）QoS 策略。

对于 IP/MPLS 网络，网管系统应可获得由协议动态生成 LSP 的信息，并支持按照单板或端口查询 LSP，支持查询 LSP 承载的 PW 和业务。

对于由 MPLS-TP 协议生成的的静态路径，可支持基于单板或端口查询统计 LSP，并支持查询 LSP 承载的 PW 和业务。

2．PW 配置

网管系统应支持单个网元的 PW 配置管理，包括在网元上查询 PW。PW 参数包括：

（a）PW 名称；

（b）PW 配置方式：动态/静态；

（c）入端口/出端口；

（d）PW 入口/出口标签；

（e）方向（正向/反向）；

（f）QoS 策略；

（g）关联的 LSP。

对于 IP/MPLS 网络，网管系统应可获得由动态协议生成 PW 的信息，并支持按照单板或端口查询 PW，支持查询 PW 承载的业务。

对于由 MPLS-TP 协议生成的静态路径，可支持基于单板或端口查询统计 PW 信息。

3. 标签管理

网管系统应能支持对于 IP/MPLS 网络内的标签进行管理，可基于网元、端口查询由 IP/MPLS 协议生成的标签信息，以及由 EMS 方式人工配置的标签信息，包括动静态标签范围，及标签已占用情况。

5.1.4.4　保护管理

网管系统保护管理主要包括设备保护和网络业务保护的配置和管理。

需要根据保护类型进行分类，可基于端口、设备、链路和业务等方式进行统计。网管系统应能支持以下网络业务保护功能。

（a）LSP 层保护：RSVP-TE 保护、LDP-FRR、HotStandBy 保护。

（b）PW 冗余保护（PW Redundancy）。

（c）以太网接入链路保护：链路聚合（LAG）保护、MC-LAG。

（d）TDM 接入链路保护：MSP1∶1 保护等。

（e）VRRP 保护。

（f）IP-FRR，VPN-FRR。

5.1.4.5　OAM 配置管理

1. 概述

网管系统应支持对不同层面的 OAM 功能进行配置（创建、查询/修改、删除）管理，主要包括 IP/MPLS 网络内部（即 LSP 层、PW 层和链路层）、以太网业务、以太网接入链路等范围内 OAM 的配置管理功能。

MPLS-TP 网络内的 OAM 相关管理功能见分组传送网（PTN）网络管理技术要求。

2．IP/MPLS 网络内 OAM 管理

网管系统应支持在图形化界面上实现以下 IP/MPLS 网络内的 OAM 管理功能。

（1）LSP 层 OAM 功能

（a）需要支持 LSP-Ping 的功能。

（b）需要支持 LSP-Trace 的功能。

（2）PW 层 OAM 功能

（a）可支持对 BFD for VCCV 的管理功能。

（b）可支持对 VCCV 的管理功能。

（c）端口上的 OAM 功能

可支持端口上 BFD 的配置功能。

3．以太网业务 OAM 管理

网管系统应支持以下以太网业务 OAM 管理功能。

（1）OAM 初始配置：包括 MEG 层次配置（MD 级别）、MEP 和 MIP 点配置、使能/禁止和帧发送周期等参数设置。

（2）支持发现功能：可设置 CC 发送周期，查询 CC 发现结果，当连通性验证失败后，网管可查询相关 OAM 连通性验证失效告警。

（3）支持启动环回功能（LB），支持基于对端 MAC 地址或 MEP/MIP ID 发起 LB，支持查询 LB 的结果。

（4）支持启动踪迹功能（LT），支持查询踪迹监视结果。

（5）网管可查询以太网 OAM 的 AIS 和 RDI 告警。

（6）可选支持 TST。

（7）可选支持 LCK。

（8）支持帧丢失测量（LM），网管可针对一条或多条以太网业务发送 LM 测量，可查询 LM 测量的结果。

（9）支持时延测量（DM），网管可针对一条或多条以太网业务发起时延测量，可查询 DM 测量的结果。

4．L3VPN 业务 OAM 管理

应支持 VPN 的 Traceroute 和 Ping 功能，应能开启定期 Ping 功能，并进行数据记录及上报，对于超出设定门限的值应上报告警。

5．以太网接入链路 OAM 管理

网管系统应支持以下以太网接入链路 OAM 管理功能。

（1）OAM 初始配置：支持 OAM 链路发现功能的禁止和使能，可设置发现的模式（主动/被动），网管可查询 OAM 链路发现的结果。

（2）支持启动 OAM 链路环回功能，网管可查询本地和远端的环回状态。

（3）链路事件监测：网管可对错误符合周期、错误帧、错误帧周期、错误帧秒摘要等链路事件进行监测，上报事件通知并对链路事件进行统计。

6．ATM 业务 OAM 管理（可选）

网管系统应支持以下 ATM 业务 OAM 管理功能。

（1）ATM OAM 初始配置：网管可禁止和使能 ATM 的 OAM 功能。网管可对 F4 虚电路及 F5 虚通道的 OAM AIS/RDI/环回信用的检测模式（检测/透传）。

（2）网管系统可禁止或使能 F4/F5 的 AC 侧、PSN 侧及端对端连通性检测（CC）功能，设置 F4/F5 AC 侧、PSN 侧及端对端 CC 信元的处理模式（检测/透传）。

（3）网管可监测 OAM-F4/F5 AC 侧和 PSN 侧的 AIS 告警。查询 F4/F5 端对端的 RDI 告警。

（4）网管系统可发起 F4 和 F5 的 OAM 环回指令，并指定该环回指令是针对 F4/F5 的 AC 侧、PSN 侧还是端对端，并查询 OAM 环回的结果。

5.1.4.6　QoS 配置管理

网管系统应支持对 QoS 相关策略参数进行配置和查询。

（1）以太网流分类规则：

➢ 支持设置基于以太网端口、VLAN ID、VLAN 优先级、IP/DSCP、TOS、源/宿 MAC 地址、源/宿 IP 地址、TCP/IP 端口号及其组合的流分类；

➢ 支持设置 ACL 规则（允许或禁止）。

（2）以太网流量控制：支持配置 CIR、PIR、CBS、PBS。

（3）队列调度策略：支持设置队列调度类型（PQ、WFQ）等，支持 WFQ 的权值分配。

（4）拥塞控制策略：支持设置尾丢弃（Tail Drop）或加权随机早期探测（WRED）方式，支持设置 WRED 的高/低门限及丢弃的可能性比例。

（5）着色机制：支持设置为 Color-Blind（色盲模式）和 Color-Aware（色敏感模式）

两种染色模式。

（6）对于支持层次化 QoS 的设备，应支持在各层次（业务端口、LSP、PW、NNI 接口等）上进行上述的 QoS 参数配置（可选）。

5.1.4.7　同步配置管理

1.　频率同步配置和管理

用户可对网元的同步定时参数进行设置、修改和查询。

（a）对于网元设备来讲，可以配置多种途径获得定时，这些定时应以优先级队列的形式为网元设备提供定时服务，这些方式分别有：

> 外时钟同步：2Mbit/s（默认）或 2MHz；

> 业务输入信号中提取时钟（如 E1/STM-N、FE/GE）；

> 1588v2 方式获得设备的定时信息；

> 设备内时钟自由振荡。

（b）网元设备的外时钟同步接口上可配置（查询、去使能）成输入/输出类型：2MHz 或 2Mbit/s。

（c）支持对于同步以太接口上 ESMC 报文丢失/差错/质量等级变化的监测和上报。

（d）配置定时源恢复等待时间（WTR）。

（e）设置 CES 定时恢复方式：差分、自适应、网络定时。

（f）查询时钟源状态（跟踪，自由振荡，保持等）。

（g）备注：为了测试的方便，网管可以对于外时钟接口上的时钟质量进行修改。

2.　时间同步相关配置

网管系统应能提供如 IEEE 1588v2 等精确时间同步协议相关的网络网元配置功能。网管系统应该可以为网元选定时间同步方式，如 1588v2 或是 1PPS+TOD 方式。IEEE 1588v2 方式下的配置参数分为网元参数和端口参数。

网元 PTP 可设置，修改和查看的参数如下。

（a）配置设备的 PTP 时钟模型。

（b）时钟所属 PTP 域号。

（c）BMCA 相关参数配置：

> 优先级 1；

> 优先级 2；

> 质量等级；

> 设备时钟 ID。

网元 PTP 端口可设置，修改和查看的参数包括：

（a）开启/禁用端口的 PTP 功能；

（b）端口的 PTP 状态；

（c）PTP 报文封装格式；

（d）PTP 同步报文发送频率；

（e）PTP 通告消息的发送频率；

（f）Delay_Req 消息发送时间间隔；

（g）PTP 通告消息的接收超时；

（h）端口的 PTP 延时机制选择，E2E 或 P2P；

（i）时延补偿值；

（j）对于三层单播的场景，网元应支持自协商模式。

5.1.4.8　端对端路径配置和管理

1. LSP 配置管理

（a）网管系统网管应该能够支持端对端创建新的 LSP，其参数包括：

> LSP 标识；

> 配置方式：静态/动态；

> 源宿节点网元、入端口/出端口；

> LSP 类型（E-LSP/L-LSP）；

> LSP 方向；

> QoS 策略；

> 保护属性。

（b）删除端对端的已建 LSP。如果 LSP 中已开通业务，则不允许删除。删除后，系统应释放所占用的所有资源。

（c）查询/修改 LSP 信息（*为可以修改）：

> LSP 友好名称（*）；

> 隧道标识；

> 源宿节点网元、端口；

➤ LSP 标签；

➤ LSP 方向；

➤ QoS 策略；

➤ 保护属性；

➤ 承载 PW 的信息；

➤ 创建时间。

（d）网管系统可基于端口查询到所有的 LSP 信息。

（e）网管系统提供 LSP 的工作视图和保护视图。

（f）对于 MPLS-TE 流量的转发物理路径，可以支持节点路径的修改和查询功能。对端对端的链路预留带宽可支持查询和修改功能，资源预留风格应支持配置 SE 和 FF 方式。

2. PW 配置管理

（a）网管系统网管应该能够端对端的创建 PW（含 MS-PW 功能），其参数包括：

➤ PW 的标识；

➤ 配置方式：静态/动态；

➤ 源宿节点网元、入端口/出端口；

➤ QoS 策略；

➤ 关联的隧道；

➤ 保护属性；

➤ 承载的业务信息。

（b）端对端地删除网络中已经存在的 PW。如 PW 已开通业务，不允许删除。删除后，系统应释放所占用的所有资源。

（c）查询/修改 PW 信息（*为可以修改）：

➤ PW 友好名称（*）；

➤ PW 标识；

➤ 源宿节点网元、端口；

➤ PW 标签；

➤ 关联的隧道信息；

➤ QoS 策略；

➤ 承载业务信息；

➢ 保护属性；

➢ 创建时间。

（d）网管系统应该支持按照单板或端口查询端对端的伪线，并支持查询伪线承载的业务。

（e）提供 PW 的工作和保护视图。

5.1.4.9　端对端业务配置和管理

IP/MPLS 网络内的业务配置管理要求，分为以太网业务的配置和管理，ATM 仿真业务配置和管理，TDM 仿真业务的配置和管理及 L3VPN 业务的配置和管理部分。

1．以太网业务的配置和管理

（1）E-Line 业务的配置和管理

网管系统应支持端对端的 E-Line 业务的配置和管理功能，实现点对点的以太网业务透传。

（a）端对端配置管理 E-Line 业务，支持配置：

➢ 业务友好名称；

➢ 业务类型；

➢ 源宿节点和端口；

➢ 业务 VLAN；

➢ QoS 策略；

➢ 客户信息。

（b）端对端删除子网中存在的 E-Line 业务。删除后，系统应释放所占用的所有资源。

（c）查询/修改业务的相关信息（*为可修改）：

➢ 业务友好名称（*）；

➢ 业务标识；

➢ 业务类型；

➢ 源宿节点和端口；

➢ 业务 VLAN；

➢ QoS 策略（*）；

➢ 使用的 PW；

➢ 客户信息；

➢ 开通时间等。

（d）网管系统可基于 PW 查询承载的全部端对端 E-Line 业务信息。

（e）提供业务信息同步的功能。业务信息的同步是把网管系统显示的业务与网元实际的业务信息进行核准，当检测到信息不一致后，可有人工同步和自动同步两种校正模式。

（f）当端对端的网管信息丢失时（网元层信息还保留着），应提供业务自动搜索功能。自动搜索功能有全量搜索或增量搜索。

（g）网管系统应能提供批量查询功能。

（h）网管系统应能提供业务路由视图功能。

（2）E-LAN 业务的配置和管理

网管系统应支持端对端的 E-LAN 业务的配置和管理功能，实现多点对多点的以太网业务。

（a）端对端地创建新的 E-LAN 业务，支持配置：

➢ 业务友好名称；

➢ 业务类型；

➢ E-LAN 业务节点和端口；

➢ 业务 VLAN；

➢ QoS 属性；

➢ 二层交换参数；

➢ 客户信息。

支持将 IP/MPLS 动态生成的结果通知用户（成功或失败）。在创建失败的情况下，应给出详细的失败原因。

（b）端对端地删除子网中存在的 E-LAN 业务。删除后，系统应释放所占用的所有资源。

（c）查询/修改 E-LAN 业务的相关信息（*为可修改）：

➢ 业务友好名称（*）；

➢ 业务标识；

➢ 业务类型；

➢ E-LAN 业务节点和端口；

➢ 业务 VLAN；

➢ QoS 属性（*）；

➢ 二层交换参数；

➢ 使用的 PW；

➢ 客户信息；

➢ 开通时间等。

（d）网管系统可基于 PW 查询承载的全部端对端 E-LAN 业务信息。

（e）应支持端对端 E-LAN 业务，增加和删除业务节点/端口，而不影响该业务其他端口间业务的传送。

（f）提供业务信息同步的功能。业务信息的同步是把网管系统显示的业务与网元实际的业务信息进行核准，当检测到信息不一致后，可有人工同步和自动同步两种校正模式。

（g）当端对端的网管信息丢失时（网元层信息还保留着），应提供业务自动搜索功能。自动搜索功能有全量搜索或增量搜索。

（h）网管系统应能提供业务路由呈现功能。

（3）E-Tree 业务的配置和管理

网管系统应提供端对端的 E-Tree 业务的配置和管理功能。

（a）端对端创建 E-Tree 业务，支持配置：

➢ 业务友好名称；

➢ 业务类型；

➢ E-Tree 业务节点和端口；

➢ 业务 VLAN；

➢ QoS 策略；

➢ 二层交换参数；

➢ E-Tree 的根叶属性设置；

➢ 客户信息。

支持将 IP/MPLS 动态生成的结果通知用户（成功或失败）。在创建失败的情况下，应给出详细的失败原因。

（b）端对端地删除子网中存在的 E-Tree 业务。删除后，系统应释放所占用的所有资源。

（c）查询/修改业务的相关信息（*为可修改）：

➢ 业务友好名称（*）；

➢ 业务标识；

➢ 业务类型；

➢ E-Tree 业务节点和端口；

➢ 业务 VLAN；

➢ QoS 策略（*）；

➢ 二层交换参数；

➢ E-Tree 的根叶属性设置；

➢ 使用的 PW；

➢ 客户信息；

➢ 开通时间等。

（d）网管系统可基于 PW 查询承载的全部端对端 E-Tree 业务信息。

（e）支持端对端 E-Tree 业务，增加和删除业务节点/端口，而不影响该业务其他端口间业务的传送。

（f）提供业务信息同步的功能。业务信息的同步是把网管系统显示的业务与网元实际的业务信息进行核准，当检测到信息不一致后，可有人工同步和自动同步两种校正模式。

（g）当端对端的网管信息丢失时（网元层信息还保留着），应提供业务自动搜索功能。自动搜索功能有全量搜索或增量搜索。

（h）网管系统应能提供业务路由呈现功能。

2．端对端 ATM 仿真业务的配置和管理（可选）

网管系统应提供端对端的 ATM 仿真业务的配置和管理功能。

（a）端对端创建 ATM 仿真业务，并将创建结果通知用户（成功或失败）。在创建失败的情况下，应给出详细的失败原因。在 ATM 仿真业务创建过程中，应支持以下参数的设置：

➢ 业务友好名称；

➢ 源宿 ATM 端口；

➢ 源宿 VPI 值；

➢ 源宿 VCI 值；

➢ PW 仿真配置模式（1∶1VCC、N∶1VCC、1∶1VPC、N∶1VPC）；

➢ 正反向 CBR/VBR/UBR 流量描述符；

➢ 使用的 PW。

（b）支持 IMA 组的设置：IMA 成员、IMA 组和 PW 绑定、IMA 协议禁止/使能。

（c）端对端地删除子网中已经存在的 ATM 仿真业务。删除后，系统应释放所占用的所有资源。

（d）查询/修改业务的相关信息，包括（*为可修改）：

➢ 业务友好名称（*）；

➢ 业务标识；

➢ 源宿 ATM 端口；

➢ 源宿 VPI 和 VCI 值；

➢ 正反向 CBR/VBR/UBR 流量描述符（*）；

➢ PW 仿真模式；

➢ 使用的 PW；

➢ 客户信息；

➢ 业务开通时间。

（e）网管系统可基于 PW 查询承载的全部端对端 ATM 仿真业务信息。

3. 端对端 TDM 仿真业务的配置和管理

网管系统应支持端对端 TDM CES 仿真业务的配置和管理功能。

（a）端对端创建 CES 仿真业务，支持配置：

➢ 业务友好名称；

➢ 源宿节点和端口；

➢ 接入接口类型；

➢ 封装类型：SAToP，CESoPSN；

➢ CES 电路仿真参数：封装 RTP 头禁止/使能、抖动缓存、封装帧个数；

➢ 客户信息。

支持将 IP/MPLS 动态生成的结果通知用户（成功或失败）。在创建失败的情况下，应给出详细的失败原因。

（b）端对端删除子网中存在的 CES 仿真业务。删除后，系统应释放所占用的所有资源。

（c）查询/修改业务的相关信息，包括（*为可修改）：

➢ 业务友好名称（*）；

➢ 业务标识；

➢ 源宿节点和端口；

➢ 接入接口类型；

➢ 封装类型：SAToP，CESoPSN；

➢ CES 电路仿真参数：封装 RTP 头禁止/使能、抖动缓存、封装帧个数；

➢ 使用的 PW，应可以支持 MS-PW 方式建立 CES 业务；

➢ 客户信息；

➢ 开通时间等。

（d）网管系统可基于 PW 查询承载的全部端对端 TDM 仿真业务信息。

（e）提供业务信息同步的功能。业务信息的同步是网管系统显示的业务与网元实际的业务信息进行核准，当检测到信息不一致后，可有人工同步和自动同步两种校正模式。

（f）当端对端的网管信息丢失时（网元层信息还保留着），应提供业务自动搜索功能。自动搜索功能有全量搜索或增量搜索。

（g）网管系统应能提供批量查询功能。

（h）网管系统应能提供基于模板的创建功能。

（i）网管系统应能提供业务路由视图功能。

4．L3VPN 业务配置和管理

网管系统应支持 L3VPN 业务配置管理，包括创建、修改和删除 L3VPN 业务。L3VPN 业务配置管理功能包括以下几方面。

（a）支持端对端创建点（多点）对点（多点）的 MPLS L3VPN 业务。L3VPN 配置支持如下参数：

➢ 业务名称；

➢ RD 和 RT 配置；

➢ 可根据 VRF 名称查询相关业务配置信息；

➢ 添加本端和远端 PE 设备、端口及 LSP；

➢ 支持 VPN 与隧道承载关系查询；

➢ 客户侧设备的名称、IP 地址和子网掩码等；

➢ 到与本端 PE 设备相连的客户侧设备的静态/动态路由；

（b）端对端删除子网中存在的 MPLS L3VPN 业务。删除后，系统应释放所占用的所有资源。

（c）支持查询/修改 MPLS L3VPN 业务的相关信息。

（d）提供业务信息同步的功能。业务信息的同步是把网管系统显示的业务与网元实际的业务信息进行核准，当检测到信息不一致后，将设备上数据同步到网管上。

IP/MPLS 网络和 MPLS-TP 网络中 L2VPN 业务互通管理应包括以下几点。

（a）网管系统网络管理系统应能同时管理 MPLS-TP 网络（含网元设备）和 IP/MPLS 网络（含网元设备）；MPLS-TP 网络内的业务管理可参见"分组传送网（PTN）网络管理技术要求第 2 部分：网管系统系统功能"中 5.2.13 节，IP/MPLS 网络的业务管理参见该标准的 5.3.13 节。

（b）应支持分域模型中静态多段 PW，动、静态混合多段 PW 和动态多段 PW 的管理；

（c）应支持分域模型中多段 PW 的连接管理，包括 PW 标签交换管理和转发管理。

5.1.4.10　L2VPN 和 L3VPN 组合业务的端对端配置管理

（a）L2VPN 业务的配置管理：实现网络 PW 和 LSP 的配置，支持同时配置 L2VPN 的保护方式，业务类型可支持 E-Line、E-LAN 等。

（b）L3VPN 业务的配置管理：配置主用 LSP 和备用 LSP（主要用于 VPN FRR 使用）；L3VPN 业务的配置管理见 L3VPN 的管理配置要求章节。

（c）桥节点设备的配置管理，包括 L2VE 和 L3VE 的粘连关系，端口地址等。

（d）支持 L2VPN 和 L3VPN 组合业务的端对端配置管理。

5.1.5　故障管理

5.1.5.1　告警信息

网管系统应该包含的告警信息列表中至少应包括如下内容。

（a）告警源（可能为设备、单盘、端口等）：

➤ 所属省；

➤ 所属地市；

➤ 所属局站；

➤ 所属机房；

➤ 告警源厂家；

➤ 设备名称；

➤ 设备所在机架；

➤ 设备所在机框；

➤ 设备所在槽位；

➢ 所属机盘;

➢ 所属端口。

(b) 告警类型。

(c) 告警级别。

(d) 告警状态。

(e) 告警原因。

(f) 告警描述。

(g) 告警发生时间。

(h) 是否确认。

(i) 是否清除。

(j) 确认时间。

(k) 清除时间。

5.1.5.2 告警类型、级别和状态

网管系统应支持以下 5 种告警类型。

(a) 设备告警:与设备硬件有关的告警。

(b) 服务质量告警:与服务质量的劣化相联系,反映网络性能和业务性能,如超过门限、性能劣化等。

(c) 通信告警:与传输状态有关的告警,如信号丢失、帧丢失、信号劣化、通信协议告警等。

(d) 环境告警:通过外部接入的动力环境告警,如火警、门禁告警、温度/湿度告警等。

(e) 处理失败告警:与软件系统处理有关的告警。

网管系统应支持以下告警严重性级别。

(a) 紧急告警(Critical):使业务中断,并需要立即采取故障检修的告警。

(b) 主要告警(Major):影响业务,并需要立即采取故障检修的告警。

(c) 次要告警(Minor):不影响现有业务,但需采取检修以阻止恶化的告警。

(d) 提示告警(Warning):不影响现有业务,但有可能成为影响业务的告警,可视需要采取措施。

(e) 未确定告警(Indeterminate):未确定原因的告警。

(f) 清除告警(Cleared):已清除的告警。

网管系统应支持以下告警状态。

（a）未确认当前告警：用户尚未确认且未被清除的告警。

（b）已确认当前告警：用户已确认且未被清除的告警。

（c）未确认历史告警：即锁定告警，用户尚未确认而已被清除的告警。

（d）已确认历史告警：用户已确认且已被清除的告警。

5.1.5.3　告警原因

网管系统应支持的告警原因如表 5-1 所示。

表 5-1　分组网元告警原因

序号	告警类型	告 警 原 因	
1	IP/MPLS 网络内告警	LSP 层	连续性丢失
2			连通性错误
3			告警指示信号（AIS 或 FDI）
4			远端缺陷指示（RDI）
5			LSP 信号劣化（LSP_SD）
6			LSP 信号失效（LSP_SF）
7			BFD for LSP 失效
8		PW 层	连续性丢失
9			连通性错误
10			告警指示信号（AIS 或 FDI）
11			远端缺陷指示（RDI）
12			PW 信号劣化（PW_SD）
13			PW 信号失效（PW_SF）
14			BFD for VCCV 失效
15	MPLS-TP 网络内告警	参见 YD/T 2336.2—2011 分组传送网（PTN）网络管理技术要求第 2 部分：网管系统系统功能 5.4.2 节要求	
16	TDM 业务	客户层 2M	输入信号丢失（LOS）
17			输入帧丢失（LOF），针对 CESoP，可选
18			输入告警指示信号（AIS）
19			输入远端告警指示信号（RAI），针对 CESoP，可选
20			CES 报文失效指示

续表

序号	告警类型			告 警 原 因
21	TDM 业务	客户层 155M	物理接口	接口光功率越限告警
22				信号丢失（LOS）
23			再生段	帧丢失（LOF）
24				帧失步（OOF）（可选）
25				再生段误码率越限（B1_EXC）
26				再生段信号劣化（B1_SD）
27				再生段跟踪标识失配（J0 RS_TIM）
28			复用段	复用段远端缺陷指示（MS_RDI）
29				复用段误码率越限（B2_EX（C））
30				管理单元指针丢失（AU_LOP）
31				复用段告警指示（MS_AIS）
32				复用段信号劣化（B2_SD）
33			高阶通道	高阶通道跟踪标识失配（J1 HP_TIM）
34				高阶通道未装载（HP-UNEQ）
35				高阶通道远端缺陷指示（HP-RDI）
36				高阶通道误码率越限（B3_EXC）
37				高阶通道净负荷失配（HP-PLM）
38				高阶通道信号劣化（B3_SD）
39				高阶通道告警指示（HP-AIS）
40			低阶通道（适用于通道化STM-1）	支路单元指针丢失（TU-LOP）
41				低阶通道跟踪标识失配（LP-TIM）
42				低阶通道未装载（LP-UNEQ）
43				低阶通道远端缺陷指示（LP-RDI）
44				低阶通道误码率越限（LP-EXC）
45				低阶通道误码率劣化（LP-SD）
46				低阶通道告警指示（TU-AIS）
47	ATM 业务			OAM-F4 AIS
48				OAM-F4 RDI
49				OAM-F5 AIS
50				OAM-F5 RDI

续表

序号	告警类型		告警原因
51	以太网业务告警		接口光功率越限告警，FE/GE/10GE
52			连续性丢失
53			连通性错误
54			告警指示信号（AIS 或 FDI）
55			远端缺陷指示（RDI）
56			丢包次数高于上限告警
57			接收到的坏包字节数高于上限告警
58			发送的坏包字节数高于上限告警
59			检测到的碰撞次数高于上限告警
60			对齐错误数高于上限告警
61			校验错误数高于上限告警
62	同步定时源告警	时钟	定时输入丢失
63			定时信号劣化
64		时间	时间输入信号丢失
65	业务保护倒换告警		VRRP 主备切换指示
66			PW 冗余主备切换指示
67			LSP HotStandBy 主备切换指示
68	IP 层告警	协议状态变更告警	MPLS LDP 会话 Down
69			基于端口的 BFD 会话 Down
70		协议越限告警	路由表容量越限告警
71			VRF 路由容量越限告警
72	网元软硬件告警	软件告警	单板软件运行不正常
73			软件故障告警
74		硬件告警	卡故障
75			卡脱位
76			电源失效
77	其他		单板 CPU 利用率越限告警
78			单板内存利用率越限告警
79			单板温度越限告警

5.1.5.4　告警采集与显示方式

网管系统应能实时收集网元发出的告警信息，并自动更新当前告警列表。

网管系统应在网络拓扑图中以不同形式如链路变色等，显示告警发生的位置及告警信息，并提示用户对告警进行确认及故障定位。网管系统应针对不同严重级别的告警，以不同的颜色进行显示。对于已确认的告警，应以某种方式与未确认告警相区别。对于同一网络资源有多个告警发生时，图标颜色应与当前最高级别告警对应；当较高等级告警清除后，再顺序显示次等级告警的对应颜色。

5.1.5.5　告警级别分配

用户可以为指定的告警原因重新分配严重级别。

5.1.5.6　告警相关性分析与定位

网管系统应根据网络配置信息，以及接收的告警信息频度和种类，对告警信息的关联性进行综合分析，在多个告警中迅速确定故障根告警和衍生告警。对于根告警，应有明显的标识，并能够突出显示。

通过分析，网管系统应能以图形显示方式或文本显示方式将设备或通信故障定位在机架、子架、板卡或端口上，并给出可能的故障原因。

路径和业务视图中应能提供告警查询与显示。可根据告警查询影响的业务，并以列表方式显示。

网管系统应能在告警列表中直接显示该告警对应的网元、槽位、板卡、端口等资源信息，并且能够显示告警源的描述信息，以便维护人员能够通过告警直接定位出该告警的影响范围。

5.1.5.7　告警查询与统计

网管系统应提供对历史的、当前的告警信息进行查询。查询条件可为基于告警信息中要求的多个告警信息字段的组合。

网管系统应根据用户指定的条件，查询返回符合条件的告警数据，并以表格的方式呈现。系统应当提供分批显示和导出查询结果的功能。

网管系统应具有告警统计功能。系统应能以报表、图形等形式根据告警源、告警类型、告警级别和告警产生的时间等条件对告警进行分类统计和比较。

5.1.5.8　告警处理

1. 告警确认

网管系统应提供告警确认功能。网管系统应能对单个告警或符合条件的一组告警进行确认。

网管系统应支持操作用户对所有从网元接收到的，尚未确认的告警进行确认。未经确认的告警应保持对用户的提示，直到用户进行确认。

2. 告警清除和告警删除

网管系统应提供告警清除功能。网管系统提供的清除手段包括手工和自动清除两种方式。当网管系统收到网元自动上报的告警清除信息时，应自动清除告警，应将当前告警中相应的记录转移至历史告警中。对由网络通信故障造成的告警清除信息丢失，操作用户可手动清除指定告警。网管系统应在日志中记录用户的手动清除操作。

传送网管系统应具有告警删除的功能。系统能自动将超过告警保存时间的历史告警记录删除，并能对选定的告警记录进行手工删除。

注：告警锁定——处于清除状态的未确认的告警，称为锁定告警。锁定告警保留在当前告警列表中。

3. 告警过滤功能

（1）告警上报过滤

告警上报过滤也称告警屏蔽。用户可设置告警上报条件，被管网元根据用户的设定，向网管系统上报符合条件的告警。用户可设定下面的告警上报条件及其"与"/"或"任意组合：

（a）告警源；

（b）类型级别；

（c）告警类型。

另外，用户应能设置网元告警上报延迟时间，在指定延迟时间内，网元不再产生重复告警。

（2）告警显示过滤

告警显示过滤是指网管系统根据用户设定的过滤条件，有选择地显示当前或历史告警事件，并可对生成的报告进行打印。告警显示过滤仅是告警信息的屏幕显示过滤，不应影响任何告警事件的上报及其存储。告警显示过滤的条件可为以下信息，或以下信息的"与"/"或"的任意组合（带*号为可选）：

（a）告警源；

（b）告警级别；

（c）告警类型；

（d）告警时间；

（e）管理区域（*）；

（f）告警状态（*）。

（3）告警同步

告警同步是把网管系统显示的当前告警与网元实际的告警状态进行核准，应有人工和自动两种校正模式，告警同步功能应可在如下情况起作用：

（a）当网管系统与网元建立管理连接时；

（b）当网管系统与网元出现通信失败并且恢复后；

（c）当网管系统出现系统故障并且恢复后；

（d）当主用网管系统与备用网管系统发生倒换时；

（e）当用户对网管系统显示的告警与网元实际的告警状态有疑问时（如网管系统显示的告警信息与站内机架显示告警信息不一致时）。

（4）告警反转功能

网管应支持告警反转功能。应用告警反转功能时，网元上报的端口的告警状态与其实际告警状态是相反的。应支持自动反转和人工反转两种方式。其中，自动反转是指网元中未加载业务的端口不上报告警，而当端口加载业务后自动取消该端口的告警反转。告警反转功能不影响 LOS 告警对其他告警的抑制。

（5）告警备注功能

网管系统可设置告警备注，备注中可手工设置告警可能产生的原因，一般处理原则及其他相关信息。

（6）告警保存和转储功能

网管系统应支持告警记录的自动或手工保存，并可以导出保存到外部文件。

网管系统应支持告警日志的自动转储和手工转储，对于自动转储，可设立自动转储的条件，即溢出转储的条件、周期转储的条件、转储位置。

（7）端对端告警管理

网管系统应支持以下端对端路径和业务的告警管理功能。

（a）端对端 LSP 和 PW 告警：当设备发生告警时，网管系统应能将设备告警关联到受影响的 LSP 和 PW。

（b）端对端业务告警：当设备发生告警时，网管系统应能将设备告警关联到受影响的端对端以太网业务、TDM 业务等。

（c）告警定位功能：能够分析全网上报的告警信息，定位出可能的根源告警。

5.1.6　性能管理

5.1.6.1　性能监测参数

网管系统应能对分组网元中各层面的性能监测对象（端口、LSP、PW 等）的性能参数进行监测。网管系统应支持的分组网元性能监测参数如表 5-2 所示。

表 5-2　分组网络性能监测参数

序列号	性能类型		性能参数中文名称
1	IP/MPLS 网络内性能	LSP 层	发送报文包数
2			发送字节数
3			接收报文包数
4			接收字节数
5			流量速率
6			丢包率（百分比、科学计数法表示）
7			单向时延（ms）（适用于按需测量方式）
8			双向时延（ms）（适用于按需测量方式）
9			时延变化（μs）（适用于按需测量方式）
10		PW 层	发送字节数
11			发送报文包数
12			接收报文包数
13			接收字节数
14			流量速率
15			丢包率（百分比、科学计数法表示）
16			单向时延（ms）（适用于按需测量方式）

序列号	性能类型	性能参数中文名称	
17	IP/MPLS 网络内性能	PW 层	双向时延（ms）（适用于按需测量方式）
18			时延变化（μs）（适用于按需测量方式）
19	MPLS-TP 网络内性能	MPLS-TP 网络内的 PW 层、LSP 层和 LSP 段层性能参数见 YD/T 2336.2—2011 5.5.1 节的规定。	
20	以太网业务性能	以太网物理接口发送光功率	
21		以太网物理接口接收光功率	
22		不同长度的包统计	
23		接收到的单播包数	
24		接收到的组播包数	
25		接收到的广播包数	
26		接收速率	
27		发送的单播包数	
28		发送的组播包数	
29		发送的广播包数	
30		发送速率	
31		接收到的好包字节总数	
32		发送的好包字节总数	
33		接收到的坏包字节数	
34		发送的坏包字节数	
35		检测到的监视器丢弃数据包事件的次数	
36		校验错误数	
37		丢包率（百分比、科学计数法表示）	
38		吞吐量（流量（Mbit/s）、带宽利用率（%））	
39		单向时延（ms）（适用于按需测量方式）	
40		双向时延（ms）（适用于按需测量方式）	
41	L3VPN 业务性能	VRF 接收字节速率	
42		VRF 发送字节速率	
43		VRF 接收包速率（可选）	
44		VRF 发送包速率（可选）	

续表

序列号	性能类型	性能参数中文名称		
45	L3VPN 业务性能	VRF 统计接收字节数		
46		VRF 统计发送字节数		
47		VRF 统计接收包数		
48		VRF 统计发送包数		
49		VPN 路由条目数（适用于按需测量方式）		
50	TDM 业务性能	客户层 155M	物理接口	光发送功率
51				光接收功率
52				激光器偏置电流
53				激光器温度
54			再生段	误码秒（ES）
55				严重误码秒（SES）
56				背景块误码（BBE）
57				不可用秒（UAS）
58			复用段	误码秒（ES）
59				严重误码秒（SES）
60				背景块误码（BBE）
61				不可用秒（UAS）
62			高阶通道	误码秒（ES）
63				严重误码秒（SES）
64				背景块误码（BBE）
65				不可用秒（UAS）
66			低阶通道（适用于通道化的 STM-1）	误码秒（ES）
67				严重误码秒（SES）
68				背景块误码（BBE）
69				不可用秒（UAS）
70		客户层 2M	误码秒（ES）（适用于结构化 E1）	
71			严重误码秒（SES）（适用于结构化 E1）	
72			背景块误码（BBE）（适用于结构化 E1）	
73			不可用秒（UAS）（适用于结构化 E1）	

序列号	性能类型	性能参数中文名称
74	ATM 业务性能(可选)	ATM 物理端口接收信元总数
75		ATM 物理端口发送信元总数
76	设备软硬件性能	单板温度
77		单板电源电压
78	其他性能	单板 CPU 利用率
79		单板内存利用率

备注：按需方式仅支持实时查询该性能参数。

5.1.6.2　性能监测管理

1．概述

性能监测就是在指定时间段内以指定监测周期对指定监测对象的性能参数进行连续测量。网管系统应能支持网元性能监测参数、性能监测对象的监测状态和上报状态的设定/查询等。性能监测功能的开启应不影响网管或设备性能。

2．设定性能监测参数

网络性能信息至少包括以下几个方面：

（a）性能监测对象（指定的网元、单板、端口、通道等）；

（b）需要监测的性能参数（取值见表 5-2）；

（c）监测周期（秒级、15 分钟、24 小时）；

（d）监测状态（打开/关闭）；

（e）开始时间；

（f）结束时间；

（g）是否自动上报。

注：网管系统可指定性能数据采集周期：15 分钟或 24 小时。对于接口流量应支持秒级实时流量采集。

3．查询/修改性能监测参数

网管系统允许用户查询并支持修改性能监测参数：

（a）性能监测对象（指定的网元、单板、端口、通道等）；

（b）需要监测的参数名称；

（c）监测周期（15 分钟、24 小时）；

（d）监测状态（打开/关闭）；

（e）开始时间；

（f）结束时间；

（g）是否自动上报。

5.1.6.3　性能数据上报管理

在每次监测周期到达后，网元根据要求向网管系统上报本周期内的性能数据，网管系统应将性能数据保存到数据库中。性能数据包括如下内容：

（a）监测对象；

（b）监测属性及其值；

（c）监测周期；

（d）本次监测间隔的结束时间。

5.1.6.4　性能越限告警管理

网管系统可根据设定的门限和采集的性能数据值，自动产生性能告警，并提示用户进行处理。

网管系统通过性能信息处理模块对采集到的性能信息进行实时判断处理。根据用户定义的性能门限表，当性能参数越门限时将产生告警事件，并启动相应的故障管理功能。告警参数包括：告警源、告警时间、告警级别、告警原因、阈值信息等。

越限告警应以图形或列表形式显示在界面上，供用户了解网络运行质量，预测潜在故障。

5.1.6.5　性能数据查询和统计

网管系统应提供对历史的、当前的性能数据进行查询，查询条件可为以下内容的"与"/"或"的组合：

（a）监视源名称；

（b）采集的周期；

（c）性能参数名称；

（d）性能信息采集的起止时间。

性能数据查询结果以表格形式显示，传送网管系统应提供方便快捷的查询设置和对结果的分批显示，并支持以文件或者打印的方式输出。

网管系统应支持对网络设备、电路的性能数据进行统计分析，系统应具备的功能包括：

（a）定期收集性能数据，进行性能预警和越限分析；

（b）对历史性能数据进行统计及趋势分析；

（c）支持端口粒度的性能分析和呈现；

（d）以曲线图、表格等方式呈现分析结果。

5.1.6.6 性能数据存储

性能数据在网管系统存储设备上的保存期限如下。

（a）测量周期为 15 分钟的测量数据：30 天。

（b）测量周期为 24 小时的测量数据：60 天。

网管系统应允许用户设置性能数据的存储期限和存储容量，对超过期限或容量的性能数据，应提示用户进行归档和删除。

网管系统应提供将性能测量数据以 ASCII 码文件的形式转储到大容量存储介质如磁带机上，供用户进行脱机分析。

5.1.6.7 数据流量实时监测功能

网管系统应支持用户指定流量监测的如下属性。

（a）流量监测对象（端口、伪线、隧道），如丢包计数、支持速率和带宽利用率的监测。

（b）流量监测周期：能支持 5 秒时间间隔的流量检测，统计值存入网管上，数据保存量至少应为 1 个月；且应支持以 15 分钟为单位统计流量的最大值（最小值可选）计入性能历史统计任务中。

（c）监测状态（打开/关闭）。

（d）开始时间和结束时间。

（e）支持端口数量应不少于 10 个点。

5.1.6.8 端对端性能参数管理

网管系统应支持端对端路径和业务性能管理功能。

（a）端对端路径性能管理：支持端对端隧道和伪线上各监测点的性能参数收集和管

理，可设置性能监测点、性能监测参数、性能监测周期、是否自动上报等性能监测参数；必须支持端对端的保护路径上的性能监控，可监测出链路误码及丢包情况。

（b）端对端业务性能管理：支持端对端以太网、TDM、ATM 业务上各业务终端点的性能参数收集和管理，可设置性能监测点、性能监测参数、性能监测周期、是否自动上报等性能监测参数。

（c）当前和历史性能查询：支持查询端对端路径和业务的当前性能和历史性能。

5.1.6.9　性能统计和趋势分析

网管系统应能通过分析告警记录和性能测量数据给出引发性能监测参数劣化的大致原因，并能通过对当前和历史性能测量数据的分析，预测性能监测参数今后的变化趋势。

5.1.6.10　性能监控能力

网管系统应具备至少图形化同时监控 30 个性能对象的能力。

5.1.7　安全管理

5.1.7.1　用户管理

网管系统可将用户划分为几个级别，如下所示，但不局限于此（网管权限依次从高到低）。

（a）系统管理用户：负责对网管系统的管理，可以进行网络控制，各级用户口令设置，增加、修改或删除用户及日志管理等安全管理操作。系统管理用户可以将其他用户强制退出。

（b）系统维护用户：负责系统的日常维护工作，并可访问和备份管理信息库中的数据。

（c）系统操作用户：负责电路的维护，可以新建或拆除电路、处理告警、选择配置、进行故障管理等。

（d）系统监视用户：只能对系统告警状态进行监视，观察浏览各种性能监测结果及对各种报告的访问结果。这些操作均以查阅为主。

其中较高级别用户拥有较低级别用户的所有功能，反之不可。

网管系统应具备增加用户、删除用户、锁定用户、查询用户信息、设置和修改密码功能。

5.1.7.2　权限控制

权限控制功能为指定用户赋予一个或多个操作权限。网管系统应能按系统功能细分操作权限。网管系统应具有灵活地划分其管理区域的功能，管理区域的划分应包括被管理网元/子网的划分和操作权限的划分。支持同一用户对不同网元/子网具有不同级别的操作权限设置。其他权限控制功能包括以下几方面。

（a）用户登录鉴权：当用户登录网管系统时，系统应提示用户输入密码，并校验该密码是否正确，只有成功通过鉴权的用户才能登录本系统，鉴权失败时系统应给出提示信息。

（b）用户操作鉴权：当用户执行网管系统某个功能时，系统应自动校验该用户是否有执行该功能的权限，只有成功通过鉴权的用户才能执行该功能，鉴权失败时系统应给出提示信息。

（c）当用户操作出现以下情况时，系统应能及时产生告警信息，并禁止当前用户的进一步操作：

➢ 使用无效账号试图连续 3～5 次登录；

➢ 密码连续 3～5 次尝试失败；

➢ 其他非法操作。

5.1.7.3　操作日志管理

操作日志记录用户在系统中所执行的各种操作。为了防止用户的误操作，系统对各个用户在系统中执行的各种操作进行了详细记录。授权用户可以对操作记录进行查询，并做进一步处理。查找到符合条件的操作日志后，可以将这些操作日志存储在外围存储器中。

5.1.7.4　登录日志管理

登录日志记录用户登录系统的情况，据此可以了解哪些用户在什么时候进入了系统。授权用户可以对操作记录进行查询，并做进一步的处理。查找到符合条件的登录日志后，可以将这些登录日志存储在外围存储器中。

5.1.8　北向接口

北向接口（Northbound Interface）是运营商进行接入和管理网络的接口，即 EMS 向上提供的接口。网络中使用接口编程开发各种应用系统管理被管理对象，管理的方法是采集和分析被管理对象在运行中产生的各种数据。在管理北向接口设计中，采用了两种方法对管理接口进行定义，分别为 CORBA 和 XML。它们采用的通信协议栈分别为 IIOP 协议栈和 SOAP 协议栈。

5.1.8.1　IIOP 协议

IIOP 协议栈如图 5-2 所示。

5.1.8.2　SOAP 协议

SOAP 协议栈如图 5-3 所示。

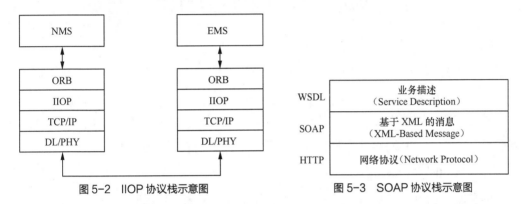

图 5-2　IIOP 协议栈示意图　　　　图 5-3　SOAP 协议栈示意图

CORBA 和 XML 的关键对比如表 5-3 所示。

表 5-3　CORBA 和 XML 的关键对比

	CORBA	XML	说　明
传输的类型	二进制码传输，高效	传输的是 XML 文本，数据量大，XML 解析效率偏低	传输的数据量 SOAP 远大于 CORBA，对 DCN 网络的质量要求高
传输协议单一性	单一，以 IIOP 做为应用层传输协议	不单一，以 HTTP 或者 JMS 做为应用层传输协议（惯例中 SOAP 都指 SOAP/HTTP）	
安全规范	用于 CORBA 的安全服务规范已经部署到位	SOAP 自身的安全规范正在考虑之中，但仍未确定下来	SOAP/HTTP 最新协议的安全是依存于 HTTPS
防火墙	CORBA 协议可以限定发送端口，支持有限防火墙策略	SOAP 可以使用 HTTP 协议，固定端口，因此防火墙策略设置得更加严格	

	CORBA	XML	说　明
传输速度	CORBA 的二进制协议提供了快速的传输和处理功能	作为基于文本的协议，SOAP 在传输时需要额外的带宽，并在接收端需要解析功能	
接口定义语言	IDL，简单明了，便于不同 EMS/NMS 厂家理解	XML，复杂，难于阅读	

5.2　秒级流量监测功能

5.2.1　产生背景

随着 LTE 牌照的发放，必将推动中国通信业达到一个新的巅峰，带动国民经济大幅增长。大规模的 LTE 网络建设带来网络流量的爆炸式增长，未来 4~5 年全网流量的年增长率会高达 60%~70%，预计 2020 年全球流量将是 2010 年的 33 倍，以数据、视频业务为主的移动互联网带宽更是将呈现"10 年增长 1000 倍"的发展态势。作为基础网络资源的承载网，势必迎来新一轮的发展高潮。

经过两三年的建设，UTN 网络已经完成了大规模的建设。针对目前整个网络运维而言，承载网只是被动地接受用户侧提供的数据，然后进行网络新建和扩容，而承载网自身是否存在网络带宽不够的瓶颈，哪里需要扩容，哪里需要流量整形，这是一个作为承载网络本身应该掌控的一个环节。

目前在 UTN 网络的管理和运行维护中面临的问题有：网络流量的忙闲时特征是怎样的，如何合理设置基站流量收敛比，网络带宽如何规划及是否需要扩容等。UTN 设备普遍能够提供 5 分钟至 15 分钟时间间隔的流量监测功能，但这种统计实际上是平均流量，与实际峰值流量差异达到 5 倍以上，难以指导网络进行精准扩容、建设，上述问题有赖于对 UTN 网络承载的业务流量的长期精细化监测分析来解决。

为此，综合城域承载技术中提出了在 UTN 设备上实现实时秒级流量监测和长期秒级峰值流量监测的技术规范，并引导华为、中兴、烽火三家 UTN 主流设备公司进行设备功能的开发。这些监测手段的应用预期可为快捷方便地管理 UTN 网络运行情况提供帮助，对 UTN 网络承载的移动业务流量进行精确的统计分析，为网络的扩容、建设提供基础的准确数据。

5.2.2　技术方案

对于 UTN 网络的流量监测功能，用户既希望对重点端口的以太流量进行实时秒级监测，又希望能够对全网所有端口进行长期流量监测，因此提出了两种流量监测技术方案：实时秒级流量监测技术方案和长期秒级峰值流量监测技术方案。

实时秒级流量监测是指按照秒级采样间隔（默认为 5 秒）对 UTN 网络中的以太流量进行实时监测，并能够实现监测数据的显示、存储和分析。即设备每 Δt 秒（$\Delta t \leqslant 5$）采样一个基于物理端口的实时流量，并将流量上报给网管处理。

长期秒级峰值流量监测是指网络能够长期对端口进行 15 分钟性能统计，并在 15 分钟性能统计中增加 15 分钟内秒级峰值流量统计项。15 分钟秒级峰值流量统计是指设备在每 15 分钟内，存储基于物理端口的流入、流出秒级（最小采样时间间隔（Δt）$\leqslant 5$ 秒）流量峰值。即第一个 Δt（$\Delta t \leqslant 5$ 秒）采样一个流量数据，后续每 Δt 采样一个数据，并与前面的数据进行比对，保留 Δt 采样的最大值，并在 15 分钟性能数据中存储 15 分钟内的 Δt 流量最大值。

秒级流量监测功能的方案流程如图 5-4 所示。

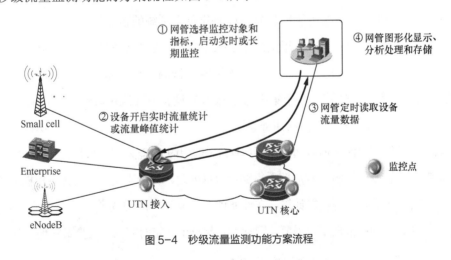

图 5-4　秒级流量监测功能方案流程

（a）网管选择监控对象和指标，启动实时或长期监控。

（b）设备开启实时流量统计或流量峰值统计。

（c）网管定时读取设备流量数据。

（d）网管图形化显示、分析处理和存储。

5.2.3　各厂家实现机制

烽火、华为、中兴分别在其 UTN 核心层、汇聚层和接入层设备上实现了实时和长期秒级流量监测功能的开发。

5.2.3.1　华为 UTN 流量监测实现机制

华为的实时秒级流量监测实现机制为：所有设备均在转发板上按照 5 秒周期采集端口/LSP/PW 的流量，并上报主控板的数据统计模块，统计该 5 秒的流量为 5 秒内的平均流量；网管通过 SNMP 协议按最小采样间隔时间（最小粒度为 5 秒）到设备的主控板的数据统计模块上查询相关实时流量。

华为长期秒级峰值流量监测属于 5 分钟/15 分钟/24 小时历史性能采集，只是实现端口级别，具体实现机制为：华为设备在转发板上以 1 秒为粒度统计流量，主控板从转发板获取流量数据，并计算统计周期内（默认 15 分钟）的流量峰值并写入文件，网管通过 SFTP 协议读取设备上的文件来获取对应的统计数据。

5.2.3.2　中兴 UTN 流量监测实现机制

中兴实时秒级流量监测实现机制为：对于分布式系统的核心汇聚层设备，转发板按照 1 秒周期采集端口/LSP/PW 的流量，并上报主控板；主控板根据转发板送来数据，按照 5 秒为周期计算出 5 秒的平均流量；网管按照 5 秒周期到设备上查询相关实时流量，采用的协议为中兴私有协议。对于集中式的接入层设备，其流量统计及处理一般由主控板来处理，也是按照 5 秒周期来上报。

中兴长期秒级峰值流量监测属于 15 分钟/24 小时历史性能采集，只是实现端口级别，具体实现机制为：转发板按照 1 秒周期采集端口数据处理，并上送主控；设备主控板按照转发板上报来的每一秒数据进行性能计算，在性能项中记录并保存 15 分钟内的最大值、最小值，形成历史性能数据项；根据用户需要，网管上发起查询一定时间内的流量最大值和最小值。

5.2.3.3　烽火 UTN 流量监测实现机制

烽火实时秒级流量监测实现机制为：对于 UTN 设备（如 R865 设备等），转发板按照 2 秒周期采集端口/LSP/PW 的流量，并上报主控板；主控板根据转发板送来的数据，按照 2 秒为周期计算出 2 秒的平均流量；网管按照 2 秒周期到设备上查询相关实时流量，采用的协议为烽火私有协议。对于 PTN 设备（如 640 设备、630 设备等），由交叉板按照 1 秒周期采集端口/LSP/PW 的流量，并上报 NMU 板，NMU 板根据交叉板送来的数据，按照 2 秒为周期计算出 2 秒的平均流量；网管按照 2 秒周期到设备上查询相关实时流量，采用的协议为烽火私有协议。

烽火长期秒级峰值流量监测属于 15 分钟/24 小时历史性能采集，可以实现端口/LSP/PW 级别的秒级峰值流量监测，具体实现机制为：对于 UTN 设备，主控板按照转发板上报来的每 2 秒数据进行性能计算，在性能项中记录并保存 15 分钟内的最大值、最小值和平均值，形成历史性能数据项；根据用户需要，网管上发起查询一定时间内的流量最大值、最小值和平均值。对于 PTN 设备，NMU 板按照交叉板上报来的每 1 秒数据进行性能计算，在性能项中记录并保存 15 分钟内的最大值、最小值和平均值，形成历史性能数据项；根据用户需要，网管上发起查询一定时间内的流量最大值、最小值和平均值。

5.2.4　秒级流量数据分析指标

流量数据采集能力在设备和网管上实现，相当于具备了一个产品的基础零部件，但要达到产品级的功能，关键是对综合数据的分析与结果呈现便利性和快捷性。对秒级流量监测数据的分析和处理的指标至少应包括以下几个方面。

（a）业务端口忙闲时特征分析：

➢ 15 分钟忙闲时分析，通过数据做出趋势曲线，发现业务峰值忙闲时特征；

➢ 秒级峰值忙闲时分析；

➢ 秒级流量峰值时间区间与网络忙闲时区间的关系。

（b）网络秒级峰值负载率：统计周期内网络上连端口最大秒级峰值与网络 link 带宽之比。

（c）基于长期秒级流量监测的网络扩容门限。

（d）平均流量数据特征和峰值流量数据特征的关系，这个已经有了，峰均比应该体现了这个问题。

（e）接入环、汇聚环收敛比：

➤ 实时业务带宽收敛比：∑环上所有基站最大峰值/环上连 NNI 端口最大峰值；

➤ 实时规划业务带宽收敛比：∑环上所有基站规划忙时均值/环上连 NNI 端口最大峰值。

（f）基站峰值流量分析：每个基站在一定周期内（周、月、年）的秒级峰值流量及趋势分析。

（g）环路峰值流量分析：每个环上在一定周期内（周、月、年）的秒级峰值流量及趋势分析。

（h）基于 15 分钟流量统计的平均包长及趋势分析。

5.3 告警相关性功能

近几年来，基于 IP/MPLS 技术的分组网络设备已经在国内电信运营商的本地网上大规模的部署及应用。为了满足多业务承载的支撑能力，分组化本地网络拓扑复杂性进一步扩展。随着分组网络上的业务量不断增加，同时承载的业务类型也出现了不断丰富的趋势。运营商们已经开始从网络的建设，逐渐把目光的焦点集中到了网络的维护，业务配置、故障及性能管理上，以满足不同用户对于网络的要求。

众所周知，城域综合承载传送网网络相对于传统的 MSTP/SDH 网络具有高度的灵活性，网络内的协议复杂。告警系统应能支持网络监控及业务故障等需求。但目前 IP/MPLS 分组设备众多，厂家的 EMS 在故障告警监控方面根据对于业务及网络的理解不同，制定告警相关性规则迥然不同。运营商更希望针对故障业务快速定位，网络排障措施统一化等方面有进一步的要求，同时也是为了减轻设备及网管的综合压力，进一步加大对于 EMS 中告警系统的数据处理能力，明确需要分组设备开发告警相关性规则。

城域综合承载传送网网络的告警相关性规则应涵盖如下方面：

（a）IP/MPLS 网络网元告警的梳理；

（b）告警过滤及呈现的相关规则；

（c）告警关联性分析及业务预警机制研究。

截止到 2015 年初，国际尚没有 IP/MPLS 分组网络告警系统相关性规则的标准，我国目前尚未开展此方面的深入研究和标准化工作，在国内将在 CCSA 相关工作组首次对基于 IP/MPLS 网络告警相关性规则进行规范。

Chapter 6

第 6 章

业务开放方式及配置方案

6.1 承载业务分析

6.1.1 2G/3G 语音业务需求类型及特点

2G 的移动业务主要以话音为主，2G 时代移动业务普遍采用 MSTP 网络承载，E1 承载在 MSTP 网络上能够体现低成本高效率的特点。

3G 初期，基站的语音业务和数据业务分离，语音业务和数据业务分别采用 E1 和 FE 方式接入 MSTP 网络。在 MSTP 设备全部退网，或是新建基站时，则需要使用 UTN 兼容以上两种方式承载语音及数据业务。

在分组承载传送网络上承载 TDM 语音业务需要使用电路仿真（CES）技术，与传统的 MSTP 承载 TDM 业务所采用的技术存在较大的差异。

电路仿真业务（CES）是指 TDM/ATM 业务穿越 IP 网络时采用的一种封装承载帧信号的技术。在 CES 技术中承载 E1 帧信息存在两种仿真模式，包括结构化仿真和非结构化仿真或结构不可知（Structure-Agnostic）仿真技术。

（1）非结构化仿真技术（SAToP）：对于客户侧 E1 信号，忽略该电路中可能存在的任何结构，将数据仅看作是给定数据速率的纯位流。从 E1 位流中按顺序截取一系列 8 位位组来构成分组的有效载荷。

（2）结构化仿真技术（CESoP）：保留了 E1 信号中固有的帧结构，并在处理单元处进行逐 Timeslot 的识别和传送，打包处理则是按照预定的 Timeslot 单元进行 *N* 倍长操作。

结构化仿真技术优势在于提供对 E1 业务流中 CAS 和 CCS 信令的识别和传送功能，但如今信令的传送已经不在数据通道中传递。两种方式相比较而言，非结构化方式实现比较简单，它不需要识别 TDM 数据流中的帧格式，通用性较强。因此建议在 E1 业务的承载方式选择中，推荐采用非结构化的电路仿真。

6.1.2　3G FE 业务需求类型及特点

3G 移动回传传输需求均为从 NodeB 到 RNC 的点对点业务。一般采用双栈模式，即语音和网管流量由 TDM 链路传送，数据流量由以太网链路传送。部分采用单栈模式，即全部由 TDM 链路传送。对于 HSPA 基站，各类基站经测算所需带宽如表 6-1 所示。

表 6-1　3G 接口功能及传输层接口

基站类型	单基站 Iub				
	不具备 FE 接入能力	具备 FE 接入能力			
	E1（个）	E1（个）	FE 端口	FE 流量（峰值 Mbit/s）	FE 流量（均值 Mbit/s）
S111（高配置）	4	2	1	15	6
S111（中配置）	3	1	1	10	5
S111（低配置）	3	1	1	8	4
S11（高配置）	3	1	1	10	4
S11（中配置）	3	1	1	7	3
S11（低配置）	2	1	1	5	2
S222	7	2	1	26	12
S333	8	2	1	40	18
S444	8	2	1	53	24
O1（中配置）	2	2			

续表

基站类型	单基站 Iub				
	不具备 FE 接入能力	具备 FE 接入能力			
	E1（个）	E1（个）	FE 端口	FE 流量 （峰值 Mbit/s）	FE 流量 （均值 Mbit/s）
O1（低配置）	2	2			
室分信源 O1	4	4	1	5	3
室分信源 O2	6	6	1	10	6
室分信源 S111/S11	6	6	1	15	8
室分信源 S222/S22	7	7	1	30	15

6.1.3 LTE 的业务需求类型及特点

6.1.3.1 LTE 网络结构

LTE 回传网络结构模型如图 6-1 所示。EPC 核心网网络架构模型如图 6-2 所示。

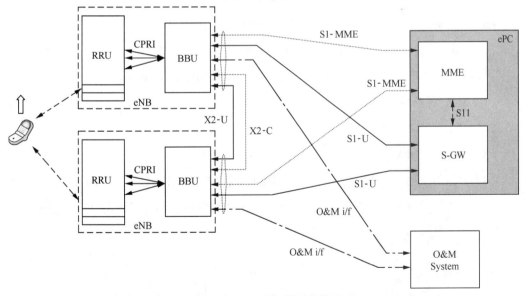

图 6-1 LTE 回传网络结构模型

注 1：MME 类似传统 SGSN 的控制面功能。

注 2：S-GW 服务网关，类似于传统 SGSN 的用户面功能。

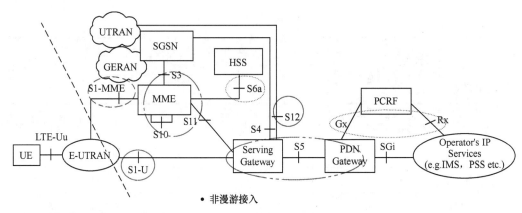

• 非漫游接入

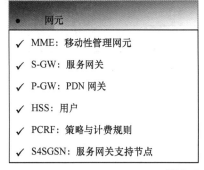
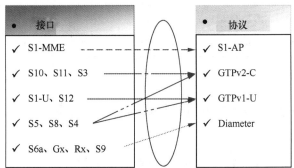

图 6-2 LTE EPC 核心网网络结构模型

注 3：P-GW PDN 网关，类似于传统 GGSN 的功能。

注 4：HSS 用于存储用户签约信息的数据库，类似 HLR 的功能。

注 5：S4SGSN 负责 2G/3G 接入，类似 Gn/Gp SGSN 的功能。

可以看出，LTE 回传网络需要承载与传送网承载的业务主要包括：

（1）eNB 到 MME 的 S1-MME 接口业务；

（2）eNB 到 S-GW 的 S1-U 接口业务；

（3）eNB 到 O&M 系统的管理控制信息；

（4）eNB 之间的 X2 接口业务，包括 X2-C（控制面）、X2-U（用户面）。

LTE 核心网网络需要承载与传送网承载的业务主要是核心网各类网元间的互连链路。

6.1.3.2 LTE 网络接口

1. 核心网接口

LTE 网络核心网的接口类型如图 6-3 所示。LTE 网络的核心网共包含 14 个逻辑接口，其中纯用户面接口 3 个，控制面＋用户面接口 3 个，这 6 个接口是 LTE 网络对带宽需求最大的接口。纯控制面接口共 8 个，对带宽需求不大，但数量较多且分布较广。此

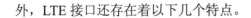

外，LTE接口还存在着以下几个特点。

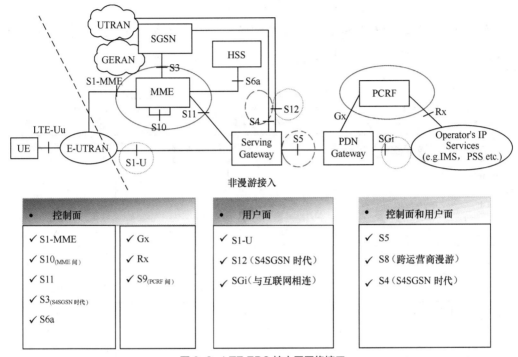

图6-3 LTE EPC核心网网络接口

（1）所有接口都实现IP化，不会再采用双栈方式。

（2）X2-U、X2-C接口的业务主要在相邻基站间采用，数量众多且基站间的关系复杂，但其带宽不大。

（3）S1-U、S1-MME接口的业务需要从基站到核心网，属于汇聚型业务，但由于MME的池组化和S-GW的列表化，每个eNB不再固定归属某个MME或S-GW。

（4）其他核心网接口的业务主要在核心网设备间适用。

（5）CPRI接口的特点是数量大、带宽大，但传输距离短，主要在网络的边缘适用。

注1：在LTE初期，SGSN不会采用S4SGSN，因此S3/S4/S12接口不会用到。

注2：HSS与HLR功能相似，厂商都支持通过HLR升级支持HSS功能。

注3：PCRF一般全省配置一套，会集中在省会。

注4：不存在S2和S7接口。

在上图中，由于LTE核心网网元配置原则和网络组织方案的不同，需要长途传输的接口及业务也会有所不同，主要差异在MME、S-GW、P-GW、HSS、PCRF是集中在省会放置还是下沉到地市，以下分成几种情况进行分析。

方案 1：LTE 网络小规模部署

在这种方案下，MME、S-GW、P-GW、HSS、PCRF 在省会集中放置，SGSN 不支持 S4SGSN 功能。需要的长途和本地传输资源情况如表 6-2 所示。

表 6-2　LTE EPC 省会集中放置对传送网资源需求情况

省会集中放置				
接口类型	省际 IP 承载 B 网	省内 IP 承载 B 网	本地 UTN	省会 UTN
S1-MME	N	Y	Y	N
S1-U	N	Y	Y	N
X2-C	N	N	Y	NA
X2-U	N	N	Y	NA
S5	Y[3]	N	NA	NA[2]
S6a	N	N	N	Y
S9	Y/N[1]	N	N	Y/N[1]
S10	Y	Y	N	Y/N
S11	N	N	N	Y/N
SGi	N	N	N	Y
Gx	N	N	N	Y
Rx	N	N	N	Y
注[1]	如果采用漫游回归属地方式，不需要；如果采用漫游不回归属地方式，需要			
注[2]	初期 S-GW 和 P-GW 合设，该接口在设备内部			
注[3]	用于采用漫游回归属地方式			
注[4]	S3/S4/S12 在没有采用 S4SGSN 功能时，该接口不存在			
注[5]	不存在 S2 和 S7 接口			
注[6]	S8 接口用于运营商间漫游			

方案 2：LTE 网络适当规模部署，部分核心网设备下沉到本地网

在这种方案下，MME、P-GW、PCRF 在省会集中放置，HSS、S-GW 下沉到本地网，SGSN 不支持 S4SGSN 功能。需要的长途和本地传输资源情况如表 6-3 所示。

表6-3　LTE EPC 部分网元下沉到本地网对传送网资源需求情况

S-GW 下沉，P-GW 不下沉，HLR 下沉				
接口类型	省际 IP 承载 B 网	省内 IP 承载 B 网	本地 UTN	省会 UTN
S1-MME	N	Y	Y	N
S1-U	N	N	Y	N
X2-C	N	N	Y	NA
X2-U	N	N	Y	NA
S5	Y[2]	Y	Y	N
S6a	N	Y	Y	Y/N[3]
S9	Y/N[1]	N	N	Y/N[1]
S10	Y	Y	N	N
S11	N	Y	Y	N
SGi	N	N	N	Y
Gx	N	N	N	Y
Rx	N	N	N	Y
注[1]	如果采用漫游回归属地方式，不需要；如果采用漫游不回归属地方式，需要			
注[2]	用于采用漫游回归属地方式			
注[3]	是否还要走省会 UTN，与 L3VPN 的组织方式有关，待方案阶段研究			
注[4]	S3/S4/S12 在没有采用 S4SGSN 功能时，该接口不存在			
注[5]	不存在 S2 和 S7 接口			
注[6]	S8 接口用于运营商间漫游			

2．S1 接口

S1 接口是连接 eNodeB 与 EPC 之间的接口。S1 接口分为控制面和用户面，用户面接口为 S1-U，控制面接口为 S1-MME。一个 eNodeB 可以连接到多个 MME 或者 S-GW，这种灵活的组网方式称为 S1-flex，S1-flex 属于多点对多点的汇聚型业务。其特点如下。

每个 eNB 上都有每个 MME 的容量因子，基站根据 MME 的容量因子选择每个用户的连接归属到哪个 MME，确定 MME 后，MME 再确定该用户的业务归属哪个 S-GW。

基站到 MME 是一对多的方式，每一个用户肯定是到一个 MME，但是一个基站是到多个 MME 的。因此一个 MME 不工作了，不会影响基站所有用户。

用户到哪个 S-GW 由用户的位置确定的，由基站上报位置信息，再通过 MME 指定。

哪个用户到哪个 S-GW 是确定的，但哪个基站到哪个 S-GW 是不确定的。

MME 和 S-GW 是不同的设备，目前所有厂商的 S-GW 和 P-GW 可以共用同一台设备，即一台设备完成 S-GW 和 P-GW 的功能。

S1 接口用户面的传输带宽占用是由用户业务数据传输需求造成的，实际的传输带宽占用等于业务数据流量加上传输带来的开销。S1 接口控制面用于传输各种控制信令，按照 S1 用户面带宽的 2%考虑。

3. X2 接口

X2 接口为 eNodeB 之间的互联接口。X2 接口分为用户面接口 X2-U 和控制面接口 X2-C。

X2 接口用户面用于终端在切换过程中从源基站到目标基站需要前转的用户数据，数据流量与用户切换的次数和每次切换需要前转的数据流量有关，按照 S1 用户面带宽的 3%考虑。X2 接口控制面主要用于传输各种控制信令，按照 1Mbit/s 带宽考虑。

4. CPRI 接口

BBU 与 RRU 之间互联采用 CPRI 接口。CPRI 接口为光接口，并要求 BBU 与 RRU 间提供同步信息。

在传输时延方面，传输时延主要影响了 BBU-RRU 间的同步。CPRI 最大容忍时延 200μs，据此计算，CPRI 最大传输距离是 40km。

CPRI 接口可以进行级联，2 通道基站 RRU 可以进行 4 级级联，最大传输距离是 40km。8 通道的基站 RRU 无法级联。在级联过程中不进行时延补偿，即级联后的最大传输距离也是 40km。

5. 物理接口

LTE 基站原则上应该是采用全 IP 方式接入，由于基站带宽超过 100Mbit/s，因此不管采用哪种制式的 LTE 技术，都将是在基站 BBU 上新增 GE 接口满足业务回传接入到传送网中。

根据调研，各个厂商均能够提供 GE 的光接口和电接口。在物理接口上，S1、X2 和管理控制信息均通过同一个物理接口接入到传送网中。

经与无线专业协商，基于光接口在传输距离、传输性能等优于电接口，光缆成本低于电缆成本，因此建议基站 BBU 回传接口采用 GE 光接口，光接口型号 1000Base LX。

CPRI 接口速率一般大于 2.5Gbit/s，采用光接口。

6.1.3.3　LTE 回传网络需求

1. 基站带宽需求计算模型

LTE 基站的带宽需求是基于以下几点要求的模型基础上。

（1）LTE 基站采用全 IP 方式接入，不再存在双栈方式。

（2）针对 FDD-LTE 网络技术，每个基站上下行均采用 20MHz 无线带宽。

（3）天线采用 2×2 MIMO，回传带宽考虑 TM2 和 TM3 混合应用。

（4）针对 S111 的 eNB 模型三个扇区的总带宽。

2. 基站带宽需求

LTE 基站的带宽主要由 S1 接口和 X2 接口组成。S1-C 接口控制面用于传输各种控制信令，由于控制面信令传输所需要的带宽与用户面相比非常小，为了简化计算，S1控制面的流量以 S1 用户面流量的一定比例进行估算。X2 接口用户面用于传输切换过程中从源基站到目标基站需要前转的用户数据，按照用户业务数据的一定切换比例进行估算。由于在没有 X2 接口情况下基于 S1 的切换，用户数据会从 S1 接口前转，因此不论基于 X2 切换还是基于 S1，对于基站总带宽占用并不会发生变化，但是在没有配置 X2接口的情况下，S1 接口用户面数据则需要按照切换比例估算前转带宽占用。

X2 接口用户面的数据流量与用户切换的次数和每次切换需要前转的数据流量有关，由于 LTE 采用硬切换，X2 接口需要传输的流量很少，并不像 WCDMA 软切换会占用较大的带宽，因此 X2 接口流量通常取值为 S1 接口总流量的 3%～5%。

此外，基站的维护及控制也需要命令发送和数据传输，需要的带宽通常较小，一般在 1Mbit/s 以下。

综合以上接口的带宽考虑，S111 站型的带宽配置如表 6-4 所示。

表 6-4　LTE 基站传输需求分析表

基站类型	站型	峰值带宽（Mbit/s）	均值带宽（Mbit/s）	说　明
数据热点	S111	240	135	相关区域认定可参考 3G 数据忙基站的前 3%，60%～70% 的用户分布于中等以上信号质量区域，小区忙时平均负荷达到 60%～70%。含 X2 接口带宽和管理控制带宽
	S11	170	90	
高需求	S111	170	115	相关区域认定可参考 3G 数据忙基站的前 3%～10%，50%～60% 的用户分布于中等以上信号质量区域，小区忙时平均负荷达到 40%～50%。含 X2 接口带宽和管理控制带宽
	S11	170	80	

基站类型	站型	峰值带宽 （Mbit/s）	均值带宽 （Mbit/s）	说　明
一般需求	S111	170	80	相关区域认定50%以上用户分布在中等以下信号质量区域，小区忙时平均负荷达到30%~40%。含X2接口带宽和管理控制带宽
	S11	170	55	
室内	S111	240	135	
	S11	170	90	
	O1双通道	170	50	
	O1单通道	85	25	

注1：表中数据含各种开销、含X2和管理控制的带宽。

注2：X2接口是否部署、何时部署尚未有结论。

注3：均值指的是忙时平均流量，需要保证的。

注4：峰值指无论哪种应用场景下，基站带宽都超不过这个值。

注5：峰均比：小区流量峰值与均值的比值，一般为忙时流量与平均流量的比值。

注6：小区间收敛系数:不同小区的忙时可能会存在重叠。

（1）超S111基站带宽需求

超S111基站带宽需求，应包括以下几种场景。

（a）由于用户数量的增加，S111基站升级到S222基站。目前看，LTE网络在未来2~3年内不会上S222基站。目前未了解到全球LTE商用网络采用S222基站的消息。但从基站能力上，具有升级到S222的能力。

S222基站，每个终端的峰值带宽是不变的，该站容纳的用户数量增加，带宽可以是S111的1.5~2倍。更为详细的计算和分析还需要进一步研究。

（b）每个小区还是一个载频，但每个BBU带的RRU数量超过3个。LTE每个BBU可以带的RRU数量可以不止3个，但根据无线专业的分析，目前3G基本上都是采用传统宏基站的方式，一个BBU带超过3个RRU的情况非常少。LTE初期应该也是采用传统宏基站方式。

基站的传输带宽需求还与基带的处理能力有关，与每个小区采用的ID有关。一般情况下，宏基站每个小区采用的是单独的ID，多小区容纳的用户数量是叠加的。室分多小区主要是为了扩大覆盖，存在多个小区用一个ID的情况，这种情况下每个小区ID

容纳的用户数是固定的，因此用户数不能是叠加的。

（c）技术演进到 LTE-A。下一步 LTE 带宽增加技术有可能应用的是载波聚合技术（LTE-A），每个终端的峰值带宽会加倍达到 200Mbit/s 左右，容纳的用户数量也会增加（但不是简单加倍，随着 LTE-A 用户的增多，每个基站容纳的用户数会减少），每个基站需要的带宽可能达到 S111 的 2 倍。

（2）TDD-LTE 带宽需求分析

TDD 基站上下行共采用 20MHz 无线带宽。目前提出的 LTE 基站带宽需求是按照 FDD-LTE 提出的，可以满足 TDD-LTE 的基站带宽需求。TDD-LTE 基站的传输带宽需求如表 6-5 所示。

表 6-5　TDD-LTE 单独部署带宽需求

区域类型	站　　型	峰值带宽（Mbit/s）	均值带宽（Mbit/s）
数据热点	S111	160	95
	S11	110	60
高需求	S111	115	80
	S11	95	55
一般需求	S111	95	55
	S11	95	40
室内	S111	160	90
	S11	110	60
	O1 双通道	95	30
	O1 单通道	50	15

（3）FDD-LTE 与 TDD-LTE 混合组网带宽要求

在 FDD-LTE 与 TDD-LTE 混合组网的情况下，传输承载网应满足的带宽要求如表 6-6 所示。

表 6-6　FDD-LTE 和 TDD-LTE 混合组网部署带宽需求

区域类型	站　　型	峰值带宽（Mbit/s）	均值带宽（Mbit/s）
数据热点	S111	370	210
	S11	250	140

区域类型	站　　型	峰值带宽（Mbit/s）	均值带宽（Mbit/s）
高需求	S111	270	180
	S11	180	125
一般需求	S111	180	130
	S11	170	85
室内	S111	370	210
	S11	250	140
	O1 双通道	225	75
	O1 单通道	115	40

（4）CPRI 接口带宽需求分析

CPRI 5.0 版本定义的接口速率如表 6-7 所示。CPRI 接口速率、基带速率和通道数直接相关，目前暂不考虑压缩。在带宽方面，RRU 级联的 CPRI 物理带宽总和不能超过基带处理板上 CPRI 接口物理带宽。

BBU 与 RRU 之间通过 CPRI 接口的传输频率抖动应小于 0.002×10^{-6}。

表 6-7　CPRI 5.0 版本接口速率

接口编号	接口速率
CPRI line bit rate option 1	614.4Mbit/s
CPRI line bit rate option 2	1228.8Mbit/s（2×614.4Mbit/s）
CPRI line bit rate option 3	2457.6Mbit/s（4×614.4Mbit/s）
CPRI line bit rate option 4	3072.0Mbit/s（5×614.4Mbit/s）
CPRI line bit rate option 5	4915.2Mbit/s（8×614.4Mbit/s）
CPRI line bit rate option 6	6144.0Mbit/s（10×614.4Mbit/s）
CPRI line bit rate option 7	9830.4Mbit/s（16×614.4Mbit/s）

（5）室内分布对带宽的需求分析

室内分布系统相对于室外宏基站，带宽需求相对特殊。室内分布的带宽需求通常取决于小区的数量，基站带宽总需求为各小区带宽需求的总和的统计复用值，低于总小区数量之和。可根据楼宇大小及用户数量综合考虑带宽需求。

室内分布系统将普遍采用 BBU-RRU 拉远方式，BBU-RRU 间采用楼内光纤布线，通过光纤直驱方式解决。BBU 回传可采用光纤直驱或 UTN 承载方式。

6.1.3.4　LTE 对承载网络的要求

1．承载网络功能及性能需求

根据 LTE 对网络需求，分组传送承载网承载 LTE 移动回传主要是对 S1，X2 口流量进行承载。其中 S1 口实现基站归属调整功能，一个 eNodeB 基站可以和多个 MME/S-GW进行交互，承载网络需要动态三层功能，因此需要在核心汇聚层部署 L3VPN，以实现IP 流量的灵活转发。X2 接口实现基站到基站的直接交互。

此外，为满足 LTE 的呼通率、服务质量，S1 接口的传输延时要求 10ms 以内。为满足用户业务的小区切换需求，X2 接口的传输延时要求 20ms 以内。根据外场测试结果，X2 接口对时延的容忍度较大。

2．同步需求

LTE 网络关于同步的要求包括频率同步和时间同步两个方面，根据 ITU-T G.8271，具体指标要求如表 6-8 所示。

表 6-8　LTE 网络同步的要求表

无线制式	频率精度	时间精度
GSM	0.05×10^{-6}	NA
WCDMA	0.05×10^{-6}	NA
CDMA2000	0.05×10^{-6}	$\pm 3\mu s$
TD-SCDMA	0.05×10^{-6}	$\pm 1.5\mu s$
TDD-LTE	0.05×10^{-6}	$\pm 1.5\mu s$
FDD-LTE	0.05×10^{-6}	$4\mu s$ (MBMS/SFN)

从表中可以看出，从 GSM 系统到 LTE 系统，基站对频率同步的需求没有变化，TDD-LTE 技术对时间同步的要求较高。

CPRI 接口频率抖动要求 0.002×10^{-6}。

6.2　承载业务方案

城域综合承载传送网主要承载 IP 和以太网业务，可通过电路仿真承载 TDM、ATM

等业务，目前主要用于承载 2G/3G/4G 移动回传业务。

6.2.1　2G/3G 语音业务承载方案

2G/3G 基站和基站控制器 BSC/RNC 之间采用 TDM 线路通信，在接入设备上通过 PWE3 电路仿真技术进行业务承载。

（1）基站接入侧：边缘接入层设备通过 E1 口与 BTS 对接，简单方式下每 E1 2M 业务进行电路仿真映射到 PW，通过 PWE3 MPLS 隧道传送到 BSC 前置节点。

（2）网络侧：提供主备 MPLS 隧道保护，进行端对端业务监控和保护。SR 对于电路仿真业务当作普通以太网报文处理，通过 MPLS L2VPN/VPLS 方式把业务传送到 BSC CE。

（3）基站控制器侧：核心层设备通过 CSTM-1 接口和 BSC 连接，进行 PWE3 解封装，恢复 E1 业务。

6.2.2　3G 数据业务承载方案

3G PS 业务有三种解决方案，如图 6-4 所示。由于需要实现基站归属调整功能，需要在网络中部署 L3VPN，以实现 IP 流量的灵活转发。

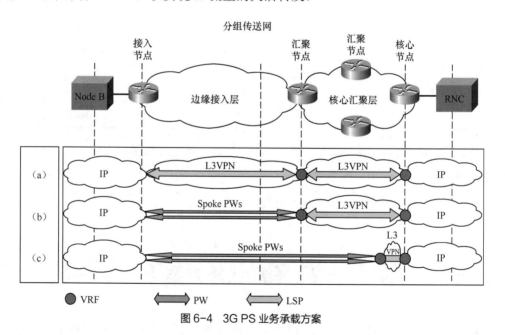

图 6-4　3G PS 业务承载方案

方案（a）中，采用层次化 L3VPN 的方式，直接为基站提供 IP L3VPN 接入。需要为每个与 3G 基站相连的分组设备端口分配互联 IP 地址。

方案（b）、（c）中，均采用 PW+L3VPN 的方式，基站 FE 业务以以太网专线（E-Line）的方式接入，并通过 L2/L3 桥接进入 L3VPN。两个方案的区别在于 L2/L3 桥接点的位置不同，方案（b）位于汇聚节点，方案（c）位于核心节点。两个方案中，都需要为 L2/L3 桥接点的虚端口分配网关地址。同时，需要为每个基站分配相应的 VLAN 用于以太网传送的业务隔离。推荐采用方案（b）作为 3G PS 域业务的承载方案。

6.2.3　LTE 业务承载方案

根据 LTE 对网络的需求，分组传送承载网承载 LTE 移动回传主要是对 S1，X2 口流量进行承载。其中 S1 口实现基站归属调整功能，一个 eNodeB 基站可以和多个 MME/S-GW 进行交互，承载网络需要动态三层功能，因此需要在核心汇聚层部署 L3VPN，以实现 IP 流量的灵活转发。X2 接口实现基站到基站的直接交互。

LTE 承载方案如图 6-5 所示。

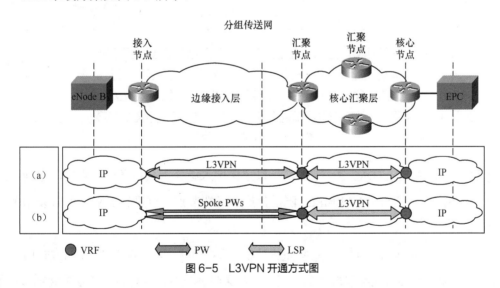

图 6-5　L3VPN 开通方式图

方案（a）中，采用层次化 L3VPN 的方式，直接为基站提供 IP L3VPN 接入。此时在相同接入环内的相邻基站 X2 接口流量直接在本接入环中转发。

方案（b）中，采用 PW+L3VPN 的方式，LTE 基站业务以以太网专线（E-Line）的方式接入，并在汇聚层通过 L2/L3 桥接进入 L3VPN。此时，相邻基站 X2 接口流量需要在汇聚环中转发。

上文需求分析所述，X2 接口流量仅占 LTE 流量的 3%，且对时延的要求在 20ms 以内。无论哪种承载方案，均可以满足此带宽和时延的要求。因此对 X2 接口的承载，仅仅在承载效率上有差别，两种方案均可充分满足 X2 接口时延的要求。S1 接口和 X2 接口都能实现基站间切换功能，但 X2 接口对时延的容忍度明显优于 S1 接口。

方案（a）承载 LTE 业务承载效率最高，但需要为每个基站配置接口互联 IP 地址。方案（b）则可以在同一接入环内使用同一个网段的 IP，并在桥节点配置网关 IP 地址，配置量和地址消耗上低于方案（a）。

6.2.4 集团客户业务承载

集客业务承载方案如图 6-6 所示。

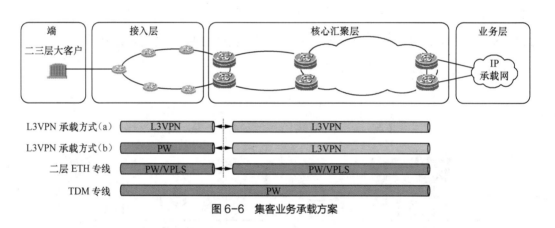

图 6-6　集客业务承载方案

对于集团客户的 TDM 专线业务，可以直接接入综合承载传送设备当中，进行电路仿真映射到 PW，通过 PWE3 MPLS 隧道传送到对端节点，再进行 PWE3 解封装，恢复 TDM 业务。

对于 VLL 和 VPLS 业务，在数量少的情况下，可以参照 TDM 专线的方式用单段 PW/VPLS 方式承载，在数量较大的情况下，如果设备支持，也可以采用层次化的 VPLS 或多端伪线方式解决。

L3VPN 专线业务在接入点较少及接入层设备支持三层的情况下，可以将 L3VPN 直接开至接入层设备上，如图 6-6 中方式（a）所示。对于接入点多，路由数量较大的客户，建议采用核心汇聚层 L3VPN+边缘接入层伪线的方式实现，如图 6-6 中方式（b）所示。

推荐采用方式（b）承载 L3VPN 业务。

大客户 L3VPN 业务建议采用与 3G FE 业务相同的承载方式，根据用户业务量及组网要求，需考虑用户 PE 设备的网络层次，用户 VPN 路由条目较多时，建议选取汇聚层设备作为 PE 设备。

大客户 L2VPN 业务采用与 2G/3G TDM 业务相同的承载方式。

固网业务由分组网承载时，仅作为透传业务，采用端对端 L2VPN 承载方式。

6.2.5　固定宽带业务承载

固网宽带业务承载方案如图 6-7 所示。

固网宽带业务，原则上不在综合承载传送网上进行承载。但对于偏远及资源贫乏地区可以以二层专线的方式在综合承载传送网上承载，在最近的城域数据网 SR/BRAS 处将业务终结。但应注意做好综合承载传送网的安全防攻击工作，不得将综合承载传送网与城域数据网进行公网对接。

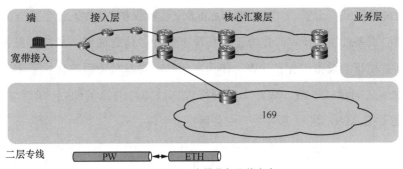

图 6-7　固网宽带业务承载方案

6.3　TDM 业务承载

6.3.1　业务承载方案

基站侧 GSM、UMTS CS 目前均通过 E1 接口承载，GSM 为 TDM 封装，UMTS CS 为 ATM 封装，均未 IP 化，只能通过电路仿真技术 PWE3 承载。具体方案包括单段 PW（SS-PW）和多段 PW（MS-PW）。

单段 PW 方案，接入设备直接与 UTN 核心侧 PE 设备建立 PW，网络规模大时核心侧 PE 设备的压力也比较大。

为了缓解核心设备压力，引入了多段 PW 方案，即接入设备与汇聚设备建立 PW，汇聚设备再与核心侧 PE 设备建立 PW，由汇聚设备将两段 PW 粘连起来，从而实现端对端的电路仿真业务承载。由于汇聚设备下挂接入设备数量有限，汇聚设备上隧道数量的压力不大，同时核心设备下挂汇聚设备数量相比接入设备大大减低，因此核心侧 PE 设备上隧道数量上的压力得到缓解，可以视为将核心侧 PE 设备的压力分散到多台汇聚设备上。此外，在汇聚设备上实现了隧道的收敛，即多个接入层 PW 在汇聚设备上可以共享一条隧道，大大提升了网络的可扩展性。

6.3.2　业务保护方案

在保护方案上，多段 PW 与单段 PW 基本类似，唯一的区别就是保护 PW 也需要分段建立。如图 6-8 所示，网络内部节点及链路故障通过隧道保护技术 LSP 1:1 进行保护。核心设备故障通过业务保护技术 PW Redundancy 进行保护，从接入设备建立到汇聚设备再到主用核心设备的主用 PW，作为正常情况下的业务传送通道，从接入设备建立到汇聚设备再到备用核心设备的保护 PW，作为主用核心设备故障后的保护通道，在两个台主用核心设备之间建立旁路 PW，用于网络内部故障时的流量迂回。两台核心设备与 RNC 之间运行 E-APS，进行"网关"主备保护。

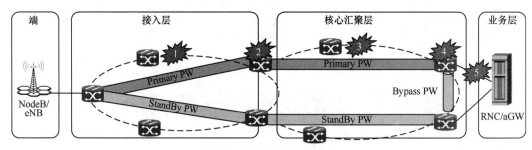

图 6-8　TDM 业务保护方案

隧道保护 LSP 1:1 的快速故障检测通过 BFD for LSP 实现，采用分段的方式，各段隧道独立进行保护切换，互不影响。业务保护 PW Redundancy 的快速故障检测通过 BFD for PW 实现，采用单段的方式。

所有故障场景采用的保护模式、保护技术如表 6-9 所示，以核心设备节点故障为例说明具体倒换过程如下。

核心节点故障后，E-APS 检测到该故障，主备发生倒换，核心设备与 RNC 之间链路成为工作链路，同时触发 PW 进行主备倒换，原保护 PW 升为主用 PW。下行流量从新的工作链路发往核心设备，再从新的主用 PW 发往接入设备，上行流量从接入设备通过新的主用 PW 发往核心设备，再从新的工作链路发往 RNC。

表 6-9　TDM 业务故障倒换路径

故障点	保护模式	保护技术
1	隧道保护	TE HotStandBy
2	业务保护&网关保护	PW Redundancy & E-APS
3	隧道保护	TE HotStandBy
4、5	业务保护&网关保护	PW Redundancy & E-APS

6.4　以太业务承载

6.4.1　层次化 L3VPN 承载方案

6.4.1.1　业务承载方案

层次化 L3VPN 承载可以实现 L3VPN 部署至网络边缘，即接入设备便启动 L3VPN。一方面，可以轻松实现所有业务安全隔离，另一方面，FRR 等高可靠性技术可进一步延伸到接入层，提升端对端业务可靠性及用户体验。

传统端对端 L3VPN 方案，所有接入设备均需与核心 RR（路由反射器）建立 BGP 会话，同时需要建立从接入设备到核心设备的端对端隧道，在网络规模较大时，造成 RR 的 BGP 会话压力较大及核心设备隧道数量较多，且接入设备与骨干路由器的 VPN 路由是拉通的，接入层路由压力较大，网络可扩展性较差。

HVPN 在传统端对端 L3VPN 的基础上进行了适当优化，通过引入一层"轻量级 RR"来缓解核心侧设备压力，解决组建大网的问题。具体方案如下。

将汇聚设备设为"第二级 RR"，接入设备与汇聚设备建立 BGP 会话，由于汇聚设备下挂接入设备数量有限，因此汇聚设备上 BGP 会话压力不大；汇聚设备与核心 RR

建立 BGP 会话，相比接入设备，整网的汇聚设备数量大大降低，相应的 RR 的 BGP 会话压力也大大降低。汇聚设备收到接入设备发布的 VPNv4 路由后，将下一跳修改为自己之后再发布给 RR，之后再由 RR 反射给核心设备，因此核心设备有整网明细路由；汇聚设备收到的 VPNv4 路由均不向接入设备发布，仅向接入设备发布一条缺省路由，用于引导上行流量，由此，接入设备仅需维护极少的 VPN 路由，路由压力较大的问题得以彻底解决。由于 VPN 采用分层的方式，相应的用于承载 VPN 的隧道也需要采用分层的方式，接入设备与汇聚设备之间为一段隧道，汇聚设备与核心设备之间为另一段隧道，核心设备的隧道数量较多的问题也不复存在。

通过上述方案，HVPN 解决了传统端对端 L3VPN 的扩展性问题，保证了低端设备与高端设备共同组大网的能力。

HVPN 方案可以通过传统的 RR 及路由策略组合实现，不涉及标准化问题。所有路由控制均在汇聚设备（轻量级 RR）完成，接入设备、核心设备等设备无需特殊处理，不存在不同厂商之间的互通问题。

如图 6-9 所示，通过部署 HVPN 方案，将 UMTS PS、LTE、基站网管、动环监控（IP化之后）等业务划分到不同的 VPN 中进行逻辑隔离，网络清晰，便于维护，扩展性强，支持超大规模组网。

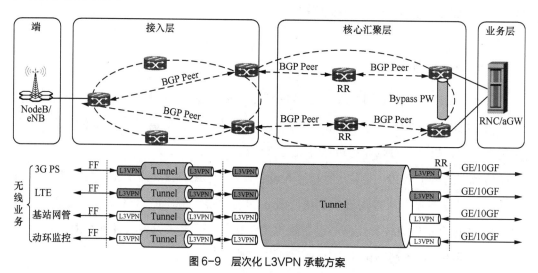

图 6-9 层次化 L3VPN 承载方案

6.4.1.2 业务保护方案

L3VPN 到边缘的业务保护方案非常完备，可以分为隧道保护、业务保护及网关保护三种模式，如图 6-10 所示。

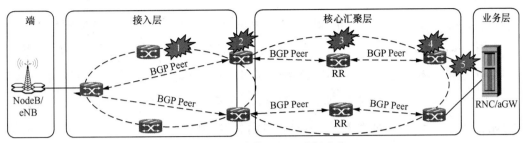

图 6-10　层次化 L3VPN 保护方案

隧道保护用于网络内部链路及节点故障，特征是保护倒换前后业务源宿节点不变，采用的保护技术为 LSP 1:1；业务保护用于汇聚设备及 RAN CE 节点故障，特点是保护前后业务源宿节点（包括两段 L3VPN 的衔接点）发生变化，采用的保护技术为 VPN FRR；网关保护用于 RNC/aGW 的网关及 RNC/aGW 与网关之间的链路故障，采用的保护技术为 E-VRRP。

所有故障场景采用的保护模式、保护技术如表 6-10 所示，以汇聚设备节点故障为例说明具体倒换过程如下。

上行方向：BFD 检测到该故障，触发 VPN FRR 倒换，上行流量从接入设备走备份路径到达汇聚设备，之后继续转发至核心设备，最后通过二层转发从核心设备迁回至 RNC/aGW。

下行方向：BFD 检测到该故障，触发 VPN FRR 倒换，下行流量从 RNC/aGW 发往核心设备，之后走备份路径到达汇聚设备，之后继续转发至接入设备，最终达到基站。

表 6-10　L3VPN 到边缘故障倒换路径

故障点	保 护 模 式	保 护 技 术
1	隧道保护	TE HotStandBy
2	业务保护	VPN FRR
3	隧道保护	TE HotStandBy
4	业务保护&网关保护	VPN FRR & E-VRRP
5	网关保护	E-VRRP

6.4.2　PW+L3VPN 承载方案

6.4.2.1　业务承载方案

PW+L3VPN 方案的设计理念为接入层通过 PW 伪线实现业务的接入，降低接入层的维护复杂度，以及维护人员的技能要求，到达汇聚设备后再进入 L3VPN 转发。

如图 6-11 所示，接入层建立二层管道 PW，汇聚路由器及以上建立 L3VPN，通过内部环回接口实现 PW 与 L3VPN 的桥接。通常一个接入环会双挂两台汇聚路由器，汇聚路由器作为基站的三层网关，此时需要为两台汇聚路由器三层内部环回接口设置相同的 MAC 和 IP，实现双网关保护。PW 与 L3VPN 的桥接分为 1:1 和 N:1 两种，1:1 网关收敛即一个 L3VE 终结一个 L2VE，不同基站的三层网关不同，N:1 网关收敛即一个 L3VE 终结多个 L2VE，同一接入环上基站共享同一个三层网关。

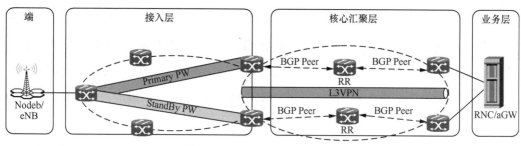

图 6-11 PW+L3VPN 承载方案

6.4.2.2 业务保护方案

PW+L3VPN 同时采用二层 PW 及三层 VPN 技术，相应的保护方案也是两种技术保护方案的组合。

按照保护模式可以分为隧道保护、业务保护及网关保护三类。

1．隧道保护

用于网络内部链路及节点故障，特征是保护倒换前后业务源宿节点不变，相应的保护技术为 TE HotStandBy、LDP 快速收敛、LSP 1:1、TE FRR。

2．业务保护

用于汇聚路由器及 IPRAN SR 节点故障，特征是保护前后业务源宿节点（包括 PW 与 L3VPN 的桥接点）发生变化，相应的保护技术为 PW Redundancy 和 VPN FRR。

3．网关保护

用于 BSC/EPC 的网关及 BSC/EPC 与网关之间的链路故障，相应的保护技术为 E-VRRP。

接入层设备配置主备 PW 分别终结到两台汇聚层设备的 L2VE 接口，再通过内部环回接口实现 PW 与 L3VPN 的桥接，逻辑上相当于接入层设备直连两台汇聚设备。主备 PW 保持单发双收状态，即从接入层设备到汇聚层设备的上行方向，流量仅从主用 PW

发送，从汇聚层设备到接入层设备的下行方向，主备 PW 可同时接受流量，实现接入设备与汇聚设备之间的松耦合。

　　为实现汇聚层设备节点故障下的快速保护倒换，接入层设备需支持 ARP 双发功能。ARP 双发即接入设备从基站侧收到的 ARP 报文后，同时将 ARP 报文复制两份分别从主备 PW 发送出去，两台汇聚设备将同时收到该 ARP 报文，进而学习到基站的 ARP，从而保证汇聚设备节点故障时下行流量无需重新学习 ARP，达到快速保护倒换的目的。保护方案如图 6-12 所示。

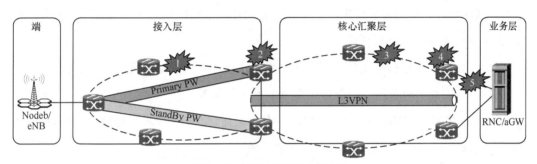

图 6-12　PW+L3VPN 保护方案

　　所有故障场景采用的保护模式、保护技术（隧道保护以 LSP 1:1 为例）如表 6-11 所示，以汇聚路由器节点故障为例说明具体倒换过程如下。

　　上行方向：BFD 检测到该故障，触发 PW Redundancy，流量从接入路由器发往汇聚路由器，在汇聚路由器上终结 PW 入 L3VPN，之后发往 IPRAN 核心设备，最后通过 IPRAN 核心设备转发至 RNC/aGW。

　　下行方向：下行流量从 RNC/aGW 发往核心设备，BFD 检测到故障，触发 VPN FRR 倒换，流量通过备份路径发往汇聚路由器，由于汇聚路由器通过 ARP 双发机制已经事先学到基站 ARP，无需重新学习 ARP，直接转发至接入路由器，最后发往基站。

表 6-11　PW+L3VPN 方案故障倒换路径

故障点	保 护 模 式	保 护 技 术
1	隧道保护	TE HotStandBy
2	业务保护&网关保护	PW Redundancy & VPN FRR
3	隧道保护	TE HotStandBy
4	业务保护&网关保护	VPN FRR & E-VRRP
5	网关保护	E-VRRP

6.5　ATM 电路

6.5.1　ATM 技术

ATM 技术采用了分组交换的原理，将数据信息分成 48 字节长度的数据块，并在数据块前装配地址、信元丢失优先级、流量控制、HEC 信息构成的 5 字节长度信元头，形成 53 字节长度的信元进行传送。

ATM 采用面向连接的工作方式，通过虚电路连接。一条虚电路通过虚路径（VP）和虚信道（VC）共同表示，一条物理通道中包含多条 VP，一条虚路径中包含多条虚通道；一条虚电路由其虚路径标识（VPI）和虚信道标识（VCI）共同确定，如图 6-13 所示。其优点在于，通过预定义虚路径，可以构造 VPN，保证数据传送的保密性。

图 6-13　虚路径和虚信道

ATM 网络是一个面向连接型的网络，当两个终端建立连接的时候，根据信令信息及网络运行情况，在该连接中的每一个交换节点上建立转发表，该转发表包含输入端口号、输出端口号，在输入端口或者输出端口中，不同的信元流有不同的 VCI/VPI 值转换。当某一信元进入交换模块时，交换模块通过识别信元信头的 VCI/VPI 值改变为相应的输出信元的 VCI/CPI 值，并控制交换网络将信元交换到对应的输出线上。

6.5.2　ATM 层协议

ATM 层为 ATM 适配层和物理层之间提供了接口，其主要功能是负责信元的交换、选路和复用，具体表现如下。

（1）信元的复用和分路，即在源端点负责对多个虚连接的信元进行复用和在目的端点对接收的信元进行分路。

（2）虚通道识别符（VPI）和虚通路识别符（VCI）的翻译。

（3）在每个 ATM 节点上对信头进行标记/识别。

（4）ATM 信头的产生和提取。

（5）在源端点产生信头（除 HEC 外）和在目的端点翻译信头。

（6）支持用户网的 ATM 通信流量控制。

6.5.3　ATM 电路的特点

（1）ATM 是面向连接的通信方式，具有电路交换和分组交换的双重性，有较高的交换速度，解决传统电路交换方式下不能有效利用带宽的问题。

（2）ATM 是分组长度固定的分组交换方式，不受数据类型的限制，适用于承载多种业务。

（3）ATM 技术协议简单，具有协议处理较快和时延小的优点。

（4）ATM 通过提供 QoS 参数实现用户需求与网络资源之间的协调，如表 6-12 所示，ATM 根据不同业务的性质分为 5 类业务。

表 6-12　QoS 等级划分

QoS 等级划分	业务类型
CBR：固定比特率业务	固定比特率的话音、图像
Rt-VBR：实时可变比特率业务	可变比特率的话音、图像
Nrt-VBR：非实时可变比特率业务	数据通信业务
ABR：指定比特率业务	数据通信业务，LAN 互联
UBR：不确定比特率业务	数据通信业务，LAN 互联

（5）ATM 技术信元首部开销较大。

6.5.4　ATM 电路承载业务类型

随着电信技术的发展，IP 化将逐步取代 TDM、ATM 技术成为主宰，在网络 IP 化的演进中，ATM 电路仍将作为承载大客户业务的主要方式，为用户提供 155Mbit/s 以下的多种速率接入。

Chapter 7

第 7 章
城域综合承载传送网设备互通技术

7.1 概　　述

UTN 网络建设中，部分城市采用多厂家设备在同一城市内分区域组建端对端的移动回传网络。全业务运营商已于 2012 年开展了设备互通研究性测试，对入网分组传送设备异厂家间互通能力进行摸底测试，发现了异厂家设备组网的互通性存在着较大问题，影响网络的建设方案及运维管理，也满足不了 LTE 基站间 X2 业务、集团客户业务端对端承载性能和可靠性的要求。

各家运营商均在通过对异厂家设备互通组网的研究，解决当前 UTN 网络设备互通中存在的 OAM 和保护倒换功能、时间不能达到指标问题，提出细化的互通技术规范，督促厂家对设备及技术进行改进，推动 UTN 互通能力的提高，提高网络的可靠性，降低建设成本，提高本地综合承载传送网安全和维护性能。

首先对需求场景进行分析，再结合场景对相关标准中的具体参数项进行分析，然后从协议、业务、同步等方面出发，分别对其互通做出验证，确定基本功能和性能的正常互通。最后，再以现网模型为基础进行测试，重点验证其 OAM 和网络保护性能。

通过研究和测试验证，最终实现了异厂家设备可以分区域组网，区域间以主备UNI链路相连方案下，各类业务（VPLS业务除外）均实现50ms内的保护倒换的目标。但不同厂商网络间基于NNI互通和分层互通方式，由于各厂家实现方式差异化太大，暂未实现业务50ms内的保护，还需进一步推进互通标准化工作及下一步修改后的互通方案验证。目前已经将各厂商设备存在的相关问题反馈给厂家进行修改完善，以待后期进一步验证、研究。

7.2 互通要求

经过互通问题分析和测试，发现互通的问题主要是由于各厂家对RFC中可选项的选择和各厂家自身的产品实现方式有较大差异，导致互通问题较多。UTN需要满足以下规范和要求，才能与现网的设备互通。

7.2.1 业务互通

7.2.1.1 L3VPN规范

UTN设备应支持BGP/MPLS VPN业务，并符合RFC2858、RFC2547、RFC4364、RFC2764、RFC3392、RFC2917、RFC3107、RFC4026、RFC4577等标准的规范。

7.2.1.2 L2VPN规范

7.2.1.3 VLL规范

UTN设备应支持VLL业务，并符合RFC4664、RFC4665、RFC6074、RFC6624等标准的规范。

7.2.1.4 VPLS规范

UTN设备应支持VPLS业务，并符合RFC4761、RFC4762、RFC6136等标准的规范。

7.2.1.5 仿真业务规范

UTN设备应能采用PWE3方式模仿ATM、帧中继、以太网、低速TDM（Time Division

Multiplexing）电路和 SONET（Synchronous Optical Network）/SDH（Synchronous Digital Hierarchy）等业务的基本行为和特征。仿真业务应符合 RFC3916、RFC3985、RFC4385、RFC4446、RFC4447、RFC4448、RFC4717、RFC4816、RFC5085、RFC5586、RFC5885、RFC6478 等标准的规范。

7.2.2 网络互通

7.2.2.1 ISIS 协议规范

UTN 设备必须支持 IS-IS（Intermediate System to Intermediate System，中间系统到中间系统）协议，应符合 ISO10589、ISO8348/Ad2、RFC1195、RFC2763、RFC2966、RFC2973、RFC3277、RFC3373、RFC3567、RFC3719、RFC3784、RFC3786、RFC3787、RFC3847、RFC3906 等标准的技术要求。

支持 IPv6 的 IS-IS 应符合 RFC5308 的要求。

7.2.2.2 OSPF 协议规范

UTN 设备必须支持 OSPF 协议，应符合 RFC1587、RFC1765、RFC2328、RFC2370、RFC3137、RFC3623、RFC3630、RFC3682、RFC3906、RFC4576、RFC4577 等标准的技术要求。

支持 IPv6 的 OSPF 应符合 RFC2740 的要求。

7.2.2.3 BGP 协议规范

UTN 设备必须支持 BGP，应符合 RFC4271、RFC4760、RFC3392、RFC2918、RFC2439、RFC1997、RFC4456、RFC3065、RFC3232、RFC827、RFC3682、RFC 4724、RFC 4486 等标准的技术要求。

7.2.2.4 MPLS 协议规范

UTN 设备必须支持 MPLS 协议族，LDP 协议应符合 RFC5036、RFC3215、RFC5443、RFC3478、RFC1321、RFC3037、RFC3899 等标准的技术要求。TE 相关协议族应符合 RFC2205、RFC2209、RFC2370、RFC2547、RFC2702、RFC2747、RFC2961、RFC3031、RFC3032、RFC3034、RFC3209、RFC3210、RFC3473、RFC3630、RFC3784、RFC4124、RFC4127、RFC4128、RFC4139 等标准的要求。

7.2.3　保护互通

UTN 设备必须支持双向转发检测 BFD（Bidirectional Forwarding Detection）功能，用于快速检测系统之间的通信故障，并在出现故障时通知上层应用并关联协议收敛及保护功能，并支持 BFD for OSPF、BFD for IS-IS、BFD for BGP、BFD for 端口、BFD for LSP/PW 等功能。要求 UTN 设备最低必须支持 10ms 为周期的 BFD 检测机制。相关功能应符合 RFC5881、RFC5882、RFC5883 和 RFC5885 等协议要求。

UTN 设备必须支持以太网 CFM，并针对网络实现端对端的连通性故障检测、故障通知、故障确认和故障定位功能，并支持与保护倒换技术的配合，提高网络的可靠性。要求 UTN 设备最低必须支持 10ms 为周期的检测机制。相关功能应符合 IEEE Std 802.1ag—2007 和 IEEE 802.1ag/Draft7.0 的相关要求。

UTN 设备必须支持 MPLS 层面的 OAM，相关协议应符合 ITU-T Recommendation Y.1710、ITU-T Recommendation Y.1711、ITU-T Recommendation Y.1720、RFC3429、RFC4377、RFC4378 等标准要求。

7.3　互　通　组　网

分区域互通主要针对于一个自治域号下的多厂家互通场景进行互通，重点针对于业务的保护互通。

7.3.1　分域组网场景一：分区域 UNI 互通

7.3.1.1　互通模型

各厂家分区域进行组网，选取核心档设备采用 UNI 的方式双节点进行业务的互通。

各厂家在区域内组织单独的 IGP 进程，厂家之间的 IGP 域不互通，不进行公网路由通告。各区域的业务分别终结在边界路由器上，采用区域间业务直接转发的方式。

互通业务的保护方式如下。

（1）PWE3 和 VLL 业务：域内的链路采用自身的保护机制，域间在互联的主备链路上建立冗余保护机制与域内 PW 冗余保护关联。

（2）VPLS 业务：业务终结在区域边界，主备链路配置以太网成环机制，主用链路故障情况下通过以太网 MAC 刷新机制实现业务在备用链路上的保护。

（3）L3VPN 业务：测试中 L3VPN 在边界采用静态路由通告 VPN 内的路由，域间采用 VPN FRR 保护。厂家各自区域内采用单厂家自组网方案的保护机制实现业务保护。对 L3VPN 也可以采用或私网 IGP 协议通告 VPN 内路由，但不推荐采用，未进行测试。

场景一组网结构如图 7-1 所示，测试模型如图 7-2 所示。

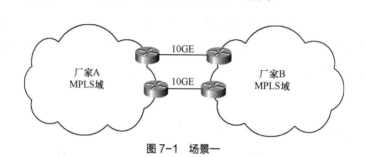

图 7-1　场景一

区域间配置交换机，模拟互通链路承载在 OTN/WDM 网络之上的场景，以避免厂家设备以端口有无光来判断业务故障。

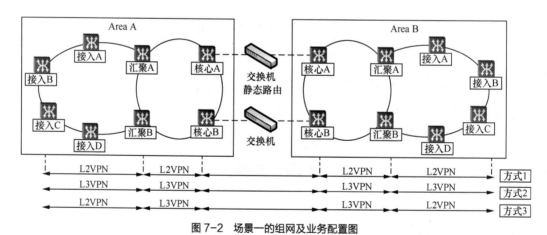

图 7-2　场景一的组网及业务配置图

7.3.1.2　情况总结

场景一的互通能力有较大改善，VLL、CES、L3VPN 等业务在互通设备断纤、设备断电等情况下，大部分业务基本能满足断纤在 50ms 内完成保护，断电在 200ms 内完成业务保护的要求，但少量业务因部分检测方式不统一的问题，保护时间没有达到要求。

在华为、烽火设备支持通过 BFD 协议检测区域间链路故障、支持双发选收的 CES 业务模式、支持 CES 业务非返回式保护方式等后，此问题可以解决。

互通厂家之间链路考虑到了承载在 OTN/WDM 之上的场景，如果直接承载在裸光纤上，当前已修改完成版本对各业务已经实现了 50ms 内的保护。无论采用 OTN/WDM 承载还是光纤直驱方式，如按照所提要求修改版本，应可以对各业务实现 50ms 内的保护，具体还需进一步验证。

场景一可以作为当前互通解决方案在现网中应用。

由于 VPLS 业务的提供技术不适合环状结构进行保护，保护配置中采用了水平分割和广播抑制机制，在此互通场景下保护倒换时间不能保证 200ms 以内。

7.3.2　分域组网场景二：独立进行进程互通

7.3.2.1　互通模型

互通场景二是各厂家分区域进行组网，在核心机房选取核心档设备采用 NNI 的方式互通，对于各厂家区域内，采用单独的 IGP 进程组织网络。厂家间单独组织一个进程，不同厂家间的公网路由可根据具体情况做引入策略。各厂家在各自的进程内单独保护，互通进程做单独的业务保护。

分区域网络互通场景二的网络应用如图 7-3 所示，模型二测试模型如图 7-4 所示。

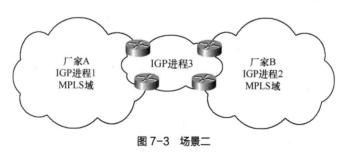

厂家A
IGP进程1
MPLS域

IGP进程3

厂家B
IGP进程2
MPLS域

图 7-3　场景二

区域间配置交换机，模拟互通链路承载在 OTN/WDM 网络之上的场景，以避免厂家设备以端口有无光来判断业务故障。

7.3.2.2　情况总结

场景二互通协议互通没有问题，但保护互通还存在较多问题。问题主要集中在 VLL 业务保护倒换、VPLS 的保护、CES 业务的恢复等问题上。除业务保护的配置较为复杂外，互通也存在部分问题。经过互通标准化的推进，总体情况好于预期。从互通不能实现保护达到大部分业务能够实现 50ms 内的保护倒换，还有部分业务存在保护倒换时间超过 200ms 或中断的等硬性问题，还在做进一步研究。当前情况下，互通场景二暂不可用，建议待互通问题逐步解决后再逐步推行场景二的应用。

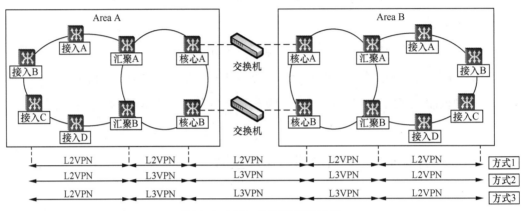

图 7-4　场景二的分区域组网应用

7.3.3　分域组网场景三：融合互通

7.3.3.1　互通模型

互通场景三是各厂家不再区分区域，以 NNI 的方式互通，混合组网。选取核心档设备作为互通节点，相互建立 IGP 邻居，引入对方的全网路由，共同组建一个 IGP 域。各类业务由互通的各厂家共同完成。

分区域网络互通场景三的网络应用如图 7-5 所示，模型三测试模型如图 7-6 所示。

图 7-5　场景三

7.3.3.2　情况总结

场景三互通协议互通没有问题，但保护互通还存在较多问题。问题主要集中在 VLL 业务保护倒换、VPLS 的保护、CES 业务的恢复等问题上。经过互通标准化的推进，总体情况好于预期，但还有部分业务存在保护倒换时间超过 200ms 或中断等硬性问题，还在做进一步研究。当前情况下互通场景三暂不可用，建议待互通问题逐步解决后再逐步推行场景三的应用。

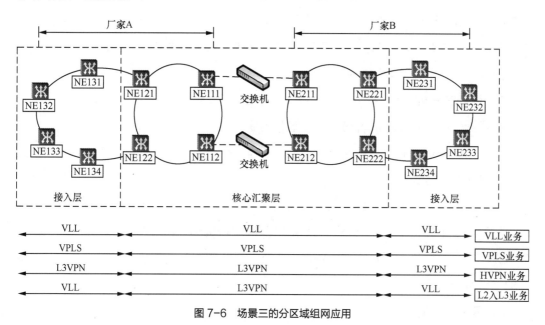

图 7-6　场景三的分区域组网应用

7.3.4　各场景方案分析

1. 场景一分析

场景一的优点是实现程度最高，故障定位简单，责任明确。

由于采用了分段建立业务，业务的故障点较为明确，问题的判断相对于场景二和场景三较为容易，避免了大部分互通厂家互相推诿责任的问题。

分域互通场景一的缺点是业务组织和开展较为复杂。

需要互通的业务分为三段建立，各自区域内各做保护。为实现区域间的业务也能够保护，L3VPN 业务需要在两个互通的端口上各自配置一次 VPN FRR 保护；VLL 业务则需要采用 PW 冗余技术实现跨区域的保护，配置工作量增加了一倍；对于 VPLS 业务，由于技术本身的限制，故障保护时间略长。

2. 场景二分析

场景二的优点是实现了分区域各厂家的 IGP 域的互通，网络及业务的可扩展性和适应性较强。

分域互通场景二的缺点是实现程度低，业务组织和开展较为复杂，并且当前互通目标未能全部达到。

相对于场景一，场景二的业务也分为三段建立，复杂度没有降低，并且因涉及同一IGP 域的互通，导致业务的建立和保护需要互通的双方协商，涉及各厂家设备的实现机制，互通的问题较多，不易实现。而且互通问题涉及系统底层和硬件层面，定位难，厂家之间互相推诿责任的问题严重。

3．场景三分析

场景三的优点是业务部署简单，互通最彻底。

分域互通场景三的缺点是实现程度低，互通问题较多，问题定位较难，并且当前互通目的未能全部达到。

场景三的业务部署在三种场景中最为简单，但涉及的保护和 OAM 的问题也最多。场景三互通要求异厂家之间有统一的故障检测和保护机制，但 OAM 手段和故障保护机制多为厂家私有协议，之间的问题较多，涉及系统的底层和硬件层面，厂家之间互通责任的推诿最为严重。

4．互通场景对比

各互通的优缺点对比如表 7-1 互通场景对比表所示。

表 7-1　互通场景对比表

	场景一	场景二	场景三
保护互通实现程度	高	低	低
网络融合度	低	较高	高
业务配置工作量	较多	多	少
故障定位难度	低	较低	高
厂家需要改进的功能	少	较多	多
双方需要协商的参数	少	多	多

综合以上分析，并考虑到当前的业务实际开通及维护，建议当前以场景一进行互通，完成 LTE 及集团客户的承载，待互通问题完全解决后，再以场景三方式互通。

7.3.5　分层互通

当前在接入设备与核心汇聚设备分层组网环境下，业务的保护存在多种问题。首先，各厂家对 BFD 支持能力有差别，导致无法实现 BFD 互通。思科依靠自身设备能力进行业务的故障检测，无业务相关联的 BFD，从而在异厂家设备组网时就无法快速地通知相应的节点做保护倒换。此外，关于 BFD 的实现方式不同，例如，BFD for BGP 的端口号不同、BFD for VPLS 支持能力及动/静态方式不同等，都导致 BFD 无法互通，从而业务无法关联相关的 BFD 进行故障检测，导致业务倒换时间过长。除此之外，CES 业务在分层场景中也存在断电情况下保护倒换及回切时间过长等问题。问题的原因包含 BFD 支持能力所限、WTR 不同步等。

当前的设备软件版本还存在较多问题，不能很好地支持互通技术方案，分层互通暂不可用，还需进一步推进。

7.4　互通应用

7.4.1　分域互通组网应用

当前现网组网时，主要采用以分区域采用不同厂家设备的方式进行建设，各厂家设备在不同区域内单独组网，业务采用区域内的端对端配置。场景一互通方式为在各厂家区域内各选择一对核心挡以上的设备，通过 10GE 链路与对端厂家分别互通。互通后可以择优选择其中一个厂家网络上连 B 网，其组网结构图如图 7-7 所示。

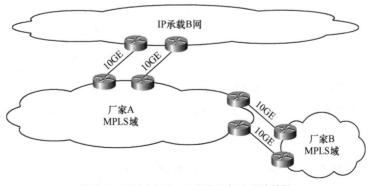

图 7-7　城域内场景一互通组网与 B 网连接图

对于后期不能很好支持网络建设的厂商，互通完成后可以考虑逐步缩减至其覆盖区域，新建站点和区域可以采用其他厂商设备逐步过渡；也可以以其中一个厂家的网络为核心，组建本地网络，其他厂商作为接入设备逐步接入网络当中。其组网结构如图 7-8 所示。

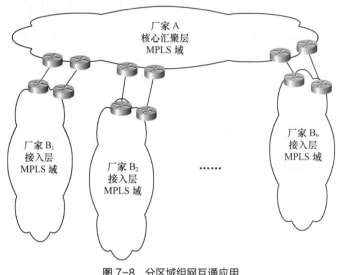

图 7-8　分区域组网互通应用

　　作为已有网络的应用示例，目前部分 UTN 网络已经分层采用不同厂家设备进行组网，采用华为设备组建核心汇聚层，中兴设备组建接入环，实现各 POP 点的业务综合接入。当前上海的业务主要有 2/3G 移动回传业务、软交换语音业务、WLAN 回传及部分宽带接入业务、集团客户等业务。涉及的业务类型主要有 CES、VLL、VPLS 和 L3VPN 等，与互通场景一类似。在实际的网络测试中，VLL 业务、CES 业务保护时间不能够保证在 50ms 内。随着互通工作的推进，采用相关互通技术规范后，经过测试验证后，可以保障业务电信级的服务质量，实现用户对业务高可靠性的要求。

　　通过分域组网互通，可以实现同一本地网中多个厂家的组网，有效地解决本地网多厂家设备的应用和维护问题。在未来的本地分组承载传送网建设中，可以选择设备稳定，三层处理能力强的设备组建城域核心汇聚层，对于接入层可以选择经济可靠的设备组建接入层设备。对于各家厂商设备，可以灵活选择，择优选取各家所长，共同组网。

7.4.2　UTN 与 CE 组网分析及应用策略

7.4.2.1　CE 和 UTN 网络定位分析

CE 网络的位置处于本地核心局之间，融合本地各种核心网业务，位置相对靠上。

运营商本地网共有多张数据网络，宽带城域网、NGN 承载网、CS 域承载网、PS 域承载网、UTN 网等。CE 网络情况整体情况如表 7-2 CE 网络情况分析表所示。

表 7-2　CE 网络情况分析表

分析项目	综合承载传送网（UTN）	移网 CE 网络	软交换承载网	IP 城域网
承载业务	目标电信级业务综合承载，目前 3G 基站回传	移动分组域、电路域、综合关口局、RNC	固网软交换业务	互联网业务、IPTV（北方）、软交换接入业务
覆盖情况	30%地市	全部地市	仅规模较大的本地 NGN 承载网	全部地市
规模	核心汇聚层设备	较多	较少	最多
网络技术	三层 MPLS VPN（核心汇聚层）	三层 MPLS VPN	三层 MPLS VPN	IP 路由+三层 MPLS VPN（SR 设备）
局址情况	局址最多（本地传输汇聚机房）	局址较少（移动网核心网元机房）	局址较多（原市话端局机房）	局址较多（原市话端局机房）
网络安全性	环状结构的拓扑保护，节点内配置单路由设备，关键部件冗余配置	网格或网状的拓扑保护，节点内配置双路由设备，关键部件冗余配置	部分网状的拓扑保护，节点内配置单路由设备，关键部件冗余配置	分层双上联的拓扑保护，节点内配置单路由设备，关键部件冗余配置
管理归口	传送网专业	移动网专业	数据网专业	数据网

CE 网络和 UTN 网络在网络中的结构如图 7-9 所示。

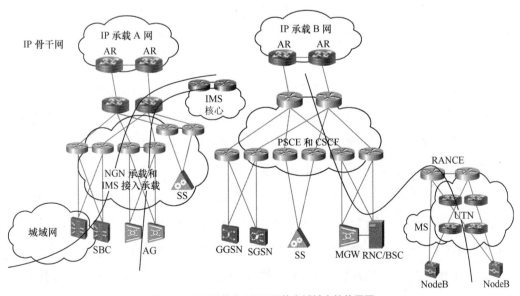

图 7-9　CE 网络和 UTN 网络在城域内的位置图

7.4.2.2 UTN 和 CE 网络的互通分析

UTN 与 CE 的互通包含两种情况，一是同厂家的 UTN 与 CE 互通，二是异厂家的 UTN 与 CE 互通。

对于同厂家的 CE 和 UTN 设备互通不存在问题，华为采用同硬件平台设备开发的 UTN 和 CE 设备，贝尔的 CE 和 UTN 设备是相同的设备，思科的 UTN 设备现已用作 CE 设备。

异厂家的 CE 设备和 UTN 设备互通目前存在较大的问题。对于网络的开通和承载，CE 和 UTN 设备混合组网是没有问题。但对于混合组网情况下的保护，目前情况不理想，保护时间和业务的恢复都有问题，本质上还是各厂家的实现方式上的差异。UTN 与异厂家 CE 的互通本质上与分域互通场景三是相同的，融合组网还需互通工作的进一步推进后才能进行。

当前建议异厂家 CE 与 UTN 的互通采用场景一方案互通，避免以场景二、三的方式互通。未来的 CE 网络应先进行融合，组建统一的城域核心 CE 网络，对核心网网元和业务进行承载。UTN 网络应融合异厂家设备，组建城域业务回传网络。考虑到两网承载业务不同，定位不同，两网间应以核心网元为界，单独组建各自网络。

7.4.2.3 UTN 和 CE 网络融合分析

（1）核心网 CE 兼作 IP RAN 核心可行性分析

当前 CS、PS、NGN CE 分设，没有成网或者成网比例小，不满足 UTN 核心成网互联需求，不具备做承载网的基础前提，并且没有统一的技术规范要求，难以升级满足 UTN 要求的时钟同步（Sync-E，1588v2，CES ACR）、OAM（以太 OAM、MPLS-TP OAM）、低速业务接入（ATM、FR、TDM）等关键特性。

各业务系统作为核心网元，是业务流向的核心，业务流程的拓扑上属于重中之重，与下行的承载网混合组网在结构上不清晰，混合组网将带来业务上连带风险提高。

（2）IP RAN 核心兼作核心网 CE 可行性分析

如果利用 IP RAN 核心兼作 CE，IP RAN 核心需要增加大量端口接入原有 NGN 接入设备 AG/IAD/PON、无线核心网网元 SGSN/GGSN/MGW 等，增加的端口资源和原有核心网 CE 的板卡数量之和等同（从可靠性和业务隔离的角度，不同业务分布在不同板卡上）。并且，CE 和 UTN 之间采用不同的 AS 号，包括大量 IP 地址规划、路由规划、VPN 规划等，对现有业务的影响非常大，实际操作中需要所有专业配合，融合工作难度大。UTN 网络环境复杂，路由 COST 规划较复杂，难以保障核心网业务路由的规划。

此外，UTN 网络所处的环境恶劣，网络动荡较大，频繁涉及割接和网络故障，网络的震荡会影响到核心网，威胁到核心网的安全。融合后的网络由于需要接入的 FTTx 语音需要与 IP 城域网相连，增加了回传网和核心网受到互联网攻击的风险。

并且承载网和业务网之间属于不同的技术范畴，由不同的维护团队负责，CE 作为业务网和承载网的边界，有利于维护界面的划分。

综上，CE 和 UTN 的融合当前需要谨慎进行，建议以一两个试点城市试行，总结其中的经验，再确定是否进行融合。

Chapter 8

第 8 章
城域综合承载传送网信息安全技术

8.1　UTN 的安全防护考虑

8.1.1　UTN 安全概述

　　UTN 作为综合承载传送网络，能够满足 2G、3G 特别是 LTE 多业务传送的要求。在 2G/3G 时代，网络相对比较封闭，没有对 UTN 网络安全做过多的关注。在 LTE 时代，网络结构、带宽及终端应用等方面的变化，使得 UTN 安全不容忽略。

　　不同于 2G 和 3G 网络使用 TDM 和 ATM 回传，LTE 使用基于 IP 的回传，实现全 IP 化承载，是多种业务公用的开放网络。相对于封闭的 E1/T1 链路，开放的 IP 网络使得数据窃取和网络攻击更加容易。

　　与 3G 网络相比，LTE 网络取消了无线网络控制器 RNC，原来 RNC 的功能被分散到了 eNodeB 和网关中，网络结构更加扁平化，如图 8-1 所示。3G 网络中从基站到 RNC 是加密传输的，可以有效防止数据信息泄露；并且 RNC 作为一道屏障，可以防止来自终端和基站的攻击直接威胁核心网。由于 LTE 回传网中没有 RNC，S1 接口数据明文传输、无鉴权、无加密，缺少对在回传网上传输的数据的保护，导致回传网面临数据泄露、篡改等安全威胁。

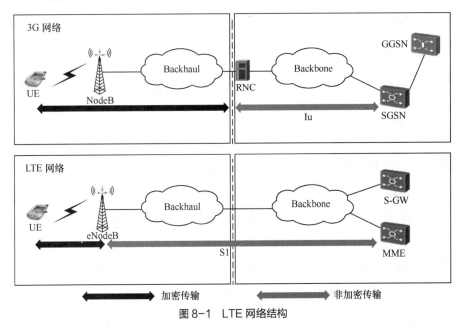

图 8-1　LTE 网络结构

另外，LTE 能够提供更大的移动带宽，移动终端更加智能化、应用更加多元化，使得从移动终端发起对网络侧的恶意攻击成为可能。

8.1.2　UTN 安全风险

8.1.2.1　数据安全

在 LTE 中普遍利用小基站进行室内信号补盲，这些小基站通常放置在容易受到非法入侵的公共区域里。由于数据在 UTN 中明文传输，且 eNodeB 和 UTN 之间是 IP 化的物理接口，可以通过接入 eNodeB 上行接口，镜像 S1/X2 流量，如图 8-2 所示。利用简单的抓包分析工具即可获取 IMSI、用户名/口令、用户访问业务轨迹等用户隐私信息及 eNodeB IP、eNB-ID、MME IP、MME-code

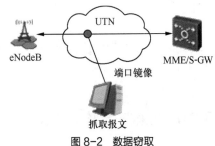

图 8-2　数据窃取

等关键网元信息。根据对用户面和控制面报文上下文的分析，能够容易地还原出网络拓扑，进行针对特定目标的网络攻击。

恶意攻击者可以利用获取到的 S1/X2 接口数据，通过无任何安全保护的 UTN 对核心网发起重放攻击；通过盗用用户名/口令等信息冒充用户发起网络行为，最终对真实用户造成经济和名誉损失。

8.1.2.2　流量管控

UTN 作为用户终端和核心网之间的传输通道存在遭受 DDoS 攻击和流量滥用等安全风险。

（1）DDoS 攻击

DDoS（Distributed Denial of Service）即分布式拒绝服务攻击，是利用大量的傀儡机向受害目标发送大量貌似合理的请求，占用过多的服务资源，从而造成服务资源耗尽，使合法用户的请求得不到响应。DDoS 攻击是近年来导致网络瘫痪和断网事件的罪魁祸首。DDoS 有两种形式，一种为流量攻击，一种为资源耗尽攻击。针对 UTN 的为流量攻击型 DDoS 攻击，即大量攻击流量导致网络被阻塞，合法流量被虚假的攻击流量淹没而无法到达目的地。LTE 网络带宽已达到上百兆，使得通过移动终端对 UTN 发起 DDoS 攻击成为可能。例如，攻击者控制大量移动终端，通过 UTN 向特定目的地发送看似合法的 TCP、UDP 或 ICMP 数据包，UTN 网络有限的处理资源被攻击流量占用，在这种负重下不能处理合法事务，并最终导致崩溃。

（2）流量滥用

LTE 时代，在线视频、视频电话等流媒体应用逐渐成为主流，特别是从移动终端发起的 P2P 流量将会严重占用 UTN 网络带宽资源，流媒体、P2P 流量占用了大量带宽，使得 WEB 和其他应用无法正常响应，20%的用户消耗超过 80%的流量，80%的流量主要是低价值的 P2P 流量。随着 LTE 带宽的增长，流量滥用现象将愈加严重。

8.2　UTN 安全防护建议

8.2.1　数据安全防护建议

3GPP TS33.210 中定义了如何保护基于 IP 的控制面数据的网络域安全，简称 NDS/IP。该规范引入了安全域的概念。安全域是由一个单一权威机构管理的网络的集合，其中的安全级别和所有可用安全服务都应该是一致的。举例来说，一个电信运营商的网络可用是一个安全域，也可以分成多个安全域。不同安全域之间是 Za 接口，建议在安全域边界设置安全网关，对流经两个安全域边界的流量用 IPSec 进行保护；相同安全域内部是 Zb 接口，在此接口安全保护是可选的，如图 8-3 所示。

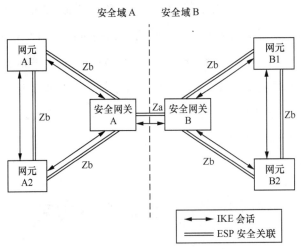

图 8-3　IP 网络的 NDS 体系结构

3GPP TS33.401 建议对通过 S1-U 和 X2-U 传输的用户面数据进行机密性、完整性和防重放保护，并且可以采用 NDS/IP 体系结构来保护用户名数据，虽然它最初是设计用来保护控制面数据的。

在公共开放区域部署的小基站和核心网元属于不同的安全域，在 eNodeB 和移动核心网之间的 UTN 具有数据泄露、窃听、篡改等安全风险。因此，按照 3GPP 的建议，可以在 eNodeB 和移动核心网之间部署安全网关，对在 UTN 上传输的数据进行机密性和完整性保护。

8.2.2　流量管控防护建议

在 UTN 流量管控方案中，受限于流量大，接口多，组网复杂等问题，Anti-DDoS 方案往往采用接收 netflow 日志的方式进行流量的检测。对于 DDoS 大流量攻击来说，应使用层次化联动部署方案，在上层进行清洗，避免对下层链路造成拥塞。在部署方式上，可以采用旁路部署，不影响网络结构，发生攻击时进行引流清洗，不影响其他正常业务。另外，在日常运维工作中，主要从以下几方面进行考虑：

（1）对系统加载最新补丁，并采取有效的合规性配置，降低漏洞利用风险；

（2）采取合适的安全域划分，配置防火墙、入侵检测和防范系统，减缓攻击；

（3）采用分布式组网、负载均衡、提升系统容量等可靠性措施，增强总体服务能力。

对于 P2P 等流量滥用的问题，通过防火墙上的端口及带宽限制进行封堵，效果往往不好，可以采用基于 DPI 应用的流量控制。DPI（Deep Packet Inspection）作为一种较新的包检测技术，除了能够检测 P2P、IM，还可以识别包括 VOIP（skype、H.323、SIP、RTP、Net2Phone、Vonage）, Game（Diablo、Tantra）, web_Video（PPlive、QQlive、SopCast）, Stock, Attack 等上千种应用协议，根据 DPI 应用类型分别采取不同的限流策略，包括允许通过、禁止通过、带宽限速、带宽保证、闲时复用、连接数限制等，可以有效地对 UTN 网络流量进行控制，保证 UTN 网络的利用率。

8.3 IPSec 的研究与实践

8.3.1 IPSec 概述

IPSec（IP Security）是 IETF 制定的三层隧道加密协议，为互联网上传输的数据提供高质量、可互操作、基于密码学的安全保证。IPSec 为通信双方提供了下列安全服务。

（1）数据机密性（Confidentiality）

（2）数据完整性（Data Integrity）

（3）数据来源认证（Data Origin Authentication）

（4）防重放（Anti-Reply）

IPSec 是一个协议套件，在其框架中包含：安全协议、认证和加密算法、工作模式、安全策略、安全联盟和密钥管理。

8.3.1.1 安全协议

（1）AH（Authentication Header）协议

IPSec 认证头协议 AH 用来向 IP 数据包提供身份验证、完整性与抗重放保护。但是它不提供保密性，即它不对数据进行加密。数据可以读取，但是禁止修改。AH 使用哈希算法签名数据包以求得完整性。

（2）ESP（Encapsulated Security Payload）协议

IPSec 封装安全载荷协议提供 IP 层加密保证和验证数据源以对付网络上的监听。因为 AH 虽然可以保护通信免受篡改，但并不对数据进行变形转换，数据对于黑客而言仍然是清晰的。为了有效地保证数据传输安全，利用 ESP 来封装数据，进一步提供数据保密性，并防止篡改。

8.3.1.2　认证和加密算法

IETF RFC2403、RFC2404、RFC2405 和 RFC2410 中，描述了用于 AH 和 ESP 协议中的各种加密和鉴别算法，对安全协议的实现提供具体的算法描述。IPSec 主要使用 HMAC-MD5 和 HMAC-SHA-1 算法来提供数据源认证和完整性保护功能，用 DES-CBC 算法来提供对数据的机密性保护。IPSec 也支持 3DES 等主流安全算法。

8.3.1.3　工作模式

IPSec 安全体系既可用来保护一个完整的 IP 包，也可以保护某个 IP 包的上层协议。这两种保护分别是由 IPSec 两种不同的工作模式来提供。其中，传输模式（Transport）用于两台主机之间，保护上层协议，在 IP 头和上层协议头之间插入 IPSec 头，如（IP 头）（IPSec 头）（上层协议）；隧道模式（Tunnel）保护整个 IP 包，只要安全联盟的任意一端是安全网关，就必须使用隧道模式。在其外部添加 IPSec 头，加密验证原 IP 包，然后用外部 IP 头封装整个处理过的数据包。如〔外部 IP 头〕〔IPSec 头〕〔内部 IP 头〕〔上层协议〕。

8.3.1.4　安全策略

安全策略（Security Policy）为 IPSec 实现提供安全策略配置，包括源、目的 IP 地址，掩码，端口，传输层协议，动作（丢弃、绕过、应用），进出标志，标识符，SA 和策略指针。安全策略通过安全策略数据库 SPD 进行维护。

8.3.1.5　安全联盟

安全联盟 SA（Security Association）是两个 IPSec 系统之间的一个单向逻辑连接，记录每条 IP 安全通路的策略和策略参数。安全联盟是 IPSec 的基础，是通信双方建立的一种协定，决定了用来保护数据包的协议、转码方式、密钥及密钥有效期等。通常用一个三元组唯一地表示：<安全策略索引（SPI），IP 目的地址，安全协议（AH 和 ESP）标识符>。安全联盟由安全联盟数据库 SAD 进行维护。AH 和 ESP 都要用到安全联盟。

8.3.1.6　密钥管理

因特网安全联盟和密钥管理协议（Internet Security Association and Key Management Protocol，ISAKMP）是 IPsec 体系结构中的一种主要协议。它定义了程序和信息包格式来建立、协商、修改和删除安全联盟（SA），定义了包括交换密钥生成和认证数据的有效载荷。这些格式为传输密钥和认证数据提供了统一框架，而它们与密钥产生技术、加密算法和认证机制相独立。ISAKMP 区别于密钥交换协议，是为了把安全连接管理的细节从密钥交换的细节中彻底分离出来。不同的密钥交换协议中的安全属性也是不同的。然而，需要一个通用的框架用于支持 SA 属性格式、协商、修改与删除 SA，ISAKMP 即可作为这种框架。

8.3.2　基于 IPSec 的 LTE 安全网关

根据 3GPP 等国际标准建议，可采用基于 IPSec 的 LTE 安全网关，对 UTN 上的数据流量进行保护。如图 8-4 所示。在 eNodeB 和安全网关之间建立 IPSec 隧道，安全隧道终止于安全网关，提供对 UTN 上数据机密性、完整性和防重放保护，使得数据即使被非法获取也无法被分析、破解和篡改，保护核心网免受重放攻击。目前主流厂商的 eNodeB 设备均支持 IPSec 功能。

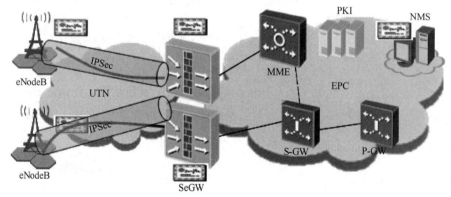

图 8-4　LTE 安全网关拓扑图

在建立 IPSec 隧道时，eNodeB 和安全网关之间首先需要进行身份认证，目前采用的主要认证方式有 PSK 和 PKI 两种方式。PSK（Pre-Shared Key，预共享密钥）需要事先配置好共享密钥即一串字符序列。其优点是配置简单，不需要额外进行硬件投资与配置；缺点是安全性较弱，可扩展性也差。PKI（Public Key Infrastructure，公钥基础设施）

采用证书管理公钥，通过第三方的可信任机构——认证中心 CA（Certificate Authority），把公钥和其他标识信息（如 IP 地址、名称等）捆绑在一起，进行身份验证。其优点是安全性和可扩展性强，特有的证书吊销机制，不论是永远不变的身份，还是经常变换的角色，都可以得到 PKI 的服务而不用担心被窃后身份或角色被永远作废或被他人恶意盗用；缺点是需要进行额外的硬件投资与配置，且很可能成为被攻击的目标。

如图 8-4 所示，结合 PKI 系统，采用证书的形式完成 eNodeB 和安全网关之间的相互认证，还可以防止假冒的 eNodeB 接入网络，相较于传统的预共享密钥的认证方式，安全性又得到了极大提升。LTE 安全网关还可支持对 S1 接口控制面协议 SCTP 的深度包检测，防止虚假流量注入等攻击。

另外，根据接入 eNodeB 的隧道数、X2 接口时延和安全网关的性能等不同需求，安全网关可在 UTN 接入层、汇聚层和核心层灵活部署。例如，在 LTE 建设初期，LTE 基站数量有限，可以将安全网关部署于 UTN 核心层，部署少量安全网关即可满足安全需求；当 LTE 基站数量超越 3G 基站数量时，安全网关性能不足以满足大量加密隧道请求，可将安全网关部署位置下移，并扩容或增加安全网关，与更多的基站建立安全隧道。

8.4　基于云技术的网络安全

8.4.1　基于云技术的网络安全概述

基于云技术的网络安全是以新一代以 SDN、NFV 和云平台为基础的网络安全技术手段，在保障原有网络基础设施安全的同时，解决网络演进带来的新的安全问题，并推动安全 SaaS 业务创新。实现向"安全即服务"的"互联网+"模式转型是基于 SDN 技术的安全防护平台项目建设的主要目的。

服务是"互联网+"模式下的核心精髓，而"安全即服务"是时代主题的重要组成部分，也是运营商开展新型公有云业务的一个关键抓手。目前，大量运营商网络中的中小型企业用户，对安全都有比较强烈的需求，只是因为受限于自身技术和资金实力，往往难以自主实施安全防护，而是希望运营商在提供网络服务的同时，也一体化提供安全防护解决方案。

但是，传统的安全解决方案中，设备功能单一、硬件专用封闭、管理分散独立，无法实现灵活部署和按需调度，也难以降低建设和运维成本，为此，运营商基于 SDN 技术、虚拟化技术和云架构，组织研发了一套完整的安全防护监管平台。该平台实现了安全设备软硬件的分离，无需使用专用硬件，只需加载虚拟的安全功能模块即可实现流量清洗、URL 过滤、垃圾邮件过滤、敏感信息拦截、病毒防护、服务器保护、移动安全等主流安全防护服务，从而可以利用现有通用服务器设备，降低建设投资。该平台利用 SDN 集中控制能力和云平台的资源协调能力，实现平台防护资源的弹性计算和智能分配，从而提高对安全事件响应速度和资源利用率。同时，利用 SDN 南北向接口的开放性，该平台支持引入第三方厂家的安全虚拟功能模块，整合产业资源，也为用户提供可视化的自助服务门户（Portal），提供安全功能的定制化，有效满足用户特定需求。

8.4.2 基于云技术的网络安全目标架构

目标是利用技术创新，采用新一代立足于通用硬件平台服务器上的安全防护平台软件，通过 SDN 架构的统一协调，利用各类安全虚拟机和云计算能力，弹性按需提供网络 2～7 层所需的全部安全功能（如防 DoS 攻击、防数据泄漏、防垃圾邮件、防病毒、上网行为管理、WAF 等），对内解决网络本身的安全问题，提高网络和公有云威胁防护能力；对外实现安全 SaaS 增值业务服务。

同时，利用 SDN 平台的开放性及其提供的相关接口集成不同厂家的安全虚拟机，随时随地提供各类特定的安全业务，实时地满足随时代不断变化的各种安全需求。

8.4.2.1 平台功能架构

通过 SDN 的统一协调，该平台利用各类安全虚拟机，提供 2~7 层的所有安全功能（如防 DDoS 攻击、数据防泄漏、防垃圾邮件、防病毒、上网行为管理、WAF 等）；

其功能架构图如图 8-5 所示。

该架构首先是基于通用服务器硬件资源池和 Linux 操作系统下的 OpenStack 云；其次，在云平台上（抽象化的虚拟资源池）启动一系列采用虚拟化技术的安全虚拟机；然后，SDN 控制器对流量和安全虚拟机做统一的控制调度；往上一层是云平台和 NFV 的

管理和编排层，涵盖了云和安全虚拟机的编排及虚拟机的管理；最上面一层是可视化的
对外服务层，包括各类基于 SDN 的安全 App 的应用程序、用户的 Web 自定义门户、运
营商的管理控制界面等。

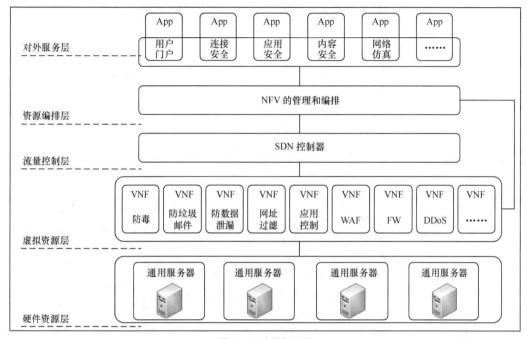

图 8-5　功能架构图

8.4.2.2　主要技术指标

技术指标主要取决于服务器的规格和数量，以及虚机的类型。通常，按 IDC 主流服
务器 2×14 核 CPU、384G 内存、240G 硬盘的配置，L2~L7 层安全功能全开，对应的主
要技术指标以 Web 安全为例，如表 8-1 所示。

表 8-1　主要技术指标

性　　能	
在线吞吐量	4~40Gbit/s
电子邮件（封/小时）	>24 000 000
HTTP（页/小时）	60 000 000
推荐用户数	>200 000

可见，通过不同的安全虚拟机可以提供各类安全功能，并借助于云计算能力，能实

现远大于或等于传统的安全设备指标，性能优劣对比如表 8-2 所示。

表 8-2　性能优劣对比分析

对比项			SDN 安全防护平台		传统网络安全设备	
			优劣	说　明	优劣	说　明
性能		处理容量	高	数据中心的超大运算能力超过任何单个的和集群的设备的能力	中	单台防火墙处理能力能达到 40Gbit/s 以上，但内容安全设备的处理能力一般还在 5Gbit/s 以下
		速度	高	基于 SDN 的分布式数据中心，具备内容本地缓存的能力，而基于 NFV 的安全检测引擎具有负载均衡能力	中	单台安全设备的延迟受设备能力的制约，如果在网关处加多种安全设备，网络延迟更加厉害
		精确度	高	拥有网络整体的安全防护视野，可以集中调度最好的安全智能，进行多方位检测。精确度是最高的	中	一种设备只能做有限的服务，并且其安全保护精确度将受制于厂商
功能	连接安全	防火墙	高	现有主流防火墙厂家都已提供同等功能的防火墙虚机，如 Juniper 等	高	网络安全设备在防火墙技术上已经非常成熟
		入侵检测	高	基于 SDN 网络层面的安全能实现更多的入侵检测规则，完全能替代设备	高	同上
		入侵防御	高	采用 Proxy 机制，完全能实现入侵防御功能，替代现有设备	高中	同上
		SSL/VPN	高	云中能实现 SSL/VPN	高	同上
	内容安全	防恶意软件	高中	能检测和拦截恶意软件，但不能杀灭终端已感染的恶意软件。另外，无法检测加密通道的内容	中高	比 SDN 平台杀毒稍逊
		防垃圾邮件和网络钓鱼	高	网络层面防垃圾邮件相当成熟	高	防垃圾邮件系统基本是企业标配
		数据泄露保护	中高	可以拦截敏感信息的泄露。对于加密的内容不能检查	中	网络设备可以实现部分数据泄露保护功能
		URL 过滤	高	可以有超大的网址分类库，高速处理网址访问请求	高	设备一般也能达到要求

续表

对比项			SDN 安全防护平台		传统网络安全设备	
			优劣	说　明	优劣	说　明
功能	应用安全	防 DDoS	高	DDoS 拦截是网络层面防护的优势	高中	设备一般也能达到要求
		应用防火墙	高中	更适合在主机部署，保护服务器	高中	同左
		应用控制	高中	对于私有应用协议的处理困难	中高	略差
		流量清洗和带宽控制	高	这是网络层面防护的优势	高中	设备一般也能达到要求
部署使用			易	基于 SDN 的防护能在几分钟内开通并配置好，无需安装软硬件	难	设备的部署和开通很麻烦，不同网络环境的集成还不一样
维护管理			易	由于支持可视化视图和软件自定义，维护和恢复起来容易	较难	设备独立分散，界面和命令不一，维护工作量较大
开放合作能力			易	由 SDN 的开放性架构所决定	难	无法开放
成本			低	软硬件解耦，收费模式灵活，费用低	高	专用设备，成本和维护贵

其中，性能指标全面超越当前的安全设备；功能指标全面涵盖现有的安全设备提供的功能；在部署、维护、管理、平台开放性、综合成本及业务创新等方面，更是远远领先于当前的安全部署方案。

8.4.2.3　关键技术

（1）基于 SDN 技术，将全部安全功能和安全智能集中在云中控制，并实现实时高效的负载均衡，保护系统稳定性。

（2）基于 NFV 技术，将网络安全功能虚拟化，仅需使用通用服务器作为硬件设备，并根据性能需求选择相应的硬件配置，无需根据功能选择防火墙等专用硬件设备。

（3）基于云技术自动弹性计算，突破性解决了运营商大流量安全检测的性能制约，并且实现了硬件系统资源的灵活调配，提高资源利用率，降低总体建设成本。

（4）基于内容的深度包检测，不仅能够实时拦截病毒、木马等恶意程序，还可以将防数据泄露、URL 过滤等功能作为对外提供的安全服务。

8.4.2.4　部署方案

该平台采用开放式 SDN 和云计算架构，可以部署到各种类型的网络（数据网、IDC、移动核心网等）进行安全防护，针对不同安全策略的流量进行安全扫描或者直接转发，对内提供网络本身防护，对外实现安全增值业务提供，同时，该平台较好地兼容了传统网络接口，可以直接在现网进行部署，无需改变被保护网络的体系架构。以下分别对三种部署模式做简单介绍。

（1）部署在 IDC 机房，提供服务器防护和安全增值业务，如图 8-6 所示。

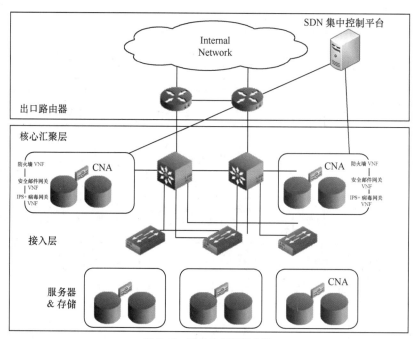

图 8-6　IDC 机房部署方案

在 IDC 机房的核心汇聚层部署 SDN 安全防护平台，对所有服务器进行防护的同时，提供对外的安全增值业务。

（2）部署在网络汇聚节点对数据网本身进行防护，如 DDoS 等，如图 8-7 所示。

综合考虑部署成本和防护效果，建议部署在网络的汇聚层，靠近业务侧，每个节点防护流量适中，效果好，不会对干线节点造成冲击，用户网络体验好，成本低。

（3）部署在移动核心网，提供移动安全功能，如图 8-8 所示。

SDN 安全防护平台可以部署在 GN 和 GI 侧，提供核心网的安全防护及对手机用户的移动安全业务防护。

本次应用示范预计首先在 IDC 侧开展安全防护服务，后续根据示范效果，逐步向城域网和移动核心网扩展。

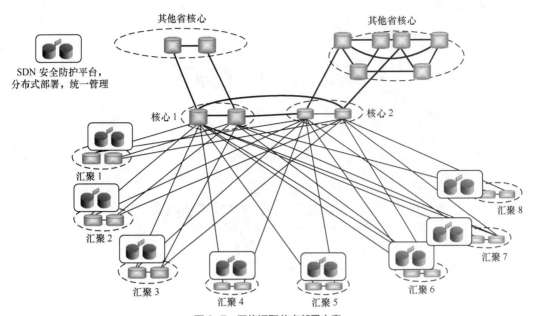

图 8-7　网络汇聚节点部署方案

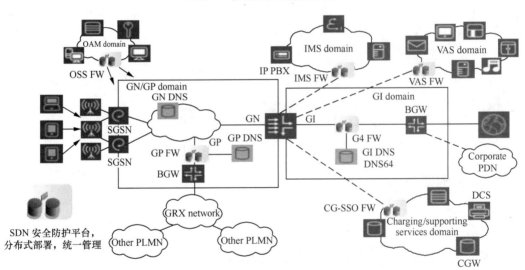

图 8-8　移动核心网部署方案

Chapter 9

第 9 章
网络规划与设计

9.1　网　络　架　构

9.1.1　基础架构

根据本地网络业务需求分析，本地承载与传送网络的网络结构如图 9-1 所示。

注：单级汇聚模式下设备均为一级汇聚设备。

UTN 网络各层面节点功能定位如下。

（1）核心设备主要作为业务转发，应置在便于汇聚网络组织和资源丰富的核心机房。

（2）核心设备用于与各业务网元相连接，设置在需要业务落地的核心机房。

（3）汇聚设备主要用于末端接入业务收敛，按照网络层级可分为一级汇聚和二级汇聚设备。一级汇聚主要用于其下挂的二级汇聚设备和周边末端接入设备的业务收敛，设置在汇聚机房或兼作汇聚的核心机房；二级汇聚设备主要用于末端接入设备的业务收敛，设置在综合业务接入机房。一、二级汇聚设备均不得设置在一般接入机房。

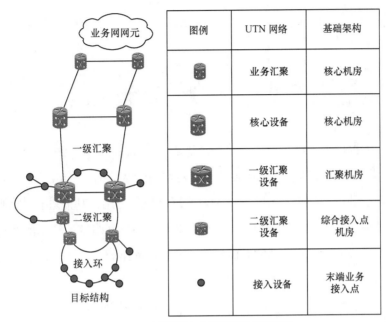

图例	UTN 网络	基础架构
	业务汇聚	核心机房
	核心设备	核心机房
	一级汇聚设备	汇聚机房
	二级汇聚设备	综合接入点机房
●	接入设备	末端业务接入点

图 9-1　本地承载与传送网络的网络结构

（4）汇聚节点周边的业务节点可采用单级汇聚模式，其他业务节点建议采用两级汇聚模式。

9.1.2　网络组织

核心设备数量以 2 个为主，部分业务量较大的本地网不超过 4 个，以双核心、三点环或四核心状互联组网；核心设备尽量避免与业务设备互连、避免接入末端接入设备。

一级汇聚设备优选口字状上连，对部分受地形、光缆条件限制或业务量较小的郊县可采用环状结构，环上设备数量不应超过 4 个（不含核心设备）；二级汇聚设备以环状或口字状上连一级汇聚设备，采用环状时上连二级汇聚设备数量不应超过 6 个（不含上一级汇聚设备）。单个或成对的汇聚设备下挂末端接入设备数量不应超过 200 个，一级汇聚设备下挂末端接入设备超过 200 个时，应采用二级汇聚方式分担解决。

接入设备以双节点或单节点就近上连汇聚设备；自核心设备到接入设备环套环不得超过 3 级；10GE 环路节点总数（含链节点）原则上不超过 20 个，其中环上节点数量不超过 8 个；GE 环路节点总数（含链节点）原则上不超过 8 个；应避免 3 个节点以上的长链结构。

应保证汇聚设备上行至少具备两条独立的物理路由，主备路径不得承载在同路由光缆上。业务保护以 1∶1 为主，不应单纯为增加业务保护路由导致网络复杂。

9.2 容 量 设 计

网络容量应根据工程满足期内的业务量需求、网络性能要求及网络几余的需求进行选择和配置。业务预测时应综合考虑各种业务对网络带宽的需求，并预留网络冗余带宽。

在网络容量设计中，应充分利用 IP/MPLS 网络统计复用的功能进行业务收敛，合理进行网络容量规划，提高网络利用率。收敛是指利用 IP 网络统计复用的特点、业务流量随时间的突发特征、不同业务突发时间不一致，在网络容量规划时，可提高网络的利用率。

对移动回传业务，可以预测忙时均值（一般由移动网专业提供）为基数，设置边缘接入层的收敛比大于等于 2，核心汇聚层收敛比大于等于 4。具体数据宜结合运营商网络特点和基站流量统计分析进行调整。在运营商网络中，核心汇聚容量规划中，充分考虑 LTE 网络的带宽需求、到基站分组业务的统计复用效果，汇聚层上连带宽按 1∶4 收敛比进行规划，接入层上连带宽按 1∶2 收敛比进行规划，网管功能具备时应根据峰值流量监测进行扩容。

分组传送网作为高品质业务承载网，网络以轻载为主，核心汇聚层考虑保护流量时单条链路均值负载建议不超过 60%，接入环流量达到环总容量的 80%时（汇聚设备连接 GE 环的两汇聚端口流量和达到 800MB），应考虑容量扩容或结构优化。

9.3 网络协议配置

接入层、汇聚层、核心设备同时使能 MPLS，汇聚设备同属于接入层 MPLS 域和核心汇聚层 MPLS 域。

网络承载 L3VPN 业务时，需要部署 MP-BGP 路由协议传递 VPN 路由信息和私网标签以承载 L3VPN 业务，并根据要求设置 RR 路由器。RR 设备应成对设置，可以由网络中核心设备兼作，网络规模较大的可以单独设置。

应同步部署 AAA 认证系统，网络内所有设备的操作均需要通过安全服务器的 AAA

认证相关内容。

为保证路由层面的安全性，接入层与核心汇聚层之间采用不同的 IGP 路由协议，核心层、汇聚层使能 IS-IS 协议，接入层使能 OSPF 协议。

边缘接入层 IGP 与核心汇聚层应采用不同路由进程，汇聚层设备同时属于多个 IGP 域，核心汇聚环与接入环的 IGP 路由相对隔离。

（1）为避免边缘接入层单 IGP 域过大，边缘接入层应采用多进程或多区域方式。

（2）核心、汇聚设备数目小于 200 个节点的地市采用一个 IS-IS 进程，落地设备、核心节点设备、市县汇聚设备、县乡汇聚设备部署 IS-IS Level-2。

（3）核心层、市县汇聚层、县乡汇聚层设备数目超过 200 个节点，IS-IS 进行分层部署，核心节点、落地设备的 IS-IS 协议配置为 Level-2、市县汇聚节点配置 Level-1/2，县乡汇聚环的汇聚设备配置 Level-1。

9.4　网　络　保　护

在城域综合承载网中，应根据业务需求、网络拓扑结构、建设成本及维护管理等因素，选择合适的保护方式。根据网络协议部署、业务承载方案的不同，可部署 LDP FRR、TE FRR/TE HotStandBy、PW 冗余保护、VPN FRR 保护、VRRP 网关保护等不同的保护方案。

为保证网络的高可靠性，上述保护方案建议均关联部署相应的 BFD 故障检测机制，加快触发保护时间。

城域综合承载网与业务网互联网络域网间建议部署 APS、LAG、MC-LAG、VRRP 等保护方式。中继链路采用 WDM/OTN 网络的波道承载时，若 WDM/OTN 网络为城域综合承载网的中继链路提供保护，城域综合承载网应配置保护拖延（HoldOff）时间，可设置 100ms 以上。

为满足业务的高可用性，UTN 从设备层面、网络层面提高网元的高可靠性、网络的高可靠性和快速收敛性，使网络具备在故障情况下的快速保护和恢复能力。

9.4.1　网内保护

（1）核心汇聚层应支持快速重路由机制。

（2）当采用伪线方式提供业务时，优选 1∶1 LSP 实现隧道层面的保护。可采用分段保护（MS-PW）或端对端保护（SS-PW）方式。应支持业务流量的同路径双向保护倒换；应能避免工作隧道和保护隧道共享网络资源；应支持保护路径的提前建立，以缩短保护倒换时间。

（3）当采用 L3VPN+伪线方式提供业务时，应采用伪线冗余和 VRRP 提供 L2/L3 桥接点的双节点保护。

9.4.2　接入链路及双归保护

以太网接入链路，应采用链路聚合组 LAG 实现保护。

应支持 VRRP，BFD+VRRP 技术和多框冗余保护。VRRP 应符合 RFC3768 的规定。

9.4.3　网间保护

UTN 设备与 RNC、MSTP、以太网、PON、软交换等设备互连时，应进行网间保护。

互连接口采用 SDH 接口时，应采用 1+1MSP 保护方式。

互连接口采用以太网接口时，应采用 VRRP 或 LAG 保护方式，采用 LAG 方式时优选 MC-LAG。

互连接口采用 OTN 接口时的保护机制待研究。

9.4.4　采用底层网络提供保护

UTN 网络应考虑并应用底层 WDM/OTN 网络的保护机制为网络和业务提供保护，并通过 WDM/OTN 与 UTN 网络的保护机制协调，提高网络的可用性和链路利用率，并简化 UTN 网络保护方案。当同时启用 WDM/OTN 层网络保护和本地综合承载传送网层网络保护时，应在本地综合承载传送网上启动保护延迟，延迟时间建议不少于 200ms，其他保护协调机制待研究。

9.5　网络同步方式设置

9.5.1　时钟同步

（1）UTN 应支持时钟同步信息的传递，并在网络频率同步环境下进行工作，并为各种业务提供同步时钟输出。

（2）应支持通过同步以太网、SDH（链路采用 POS 接口时）等方式实现同步链路的传递和提供频率同步信息。

（3）应支持 CES 业务时钟透传。

9.5.2　时间同步

UTN 网络要求支持 NTPv3 时间协议和 1588v2 协议。NTPv3 的部署要求如下。

（1）各地市 NTP 服务器通过 IP 承载网 A 网或 B 网从集团一级 NTP 时间服务器获取时间信息，并将该 NTP 服务器设置为本 UTN 网络的二级 NTP 服务器（可与其他设备合设）。

（2）UTN 网络设备从 NTP 服务器获取时间信息。

（3）采用 NTPv3 版本，NTP 消息通过 MD5 加密实现保护。

9.5.3　1588v2 部署要求

1588v2 的部署应在网络核心节点部署时间服务器设备，为全网提供时间及时钟基准参考，时间服务器以 PTP 方式与网络核心节点进行互连。

分组及 OTN 网络各设备应开启 1588v2，作为 BC 将时间及时钟逐级向下传递，全网开启 BMCA 算法，自动选择时间路径。

LTE FDD/TDD 设备应开启 1588v2，以 PTP 方式与分组末端设备进行互连，所获得时间及时钟为基站工作及业务所用。

9.6　业务承载方式

网络主要承载 IP 和以太网业务，可通过电路仿真承载 TDM、ATM 等业务。

2G 移动回传业务应采用非结构化仿真（SAToP）的 TDM 业务模式承载。

3G 移动回传业务：

（1）当基站设备采用全 IP 模式时，在边缘接入层采用 L2VPN 承载，在核心汇聚层应采用 L3VPN 承载；

（2）当基站设备采用双栈模式时，电路域 TDM 业务应采用非结构化仿真（SAToP）模式承载，分组域 IP 业务承载方式同（1）。

LTE 移动回传业务承载方式与 3G 移动回传业务全 IP 模式相同。集团客户业务应根据用户要求确定承载方式。

（1）TDM 专线可根据用户要求采用非结构化仿真（SAToP）模式或结构化仿真（CESoPSN）模式承载，建议采用非结构化（SAToP）模式承载。

（2）以太网专线使用 L2VPN 方式承载。

（3）IP 专线可使用 L2VPN 实现透明传送，也可使用 L3VPN 方式承载。

9.7　IP 地址规划

在本地综合承载与传送设备网络中，需要对设备 IP、端口 IP、管理 IP 等一系列 IP 地址进行配置。

9.7.1　网元网管 IP 地址配置要求

本地综合承载与传送设备纳入传送网管体系进行管理，网元网管 IP 地址的分配按照集团公司现行文件，与现有传输设备的网管 IP 地址分配方式相同。

9.7.2　网元设备 IP 地址配置要求

各本地网本地综合承载与传送设备 IP（Loopback 地址）均采用私有地址，为保证网络未来的互通性和可管理性，采用集团、省分、地市三级分配方式，由集团分配各省的地址段，各省分根据所辖本地网的大小，分配各本地网的地址段，各本地网分配网内各厂家网络及各分组传送设备的设备 IP 地址。

在各级分配时，应保证 IP 地址的唯一性，并充分考虑网络的可扩展性。

9.7.3 网元端口 IP 地址配置要求

端口 IP 地址（互连地址）用于网络内部网元之间线路连接的通信，因此要求本端设备端口 IP 与对端配置在同一网段，建议配置为 30 位掩码。

本地综合承载与传送网元的端口 IP 地址要求同一自治域内唯一，因此采用私网地址，由各本地网自行分配。建议同一自治域内采用一个或多个 B 类地址（如 172.16.0.0/16）；以环为单位进行分配，可采用按环从左到右、按支链由近及远依次递增的方式。

9.8 不同厂家 UTN 设备组网方式

当前现网组网时，主要采用以分区域采用不同厂家设备的方式进行建设，各厂家设备在不同区域内单独组网，业务采用区域内的端对端配置。场景一互通方式为在各厂家区域内各选择一对核心 B 以上的设备，通过 10GE 链路与对端厂家分别互通。互通后可以择优选择其中一个厂家网络上连 B 网，其组网结构图如图 9-2 所示。

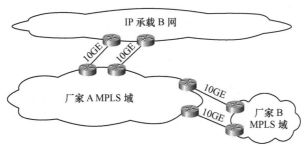

图 9-2　城域内场景一互通组网与 B 网连接图

对于后期不能很好支持网络建设的厂商，互通完成后可以考虑逐步缩减至其覆盖区域，新建站点和区域可以采用其他厂商设备逐步过渡；也可以以其中一个厂家的网络为核心，组建本地网络，其他厂商作为接入设备逐步接入网络当中。其组网结构如图 9-3 所示。

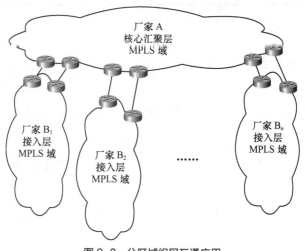

图 9-3　分区域组网互通应用

Chapter 10

第 10 章
城域综合承载传送与 OTN
技术的协同

10.1 网络泛光化及其影响

10.1.1 网络泛光化及其特点

电信网络在向全光网演进过程中，首先是传送网、IP 网中采用光纤通信技术；交换网、移动核心网的网络侧端口逐步采用光接口；固定宽带接入采用无源光网络（PON）使得光通信进入千家万户。随着 LTE 网络建设，移动基站回传接入也全面采用光接口，分布式基站及 BBU 池组化建设方案的广泛应用，移动前传全面采用光接口。至此，电信网络已经演进到泛光化阶段。

所谓泛光化，是指虽然业务信息的交换和转发还需要基于电交换和转发设备（如MSTP、交换机、路由器、OTN、OLT、BBU、RNC、MGW、MME、MSC 等），但所有网络连接的接口主要采用光接口（LTE eNB 回传端口、BBU-RRU 间互联端口、路由器组网端口、核心网组网端口、ONU-OLT、OLT 上传等）。图 10-1 给出国内常见的各种类型电信业务接口及采用的传输媒介的情况。

LTE 所有网元间的接口基本都采用光接口。

网络泛光化是信息通信技术和业务发展的必然结果。

（1）固网、移动、大客户业务带宽的高速增长，导致业务带宽连接的端口从 100Mbit/s 及以下快速上升到 100Mbit/s 以上，而 100Mbit/s 以上的电接口传输距离太短，满足不了低成本方便连接的需要。

（2）随着光模块的广泛应用，光模块的成本大幅度下降，普通单模 10km SFP GE 光模块的价格已经降到 100 元一下，相比设备成本已经非常便宜。

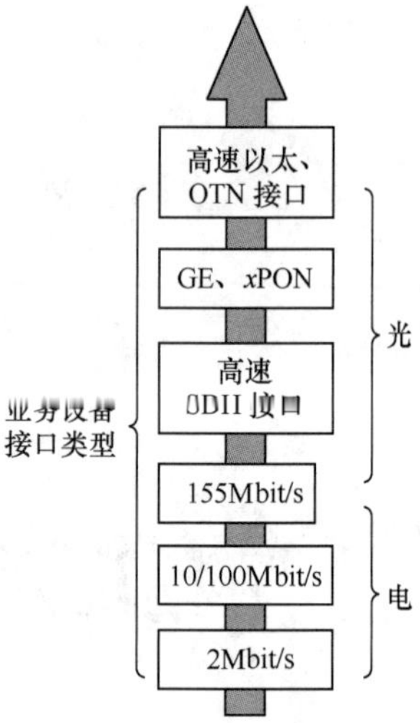

（3）随着铜的价格不断升高，电缆的价格也不断涨价，而光纤的价格则是不断降价。在业务接入段，光缆接入成本已经远低于电缆接入成本。

图 10-1 国内常见电信业务接口及传输媒介

（4）电缆的传输距离远小于光纤的传输距离，而 10Gbit/s 速率的光信号在光纤上的传输距离可以达到 70km 以上。

网络泛光化也给电信网网络方案带来很大变化。

（1）业务带宽从 100Mbit/s 到 GE，甚至更高都可以通过光接入方式满足，接入带宽已经不是网络发展的限制或主要考虑因素。

（2）距离已经不是网络发展的障碍，同样带宽下，光纤的传输距离远大于电缆的传输距离。2～1000Mbit/s 信号在电缆上的传输距离只有 100m，1000Mbit/s 光接口的传输距离是从 250m 起，到 550m、2km、10km、20km、40km、80km 多种规格可选，满足各种场景下的业务接入和网络互联需要。而高于 GE 速率几乎不考虑采用电接口和电缆。高至 10Gbit/s 的光信号在光纤上可以传输 40km 以上。

（3）传送网与业务网的关系发生变化。

（a）由于光传输不受距离的限制，业务设备与传输设备不再需要紧密放在一起（一个机房或机楼），一个承载传送设备可以接入附近几千米范围内的各种业务。

（b）在距离不是太长的情况下（≤80km），业务设备可以通过光纤直接连接组网，减少了对传输设备和传送网的需求。

（c）承载传送设备和业务设备要互相能够理解其 OAM 信息，以便快速、有效地进行故障、性能的管理。

10.1.2　网络泛光化对网络架构的影响

网络泛光化引发运营商对本地/城域承载传送网的架构进行调整,国内运营商提出了新的网络基础架构建设的概念，如图 10-2 所示。

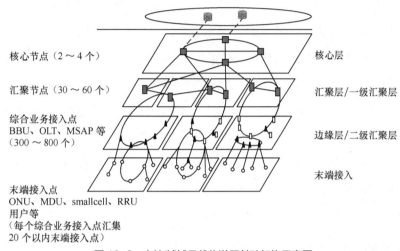

图 10-2　本地/城域承载传送网基础架构示意图

传统的本地/城域传送网多采用三层架构，即核心层、汇聚层、接入层。作为一个综合运营商，移动基站的接入和回传、分布式基站的前传（BBU-RRU 间）是本地/城域传送网的主要任务之一。但由于基站本身存在站点不断增加、搬迁、拆除等问题，导致网络的接入层非常不稳定，光缆网络的故障也多发生在网络的接入层，造成接入层网络的业务质量难以保证。只有核心层和汇聚层的传送网络相对比较稳定。网络因此大客户业务通常采用从客户节点直接接入汇聚节点的方式，避免接入层网络的动荡影响大客户业务的质量。但本地网/城域网核心机房和汇聚层机房覆盖范围比较大，城区约 5km，非城区可能达到 20km 左右，即不太稳定的接入层网络覆盖面较大，运营商提升网络质量的难度也比较大。

装一套承载传送设备，可以在一定的区域内安装一套承载传送设备，实现多个基站业务的接入。这样就把原来三层的网络分成四层，即核心层、汇聚层（也称一级汇聚层）、综合接入层（也称边缘层、二级汇聚层等，以下简称二级汇聚层）、末端接入层。

核心层、汇聚层机房与目前定义基本一致，综合业务接入点是新提出的概念，与 POP 点类似，但从网络全局角度进行布局，具有广泛性和全网性的特点。每个综合业务接入点覆盖一定区域（如在城区约覆盖 10~20 个基站区域，面积 2~5km²，光纤接入距离 2km 左右)。综合业务接入点成为该区域内所有业务接入运营商网络的第一个节点,包括基站业务、宽带接入业务、大客户接入业务等,这些业务都先通过末端接入层接入到综合业务接入点,再通过综合业务接入点的承载传送设备接入到承载传送网中。综合业务接入点也成为无线网络 BBU 集中点、宽带接入网络 OLT 节点。

为保证二级汇聚层的网络稳定性和业务承载质量,采取以下措施。

(1)严格综合业务接入点机房的建设要求,一般要求是自由机房或长期租用机房配套电源、空调等设施完善,保证机房有长期稳定提供业务的能力。

(2)将综合业务接入点到汇聚节点的光缆管道进行优化,实现所有综合业务接入点到汇聚节点都有双路由,保证二级汇聚层光缆网络稳定性、可靠性。

这样网络的不稳定层面被限制在末端接入层。综合业务接入点的数量占总的业务接入点的比例(基站、固网业务接入间)约 10%,一般省会级城市也仅需要几百个综合业务接入点,运营商也有能力通过购置、长期租用等方式建设稳定可靠的机房及电源配套等设施,保障机房的稳定性和长期可用性。

综合业务接入点和传输承载网络的二级汇聚层稳定后,对运营商降低网络成本、提升网络能力是非常有好处的。

(1)大大提高了网络的总体质量。本地传送网的故障 75% 以上是光缆故障,二级汇聚层稳定后,综合业务接入点以上的网络都能够提供保护,业务未保护的段落仅在末端接入层,距离只有 2km 左右,一次末端接入光缆的故障对业务的影响面非常小。

(2)末端接入点可以大大减少对机房的投入,基站完全可以采用全室外建设方式,大大节省基站的运行成本。

(3)基站、大客户、宽带接入等全部采用光纤直接接入综合业务接入点的方式,可大大减少对末端接入点传输设备的投入。

(4)综合业务接入点距离末端接入点和用户的距离比较短,用户接入的基础建设成本降低,末端接入段建设速度更快。

(5)末端接入距离短且全部采用光纤接入,接入段提速非常方便快捷。

(6)二级汇聚层节点数量少,可以以较低成本实现网络技术的升级。

10.1.3 网络泛光化业务设备提出更高的光接口及 OAM 维护要求

业务设备(基站、客户路由器等)普遍采用光接口,需要增加对光接口维护管理的功能，包括光接口功率监测、功率越限告警、激光器的打开和关闭、光模块失效。

业务设备与传输设备间的连接距离从室内段延伸到室外，距离甚至达到 2km 左右。当业务设备与传输设备互联在室内时，故障定位比较简单，对传输设备和业务设备间的 OAM 要求不是很高。当两者间的传输延伸到室外时，就需要双方能够互相理解的、更完善的 OAM 机制，满足对互联段落快速故障诊断和定位的要求。

光信号包括多种帧格式，如以太网帧（GE、10GE 等）、SDH 帧（155Mbit/s、622Mbit/s、2.5Gbit/s、10Gbit/s）、OTN 帧（OTU-1、OTU2e、OTU3、OTU4 等）、CPRI 帧。不同的帧格式有不同的 OAM 特点，如以太网帧格式通过以太网包传送 OAM 信息，SDH 和 OTN 帧格式采用帧头开销（OverHead）传送 OAM 信息，CPRI 帧格式也采用帧头开销传送 OAM 信息。但不同帧格式的 OAM 功能差异比较大，不同厂商或类型的设备对上述 OAM 的支持能力也有一定差异，需要多方共同促进 OAM 的标准化。

10.2　综合城域承载传送技术与 OTN 技术的协同

10.2.1　综合城域承载传送网与 OTN 网络在同步信息传递上的协同

OTN 网络和综合城域承载传送网均不是同步的网络，也不需要同步。但移动通信基站需要同步，有些制式的基站仅需要时钟同步（或称频率同步），有些制式的基站不仅需要时钟同步，还需要时间同步。需要 OTN 网络和综合城域承载传送网把同步信息从同步源传送到基站。对 OTN 和综合城域承载传送网传递同步的具体要求参见第四章。

当采用 OTN 波道承载综合城域承载传送网的互联链路时，需要考虑两者的协同。分以下几种场景。

（1）场景 1：网络仅需要传递时钟同步信息，不需要传递时间同步信息，OTN 网络采用透传方式保证 Sync-E 传递精度。

当综合城域承载传送网采用 Sync-E 方式传递时钟同步信息时，OTN 可采用透传方式保证综合城域承载传送网采用 Sync-E 质量。这种方式要求 OTN 采用特定的映射方式将综合城域承载传送网的以太网链路映射到 ODUk 中。

这种方式对 OTN 网络的要求最低，实现成本也比较低。但需要注意 OTN 网络对综合城域承载传送网互联链路的映射方式按照表 10-1 确定的方式。

表 10-1　以太网信号透明映射到 ODUk 方式

以太网速率	透明映射方式	ODUk
GE	GMP	ODU0
10GE	BMP	ODU2e
40GE	GMP	ODU3
100GE	GMP	ODU4

（2）场景 2：网络不仅需要传递时钟同步信息，还需要传递时间同步信息，OTN 与综合城域承载传送网共同采用 BC 模式利用 1588v2 协议传递时间同步信息。

这种场景要求 OTN 设备支持同步信息的接收、再生和传递，OTN 设备可采用 ESC 或 OSC 传递同步信息。

（3）场景 3：综合城域承载传送网采用 OTN 接口，综合城域承载传送网和 OTN 均采用 OTU ESC 传递时钟同步和/或时间同步信息。

这种场景要求综合城域承载传送网设备直接将同步信息插入到 OTN 接口的开销中，对以太层业务信息映射到 OTN 接口可采用 GFP 方式。

10.2.2　OTN 为基础结合 UTN 共同组网

OTN 网络具有带宽大，保护能力强等特点。UTN 具有灵活性和面向未来的可扩展性。OTN 和 UTN 的共同组网将是未来本地网技术发展的一个趋势。可以结合 Pe-OTN 和 UTN 在链路层面的互通作为基础，利用 SDN 技术组建网络的控制平面，UTN 收集业务和处理业务报文，OTN 设备实现大业务的调度和长距传输，实现 UTN 和 OTN 的混合组网。

10.2.3　综合城域承载传送网采用 OTN 接口技术

国内外主要电信运营商在路由器网络中常采用 SDH（同步数字体系）类接口作为路由器中继链路接口，包括 POS 和 WAN 两类。运营商的维护人员普遍认为 SDH 类接口有丰富的开销，与以太网类接口相比，能够快速实现网络故障的分析和定位。随着 OTN 技术的发展及 SDH 技术逐步被淘汰，以及到 100Gbit/s 及以上速率后，已经没有人再考虑采用 SDH 接口。IEEE（美国电气电子工程师学会）标准 802.3ba 对 100GE 接口的规范中提到了研究采用 OTN 接口的问题。

10.2.3.1　以太网类接口的 OAM 及存在的问题

IEEE 等标准化组织不断地补充完善以太网的 OAM 机制，但仍存在以下问题。

（1）以太网没有基于开销的 OAM 机制，多数 OAM 功能主要通过专门的 OAM 报文来完成。不同厂商、不同类型的设备对以太网 OAM 功能的支持能力有差异，造成以太网链路传输层 OAM 功能实现的障碍。

（2）以太网 OAM 没有对链路层分段或层级的机制，在长途骨干路由器网络中，一条路由器互联链路会经过多个 WDM（波分复用）或 OTN 子网，而多个 WDM 或 OTN 子网可能还属于不同供应商的产品，这使得以太网链路的 OAM 功能实现会存在一定的缺陷，如图 10-3 所示。

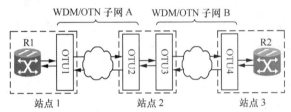

图 10-3　路由器互联链路采用 WDM/OTN 承载示意图

若路由器 R1 和 R2 间的互联链路采用以太网接口，在与 WDM/OTN 相连时，采用以太网接口，WDM/OTN 子网网络内部和子网间采用 OTN 接口。

在这样的组网中，路由器之间希望其链路层 OAM 能够直达，不希望 WDM/OTN 重置其 OAM 信息，在路由器与 WDM/OTN 的互联段，WDM/OTN 只能监测以太网的 OAM 信息，但不应该改变，这种方式比较难以实现网络分段维护管理和故障判断。

10.2.3.2　SDH 类接口的 OAM 及存在的问题

路由器的 SDH 类接口在 SDH 开销字节支持能力上比标准 SDH 开销简单，相当于简化的 SDH 接口，能够提供分层、分段和基于帧开销的 OAM 手段，可以满足路由器网络快速进行链路层故障定位和处理的需求。

图 10-3 中，若路由器 R1 和 R2 间的互联链路采用 SDH 类接口，在与 WDM/OTN 网络相连时，采用 SDH 接口，WDM/OTN 子网网络内部和子网间采用 OTN 接口。

在这样的组网中，路由器与 WDM/OTN 网络之间的互联链路可以通过 SDH 的 SOH

（段开销）实现对该段链路的维护管理和故障定位；路由器之间可以通过 SDH 的 POH（通道开销）实现端对端的维护管理和故障定位。

但 SDH 接口的发展存在以下问题。

（1）SDH 网络的最高速率为 10Gbit/s，40Gbit/s SDH 接口主要用于路由器和为路由器提供通道 WDM/OTN。业界已经没有开发和应用更高速率 SDH 接口的动力，超 40Gbit/s 接口无法采用 SDH 技术实现。

（2）SDH 接口采用 VC-4（虚容器等级 4）级联机制，链路层封装采用 GFP（通用成帧规程）、PPP（点对点协议）、HDLC（高级数据链路控制规程）等方式，电路复杂，成本高，集成度难以提高，且不能保证对以太网帧的全透明传送。

10.2.3.3　路由器上采用 OTN 接口

1. 路由器上采用 OTN 接口的可行性

OTN 接口对 GE、10GE、40GE 和 100GE 高速业务直接封装到相应大小的容器中，效率比 SDH 接口更高，成本也更低，集成度将会比基于 SDH 的接口更高。

OTN 帧结构中定义了丰富的分层分段开销，可以实现不亚于 SDH 的链路层 OAM 功能。在如图 10-5 所示的场景下，路由器采用 OTN 接口，可以通过 OTU（光传输单元）层开销实现路由器与 OTN 间、OTN 子网内部和 OTN 子网间分段双向 OAM 功能，在路由器之间通过 ODU（光通路数据单元）层开销，可实现对路由器间链路的端对端 OAM。

OTN 标准规范了对 GE、10GE、40GE 和 100GE 等以太网信号的映射封装方式，可实现对以太网包的全透明传送，也降低了路由器采用 OTN 接口的成本。

2. 路由器 OTN 接口应支持 OTN 开销

OTN 开销包括帧定位、OTU 层、ODU 层和 OPU（光通路净荷单元）层开销，如图 10-4、图 10-5 所示。

（1）FA（帧定位）开销

FA 开销用于帧定位，所有 OTN 接口都必须支持。

（2）OTU 开销

OTU 开销可实现对路由器与 OTN 间互联端口或路由器中继链路采用光纤直驱方式下路由器中继链路端对端性能的监测，实现性能和故障的分段检测。OTU 开销主要包括三部分，除了保留字节（RES）部分无定义外，另外两部分如下。

（a）SM（段监测，3 字节）：其中 TTI（路径踪迹标识）只在源/宿路径终端间的信道存在改变的可能性时才需要，路由器设备作为 OTN 的客户设备，不要求支持。BIP8、BEI、BIAE、BDI 和 IAE 用于 OTU 段性能监测，路由器应支持。

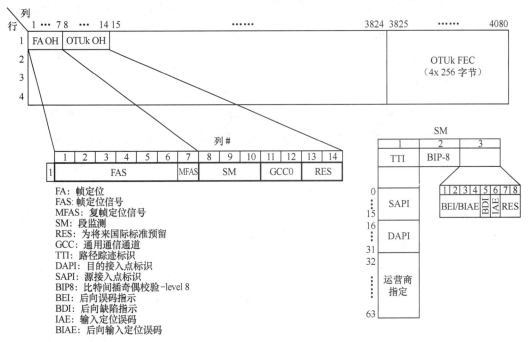

图 10-4　OTUk 帧结构，帧定位和 OTUk 开销

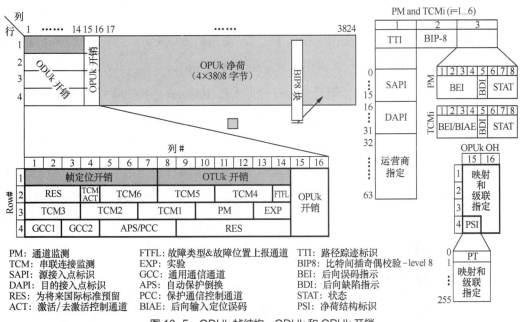

图 10-5　ODUk 帧结构，ODUk 和 OPUk 开销

（b）GCC0（通用通信通道，2 字节）：该通道是透明的，可用于承载 OTUk 端点间

的管理信息等。一般情况下，路由器不需要应用该开销。

2014 年 ITU-T 讨论了通过 OTN 预留开销字节（OTUk 帧结构中第 1 行第 13 列的一个字节）进行网络同步信息的传送，通过这个开销，可以实现频率（即时钟）和相位（即时间）信息的传送，满足无线通信网络对网络同步的要求。

（3）ODU 开销

ODU 开销可实现对路由器中继链路端对端性能的监测。

（a）PM（通道监测，3 字节）：其中 TTI 只在源宿路径终端间的信道存在改变的可能性时才需要，在路由器中继链路较长、中间经过传送网多次转接的情况下，可用于判断中继链路是否符合预期，建议路由器支持该开销。BIP8、BEI、BDI 和 STAT 用于 ODU 层性能和状态监测，路由器应支持。

（b）GCC1/2（4 字节）：通用通信通道，该通道是透明的，可用于承载 ODU 端点间的管理信息等。一般情况下，路由器不需要应用该开销。

（c）TCM（串联连接监测）：主要在 OTN 内部使用，路由器不需要应用该开销。

（d）FTFL（1 字节）：故障类型及故障定位上报通信通路，路由器应支持该开销。

（e）EXP（2 字节）：实验用开销，路由器不需要应用该开销。

（f）APS/PCC（4 字节）：路由器一般不提供基于 OTN 的保护功能，不需要支持。

（4）OPU 开销

OPU 开销（1 字节）主要用于传送 PSI（净荷结构标识符）信号，用于指示 OPUk 的净荷类型及映射和级联方式，路由器设备应支持该开销。

思科、华为、Juniper 等厂商已经能够提供支持 10Gbit/s、40Gbit/s、100Gbit/s 速率 OTN 接口的路由器，可以实现上述开销功能，并实现路由器间、路由器与 OTN 设备间的良好互通。

路由器采用 OTN 接口，可以通过 OTN 接口的开销和 FEC 快速诊断互联链路的质量，在网络故障情况下，可以快速判断故障在链路上还是在路由器上，方便网络的维护管理。

国内各大运营商已经开始在骨干 IP 网络上采用 OTN 接口。

3. 路由器 OTN 接口的互通性

ITU-T G.709 规定了每种速率的以太网信号映射到 OPUk 中的格式，如表 10-2 所示。每种速率的以太网信号映射到 OPUk 都有唯一规范的方式，这种规范性保证不同厂商的 OTN 设备对客户信号进行封装后能够可靠互通。同时除了 10GE 到 OPU2 的映射方式以外，其他映射方式都保证以太网帧的全透明传送。

路由器采用 OTN 接口 OTN 帧格式，是在路由器内部将以太网成帧信号（如 GE、10GE、40GE、100GE 等）采用表 10-2 的映射方式映射到 OPUk 中，在这个映射过程中，没有引入新的传输层协议，仅增加 OTU 成帧模块（Framer），不会引起设备成本的大幅上升。

实验室大量测试结果也证明，不同路由器厂商、OTN 厂商的 OTN 接口可以实现各种组合情况下的互通。

表 10-2　以太网客户信号与 OPUk 映射关系[a]

	OPU0	OPU2	OPU2e	OPU3	OPU4	OPUflex	PT 值
1000BASE-X	TTT+GMP（无 C_{nD}）	—	—	—	—	—	07
10GBASE-R	—	—	16FS+BMP	—	—	—	03
40GBASE-R	—	—	—	TTT+GMP（C_{8D}）	—	—	07
100GBASE-R	—	—	—	—	GMP（C_{8D}）	—	07
10GBASE-R[b]	—	GFP-F	—	—	—	—	05
GFP							

注[a]：表 10-2 主要内容引自 ITU-T G.709 Table XII.1 "Overview of CBR client into LO OPU mapping types"。

注[b]：10GBASE-R 映射到 OPU2 中经过一次 GFP-F 转换，因此不认为是 CBR 信号直接映射到 OPUk，其映射采用 GFP 信号映射到 OPUk 的方式。

10.2.3.4　综合承载传送网设备采用 OTN 接口的其他特点

综合城域承载传送网设备采用 OTN 接口也避免了综合城域承载传送网与 OTN 混合组网时以太网接口和 OTN 接口同时使用造成的管理上的复杂性。

OTN 接口有 FEC 功能，可以比以太网接口传输更远的距离。

当综合城域承载传送网采用 OTN 接口时，综合城域承载传送网仅需要把同步信息直接通过 OTN 的 ESC 传送，不再需要在以太网中增加同步相关的信息，也一定程度上简化综合城域承载传送网设备。

OTN 彩光接口可以直接与 WDM 设备混合组网，实现 IP 与光网络的深度融合，降低网络总体成本。

因此，在综合城域承载传送网设备上采用 OTN 接口可能是未来的一个方向。

10.2.4 综合城域承载传送设备采用彩光口组网

WDM 系统的线路侧接口常简称为彩光口，对激光器波长的稳定性和谱宽都有严格的要求，并采用特殊的调制方式和前向纠错（FEC）技术提高信号的远距离传输能力，通常采用 OTN 帧结构。

WDM 系统把彩光口定义为系统的内部光接口，因此对规范性要求并不严格，不同厂商在调制方式和前向纠错算法上的差异也导致彩光口的互通性存在一定的困难，但随着 OTN 彩光口的普遍应用，10Gbit/s OTN 彩光口采用 NRZ 调制格式和标准 FEC 已经能够实现不同厂商光模块间的互通。100Gbit/s 彩光口的调制格式相对比较统一，业界也在研究提高其互通性的规范。

随着路由器互联的带宽越来越大，对传送网的带宽需求也越来越大，对机房和供电也带来很大的压力，同时 IP 网络与传送网络间的协同调度的需求也越来越高。基于此，BBF 开始研究在路由器上采用 OTN 彩光口，与 WDM 网络共同组网，节省机房空间和能源，同时提升 IP 与 WDM 系统协同组网和业务调度的能力。

在路由器设备支持 OTN 接口的基础上，支持彩光口对路由器设备的功能要求基本没有变化，仅仅是光模块的更换及对光模块波长调谐、调制格式、FEC 方式等的控制。

路由器采用彩光口与 WDM 系统协同组网的结构如图 10-6 所示。

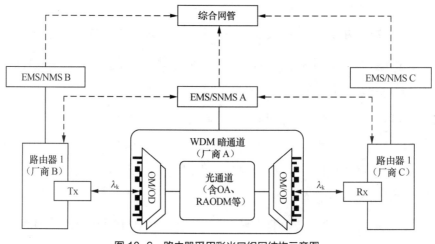

图 10-6 路由器采用彩光口组网结构示意图

路由器设备安装 OTN 彩光口后，通过合分波器或 ROADM 直接与 WDM 系统相连，不再需要 WDM 系统提供波长转换器（OTU），相当于每个业务波道期中点分别省去两个客户侧光模块及配套电路。

路由器设备采用 OTN 彩光口组网后，网络的管理和控制可以由综合网管统一管理，实现从彩光口到彩光口间光网络侧的端对端管理，及路由器业务端对端的管理，也可以分别进行管理。路由器通过路由器的网管进行管理，而路由器的彩光口通过网管 API 接口与传送网的 EMS/SNMS 相连，通过传送网的 EMS/SNMS 实现对光层的端对端管理。在这种方式下，路由器仅对传送网管开放彩光口的波长、光功率、告警、性能等管理权限。

这种方式组网，在本地网中，路由器间的连接仅需要 WDM 网络的"暗通道"，除了节省机房和能源外，还有以下优点。

（1）无需 WDM 网络提供光电转换，本地的 WDM 网络通过 ROADM 实现波长的调度，从而实现 WDM 全光组网。

（2）WDM 网络的网管系统通过 API 接口获得对路由器彩光口的管理权限后，可以实现对 WDM 网络及业务端对端的故障、性能、路由调度等全面管理，可管理能力与采用白光口互联的管理能力相同。

（3）综合城域承载传送网需要将核心机房 BITS 和时间服务器的同步信息传递给基站，满足无线网络同步的需求。当综合城域承载传送设备采用彩光口互联时，中间经过的 WDM 网络对路由器的彩光信号不做任何光电转换和信号处理，降低了网络同步的复杂度。

（4）WDM/OTN 网络的建设成本主要在 OTU 上，若综合城域承载传送设备采用彩光口，可以省去 WDM 网络的 OTU，大幅度降低网络综合建设成本。

（5）通过彩光口直连，利用 WDM 波道，实现 IP 网络扁平化，可有效降低转发成本、提升业务性能。

路由器采用彩光口与 WDM 网络互联，与目前国内运营商的网络维护管理体制有一定的冲突。目前国内运营商的 IP 网络和 WDM 传送网络分别由不同的部门管理，部门间的分工界面以路由器和 WDM 的客户侧互联端口为界，若采用彩光口互联，需要传送网络维护路由器的光接口，传统的分工界面被打破，若运营商的维护管理体制不进行相应的调整，部门间的推诿和扯皮会导致彩光口方案的优点很难发挥。

10.2.5 IP 网络与 WDM/OTN 网络协同保护

传送网和 IP 承载网的网络架构，网络层次、设备数量、设备类型和设备直接互联接口比较多。网络层次越往上，其设备功耗和网络成本则越高，如图 10-7 所示。

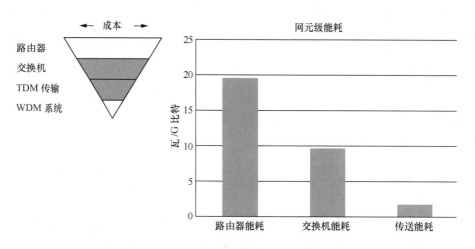

图 10-7　L0/L1/L2/L3 层网络的成本和功耗分析

在目前的网络组织架构中，综合城域承载传送网生存性是通过 IP 层的保护机制实现，并不完全依赖于光层保护和恢复，主要方式是轻载。但随着业务和网络的 IP 化、宽带接入带宽的高速增长，IP 网络的流量增长非常迅速，IP 网络通过轻载来满足业务安全的成本也越来越高。另外，IP 网络提供保护的机制比较复杂，保护倒换的效率也比较低，想要实现对所有业务达到 50ms 的快速保护倒换的成本非常高。

OTN 网络有丰富的网络保护机制，采用硬件切换的方式，保护快速（非常容易实现 50ms 的保护切换）而且可靠，能够快速直接地保护常见的光网络故障（如光纤中断），成本也相对较低。

在本地网/城域网中，综合城域承载传送网的链路也多采用 WDM/OTN 的波道或子波道（ODUk）承载。在 IP over OTN 组网架构中，适宜自下而上考虑联合生存性。

在部署两层保护协同时，应根据可提供的保护资源，定义 IP 网络保护和光网络保护各自的保护范围，选择合适的保护组合方案。IP 网络主要对路由器自身接口、板卡和节点故障提供保护，减少网络冗余资源配置。光网络主要对光接口、传输链路和光节点等故障提供保护。通过这种协同保护，可以将现有综合城域承载传送网的负载率由 30% 左右提升到 50%以上。

在部署两层保护协同时，现网中存在综合城域承载传送网的部分链路承载在 OTN 网络上，部分链路采用光纤直连方式，在这种场景下，需要区分链路对综合城域承载传送网的冗余资源进行规划，提高网络的资源利用率。

Chapter 11

第 11 章

网络测试与验收

11.1 测试项目概述

11.1.1 设备的分类

运营商把本地综合承载传送网设备按网络层次和性能要求划分为核心设备、汇聚设备、接入设备等几种类型，功能要求在设备技术规范中定义。

11.1.2 测试项目一览表

11.1.2.1 功能测试项目

功能测试项目如表 11-1 所示。

表 11-1　功能测试项目

序　号	测试项目	核心	汇聚	接入
1	数据平面功能测试			
1.1	接口测试			
1.1.1	平均发送光功率	√	√	√
1.1.2	接受灵敏度	√	√	√
1.1.3	过载光功率	√	√	√
1.2	分组转发与交换	√	√	√
1.3	业务适配与承载			
1.3.1	TDM 业务	√	√	√
1.3.2	L2VPN	√	√	√
1.3.3	L3VPN	√	√	可选
1.4	QoS 功能			
1.4.1	流分类和流标记	√	√	√
1.4.2	流量监管和整形	√	√	√
1.4.3	拥塞管理	√	√	√
1.4.4	队列调度	√	√	√
1.4.5	连接允许控制（CAC）	√	√	√
1.4.6	HQoS	可选	可选	可选
1.5	OAM 功能			
1.5.1	BFD 功能测试	√	√	√
1.5.2	Ping 及 Trace 功能测试	√	√	可选
1.5.3	MPLS-TP OAM	√	√	√
1.5.4	EFM 功能测试	√	√	√
1.5.5	CFM 功能测试	√	√	√
1.6	网络保护			
1.6.1	网内保护			
1.6.2	网间保护			
1.6.2.1	网间以太业务保护	√	√	可选
1.6.2.2	网间 APS 保护	√	√	√

序号	测试项目	核心	汇聚	接入
1.7	同步			
1.7.1	频率同步	√	√	√
1.7.1.1	同步以太功能测试	√	√	√
1.7.1.2	业务时钟透传	√	√	√
1.7.3	时间同步	√	√	√
2	控制平面功能测试			
2.1	路由功能			
1.8.1	IGP 协议测试	√	√	可选
1.8.2	BGP 协议测试	√	√	可选
1.9	MPLS 功能			
1.9.1	RSVP	√	√	可选
1.9.2	LDP	√	√	可选
1.9.3	流量工程	√	√	可选
1.9.4	TE 亲和属性	√	√	可选

11.1.2.2 性能测试项目

性能测试项目如表 11-2 所示。

表 11-2 性能测试项目

序号	测试项目	核心	汇聚	接入
3	基本配置测试			
3.1	最大线路速率	√	√	√
3.2	交换容量（单向）	√	√	√
4	设备功能与性能测试			
4.1	FIB 表条目数量	√	√	√
4.2	最大 VLL/VPLS 数量测试	√	√	√
4.3	最大 L3VPN 数量测试	√	√	√
4.4	最大双规保护组数量	√	√	√
4.5	最大 LSP 线性保护组数量	√	√	√

续表

序号	测试项目	核心	汇聚	接入
4.6	最大 BFD 会话数量	√	√	√
4.7	MAC 地址容量测试	√	√	√
4.8	路由表震荡	√	√	√
4.9	转发实验测试	√	√	√
4.10	NSR 功能测试	√	√	可选
4.11	主控保护	√	√	√
4.12	板卡热插拔保护	√	√	√

11.1.2.3　常规测试项目

常规测试项目如表 11-3 所示。

表 11-3　常规测试项目

序号	测试项目	核心	汇聚	接入
5	整机功耗测试	√	√	√
6	长时间转发的可靠性测试	√	√	√
10	安全功能测试	√	√	√
10.1	AAA 接入认证测试	√	√	√
10.2	uRPF 测试	√	√	√
10.3	控制平面防护	可选	可选	可选
10.4	一次进站功能	√	√	√
10.5	三层 IP 性能监控测试	√	√	√
10.6	组播测试	可选	可选	可选

11.2　测试环境配置

11.2.1　单机测试场景图

单机测试场景图如图 11-1 所示，辅助设备由需要互通的设备厂家提供，其功能应不弱于测试设备，其所连接的测试板卡性能应不低于测试设备板卡性能。测试需在一定背景流下进行，背景流应根据设备性能设置。

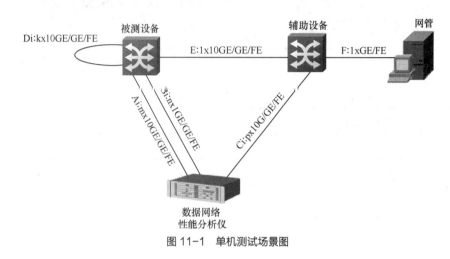

图 11-1　单机测试场景图

11.2.2　单机测试网络结构及端口命名

单机测试网络结构及端口命名规则如图 11-2 所示。

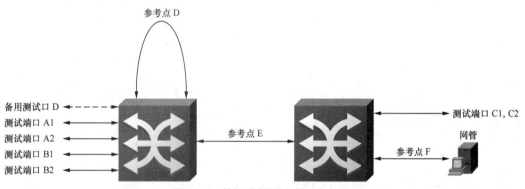

图 11-2　单机测试结构及端口命名图

11.2.3　单机设备配置

11.2.3.1　设备接口配置要求

测试设备按照整机最大接入能力配置 10GE 板卡、GE 板卡或者 FE 板卡。所配置的接口板卡容量要反应设备的最大处理能力。

辅助设备根据测试设备所配置的板卡不同，配置对应的板卡。

11.2.3.2　链路配置要求

在被测设备上，选用若干个 10GE/GE/FE 接口连接到测试仪，选用一个接口连接到辅助设备。

被测设备的接口分为两组。

第一组选用 3~4 个接口（图 11-2 中的 B1，B2 和 C1，C2 接口），产生和接收主要测试流量。

第二组是其余接口，主要用来验证整机的转发能力。将根据端口类型和数量，采用"蛇形自环"的方式或者"全互联"方式连接，发送背景流量。

具体连接要求如下。

（1）对于蛇形组网的端口，在业务板数量大于一的情况下，流量要求跨板转发。

（2）在业务槽位/业务板卡大于一的情况下，连接到测试仪上同一组的两个接口应分布在不同的槽位/业务板卡上。

端口连接由测试人员根据设备情况指定。

测试过程中不允许改变被测设备的软、硬件配置。

辅助设备的一个端口通过 GE/FE 端口连接厂家网管设备。该连接只在测试网管及流采样功能时启用，在其他测试时，保持断开。

11.2.4　组网测试场景图

组网测试场景如图 11-3 所示，组网设备具体要求如下：

（1）NE11、NE12 定义为核心档设备；

（2）NE21、NE22、NE23 定义为汇聚档设备；

（3）NE31、NE32、NE33、NE34 定义为接入档设备。

核心、汇聚、接入设备分别为不同厂家设备，当测试设备类型少于以上要求时，需采用高一档的设备对网络结构进行补充。

测试需在一定背景流下进行，背景流应根据设备性能设置，至少包含现网使用的所有业务类型。

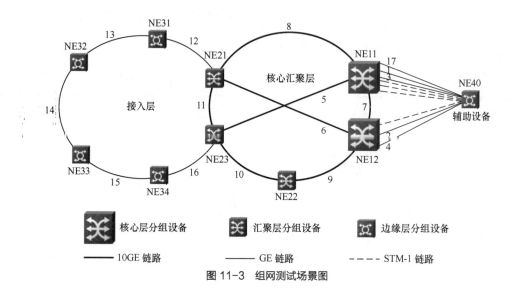

图 11-3　组网测试场景图

11.2.5　业务配置要求

测试中所有业务下发均需要通过网管下发，同时测试人员应结合网管测试对业务下发的步骤及过程进行记录。

11.3　数据平面测试

11.3.1　接口测试

11.3.1.1　平均发送光功率

1. 测试目的

验证光接口平均发送功率是否满足要求。

2. 测试配置

输出光功率测试配置示意图如图 11-4 所示。

3. 测试步骤

（1）如图 11-4 所示连接好测试配置，并将分组传送设备设为正常工作状态。

（2）待功率计读数稳定后，从光功率计上读出功率值并记录。

4．注意事项

（1）功率计选择正确的波长窗口。

（2）若分组传送被测设备接口默认或可设置发送伪随机比特序列（PRBS），则信号发生器在测试中可不配置。

（3）同时记录网管和光功率计所显示的数值，并对其进行比较。

11.3.1.2　接收灵敏度

1．测试目的

测试在达到规定的误码率（1E–12）时，参考点 S 处的平均接收光功率的最小值。

2．测试配置

接收机灵敏度测试配置示意图如图 11-5 所示。

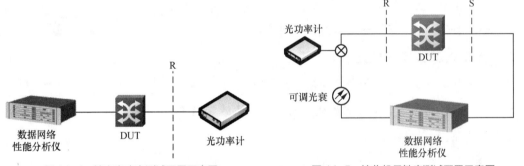

图 11-4　输出光功率测试配置示意图　　　　图 11-5　接收机灵敏度测试配置示意图

3．测试步骤

（1）如图 11-5 所示连接好测试配置，确认误码分析仪接收到合适的光功率。

（2）调整可调光衰减器 A，使得误码分析仪的误码显示在 1.0E–7 左右，测试参考点 S 所对应的光功率值。

（3）调整可调光衰减器 A，分别测试误码显示为 1.0E–8、1.0E–9、1.0E–10、1.0E–11时参考点 S 所对应的光功率值。

（4）按照外推法（如最小二乘法），在双对数坐标纸（纵坐标应取两次对数，横坐标为线性）上画出接收光功率－误码率的对应曲线，BER＝1.0E–12 所对应的光功率即为接收灵敏度。

4．注意事项

（1）对于业务接口为以太网情况，可采用误码均匀分布下误码率与丢包率的一般关系进行转换，即丢包率＝1–（1–BER）n，其中，n 为以太网帧的比特数。

（2）对于 40Gbit/s 接口，在特定条件下（如大批量测试等）也可直接记录仪表误码率为 1.0E–12（或者临界无误码，观察时间持续 4 分钟以上）时对应的光功率值。

（3）同时记录网管和光功率计所显示的数值，并对其进行比较。

11.3.1.3　过载光功率

1．测试目的

测试在达到规定的误码率（1E–12）时，参考点 S 处的平均接收光功率的最大可接受值。

2．测试配置

接收机过载光功率测试配置示意图如图 11-6 所示。

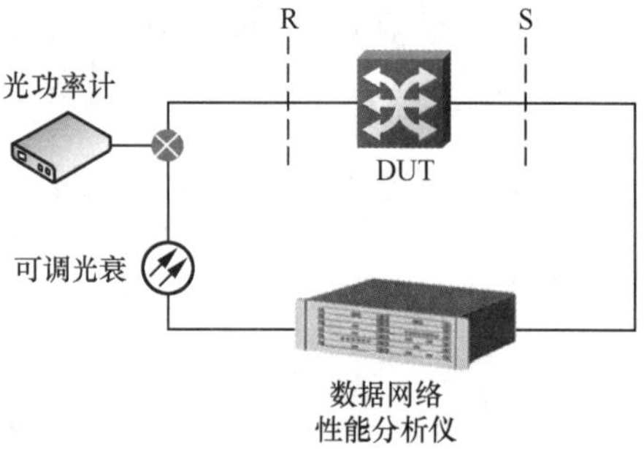

3．测试步骤

（1）如图 11-6 所示连接好测试配置，确认误码分析仪接收到合适的光功率。

（2）调整可调光衰减器 A，使得 S 点的光功

图 11–6　接收机过载光功率测试配置示意图

率值为过载功率值，如果此时误码分析仪无误码或误码率小于等于 1.0E–12，则记录过载功率小于当前设置功率值。

（3）如需测试过载功率精确值，可进一步降低可调光衰减器 A 的衰减值，直到误码率接近但小于 1.0E–12 为止。

4．注意事项

（1）对于业务接口为以太网情况，可采用误码均匀分布下误码率与丢包率的一般关系进行转换，即丢包率＝1–（1–BER）n，其中，n 为以太网帧的比特数。

（2）同时记录网管和光功率计所显示的数值，并对其进行比较。

11.3.2　分组转发与交换测试

11.3.2.1　测试目的

验证被测设备的整机端口线速接入能力。

11.3.2.2　测试配置

（1）按图 11-1 连接测试仪表及各设备，并配置好数据。

（2）ACL、QoS 等功能项已经检验通过。

（3）从测试仪导入公网及 VPN 下的 IPv4、IPv6 的动态路由。其中，导入的动态路由包括 IGP（OSPF/OSPFv3、IS-IS）和 EBGP/EBGP+路由。

11.3.2.3　测试步骤

（1）测试端口间互打公网及 VPN 流量（包括 VLL 流量），包含 IP 及 MPLS 包，使用全线速 128 字节流量，流量源地址为所发布的地址，目的地址为其余端口发布的静态及动态地址。

（2）随机抽取参考点 D 中的三个点，拔插三根不同光纤一次，得到预期结果（1）。

（3）随机抽取参考点 D 中的三个点，将测试仪端口 A1 接入，得到预期结果（2）。

（4）恢复最初连接，业务稳定后，持续打流 20 分钟，查看数据统计。

（5）恢复最初连接，测试仪端口设置为混合包流量。

（6）持续打流 20 分钟，查看数据统计。

（7）测试仪端口设置为全线速 64 字节流量。

（8）持续打流 20 分钟，查看数据统计。

11.3.2.4　预期结果

（1）设备稳定，A1，A2 端口出现持续丢包，B1，B2 及 C 端口流量稳定；光纤插回后，所有流量恢复并稳定。

（2）拔出光纤后，A1，A2 端口出现持续丢包，B1，B2 及 C 端口流量稳定；A1 插入 D 参考点后，所有流量恢复并稳定。

11.3.2.5　注意事项

（1）对于不支持 IPv6 的设备，仅导入 IPv4 路由。

（2）对于开启了流采样并采用带内方式输出到采样服务器/网管服务器的设备，测试设备的出端口参考点 E 将有部分流采样的数据包，需要适当降低部分端口的数据流量。

（3）上述（4）、（6）、（8）各步骤中，若出现持续丢包，应在记录结果后，适当降低发包速率，直到设备运行稳定为止。其中，每次降速幅度不应低于全线速的 2%。

11.3.3　业务适配与承载功能测试

11.3.3.1　TDM 业务承载

1．E1 的 PWE3 电路仿真支持功能

（1）测试目的

验证支持 E1 业务的电路仿真功能，包括非结构化仿真（SAToP）模式。

（2）测试配置

➢ 按照图 11-3 搭建测试组网，创建 CES 业务。NE31、NE32、NE33 的 E1 业务端口 1 与端口 2 电缆跳通，NE34 业务端口 E1 电缆自环。

➢ 业务流方向设置为：

NE11→NE12→NE22→NE23→NE21→NE31（端口 1）→NE31（端口 2）→NE32（端口 1）→NE32（端口 2）→NE33（端口 1）→NE33（端口 2）→NE34。

（3）测试步骤

➢ 非结构化仿真：分别创建一条 NE11 到 NE34 的 CES 业务，电路仿真协议为 SAToP，在 PDH/SDH 仪表上依次配置 E1 为非成帧模式、有帧结构模式（PCM30/PCM30 CRC/PCM31/PCM31 CRC），记录 SAToP 的具体模式。

➢ 通过数据网络分析仪捕捉以太网包，分析 SAToP 的帧结构是否符合 RFC4553 的规范。

➢ 验证 SAToP 对 E1 的支持，在 PDH/SDH 分析仪上设置 E1 为 $2^{15}-1$ PRBS，测试 E1 业务的告警和误码，验证对 E1 告警和误码性能的处理功能（终结或透传，网管是否可设置屏蔽/去屏蔽）。

（4）预期结果

➢ 应支持 SAToP 仿真模式，记录告警和误码的处理方式。

➢ 测试时间 10 分钟，E1 业务均正常，没有告警和误码。

➢ 12 小时无误码，记录平均抖动及时延。

（5）注意事项

CES 业务的抖动缓存技术要求抖动缓存在抖动、时延、误码时相同，抖动缓存按相同建议值测试。

2．CSTM-1 的 PWE3 电路仿真支持功能

（1）测试目的

验证支持通道化 STM-1 业务（CSTM-1）的电路仿真。

（2）测试配置

按照图 11-3 搭建测试组网，NE21 业务 STM-1 端口 1 自环。

（3）测试步骤

➢ 非结构化仿真：创建一条 NE11 到 NE21 的通道化 STM-1 CES 业务，业务路径为 NE11（端口 2）→NE12（端口 1）→NE12（端口 2）→NE22（端口 1）→NE22（端口 2）→NE23（端口 1）→NE23（端口 2）→NE21（端口 1），电路仿真协议为 SAToP，在 SDH 分析仪上配置 STM-1 为 VC-12 结构，记录 SAToP 的具体模式。

➢ 通过数据网络分析仪捕捉以太网包，分析 SAToP 的帧结构是否符合 RFC4553 的规范。

➢ 通过 SDH 仪表监测业务，验证 SAToP 对 STM-1 告警和误码性能的处理功能（终结或透传，网管是否可设置屏蔽/去屏蔽）。

（4）预期结果

➢ 应支持 SAToP 电路仿真模式，记录告警和误码的处理方式。

➢ 12 小时无误码，记录平均抖动及时延。

3．E1 到 CSTM-1 的汇聚功能

（1）测试目的

验证分组设备应支持 63 个 E1 端口汇聚到 1 个 CSTM-1 端口的能力（对于接入设备可选）。

（2）测试配置

按照图 11-3 组网测试场景图搭建测试组网。

（3）测试步骤

➢ 分别创建 NE31、NE32、NE33、NE34 的 E1 到 NE11 的 CSTM-1 的 CES 业务，NE31 的 E1 业务端口 3～16 端口外部自环。

➢ NE32、NE33 的 E1 业务端口 3～8 端口外部自环，NE34 的 4×E1 端口外部自环。

➢ 业务配置路径为：NE11→NE12→NE22→NE23→NE21→NE31→NE32→NE33→NE34。

➢ SDH 分析仪分别接 NE11，随机选择 30 个 TU12 时隙与 NE31、NE32、NE33、

NE34 的 2M 端口相连，逐一验证 30 个 E1 信号是否正常。

（4）预期结果

➢ 36 个 E1 业务均正常，没有告警和误码。

➢ 12 小时无误码，记录平均抖动及时延。

11.3.3.2　以太网业务承载

1．EP-Line/EVP-Line 业务

（1）测试目的

验证 EVP-Line 业务。

（2）测试配置

按照图 11-3 搭建测试组网。

（3）测试步骤

➢ 创建 NE11 端口 1 和 NE34 端口 1 之间的 EP-Line 业务，创建 NE11 端口 2 和 NE34 端口 2 之间的 EP-Line 业务。采用显式路径配置该业务，业务路径均为：NE11→NE12→NE22→NE23→NE21→NE31→NE32→NE33→NE34。

➢ 为两条 EP-Line 业务分配两条独立的双向 PW/LSP 和带宽，记录 PW/LSP 标签。

➢ 从数据网络分析仪向 NE11 的端口 1 和端口 2 分别发送流量，观察 NE34 的接收结果。

➢ 从数据网络分析仪向 NE11 的端口 1 分别发送两条 VLAN 业务流量，观察 NE34 端口 1 的接收结果。

（4）预期结果

➢ NE34 的端口 1 应能分别正常接收。发送数据包中的 VLAN、MAC 地址等均能正确传送到对端，数据报文没有任何改变。在带宽满足的情况下，两条 EP-Line 业务互不影响。

➢ NE34 的端口 1 应能分别正常接收两条 VLAN 业务，端口 1 发送的 EVP-Line 业务 35 数据不会被 EVP-Line 业务 36 的收到。

➢ 12 小时无丢包，记录平均抖动及时延。

2．EP-LAN /EVP-LAN 业务

（1）测试目的

验证 EP-LAN 业务。

（2）测试配置

➢ 按照图 11-3 组网测试场景图搭建测试组网。

➢ 如图 11-3 所示配置所有网元的端口 1 间的 EP-LAN 业务和端口 2 间的业务，NE11/NE22/NE34 三个网元端口 1 与测试仪端口 1、3、5 相连，端口 2 与测试仪端口 2、4、6 相连，其他设备抽测。

（3）测试步骤

➢ 通过网管检查并记录 NE11/NE22/NE34 对 EP-LAN 业务和业务的 PW/LSP 设置和标签。

➢ 数据网络分析仪的 1/3/5 三个端口两两发以对方 MAC 地址为目的地址的单播以太网报文，相互之间能收到，并且只是开始有少量的报文被广播，后面的报文都被单播；2/4/6 端口不应收到任何单播和广播报文。

➢ 数据网络分析仪的 2/4/6 三个端口两两发以对方 MAC 地址为目的地址的单播报文，相互之间能收到，并且只是开始有少量的报文被广播，后面的报文都被单播；1/3/5 端口不应收到任何单播和广播报文。

➢ 数据网络分析仪的端口 1 发送 10000 个广播报文，只有 3/5 两个端口收到 10000 个报文，其他端口都不应收到。

➢ 数据分析仪的端口 2 发送 10000 个广播报文，只有 4/6 两个端口收到 10000 个报文，其他端口都不应收到。

➢ 配置 NE11/NE22/NE34 三个网元的两个 EVP-LAN 业务，两个业务在 NE11/NE22/NE34 的同一端口接入。

➢ 通过网管检查并记录 NE11/NE22/NE34 对两个 EVP-LAN 业务的 PW/LSP 设置和标签。

➢ 数据分析仪的 1/3/5 三个端口两两发送 EVP-LAN 业务的单播报文，相互之间能收到，并且只是开始有少量的报文被广播，后面的报文都被单播；另外一个 EVP-LAN 业务不应收到报文。

➢ 数据分析仪的端口 3 发送 EVP-LAN 业务 38 的 10000 个广播报文，只有 1/5 两个端口的 EVP-LAN 业务收到 10000 个报文，1/5 两个端口的另一个 EVP-LAN 业务没有收到。

（4）预期结果

➢ 参见测试步骤，支持多点对多点间的连接。

➢ 12 小时无丢包，记录平均抖动及时延。

3．EP-Tree /EVP-Tree 业务

（1）测试目的

验证 EP-Tree 业务。

（2）测试配置

➢ 按照图 11-3 搭建测试组网。

➢ 配置 NE11/NE22/NE34 三个网元的两条 EP-Tree 业务，数据网络分析仪的 5 端口和 NE11 的 EP-Tree 业务的 Root 端口相连；数据网络分析仪的 1/2/3/4 端口分别和 NE34/NE22 的 EP-Tree 业务的 Leaf 端口相连。

（3）测试步骤

➢ 数据分析仪的 5 端口发业务任意的以太帧，1/3 端口都能无区别的收到 5 端口发送的以太帧，而 2/4 端口的 EVP-Tree 业务收不到任何帧。

➢ 从 1 端口发送业务任意的以太帧，仅 Root 端口 5 能收到 Leaf 端口发送的以太帧，3 端口无法收到以太帧。从 2 端口发送 EVP-Tree 业务的任意以太帧，仅 Root 端口 5 的第二条 EVP-Tree 业务能收到 Leaf 端口发送的以太帧，Root 端口 5 的 EVP-Tree 业务不能收到 2 端口发送的以太帧，而 4 端口无法收到以太帧。

➢ 分析分光器收到的数据包，验证 EP-Tree 的实现方式。

（4）预期结果

➢ 参见测试步骤。

➢ 12 小时无丢包，记录平均抖动及时延。

4．水平分割功能

（1）测试目的

验证 VPLS 水平分割组的有效性。

（2）测试配置

➢ 按照图 11-3 搭建测试组网。

➢ 在 NE11、NE22、NE34 之间创建 E-LAN 业务的 VLAN 3001 和业务的 VLAN 3501，建立 NE11→NE22 和 NE11→NE34 的两条 LSP，在 NE11 处两条 LSP 加入水平分割组。

（3）测试步骤

➢ 数据分析仪从 NE11 发送分别以 NE22、NE34 用户侧接口 MAC 地址为目的 MAC 的报文。

> ➢ 数据分析仪从 NE22 发送分别以 NE11、NE34 用户侧接口 MAC 地址为目的 MAC 的报文。

> ➢ 数据分析仪从 NE34 发送分别以 NE11、NE22 用户侧接口 MAC 地址为目的 MAC 的报文。

（4）预期结果

> ➢ NE22、NE34 均能收到属于自己的以太网报文。

> ➢ NE11 收到属于自己的以太网报文，NE34 接收不到报文。

> ➢ NE11 收到属于自己的以太网报文，NE22 接收不到报文。

> ➢ 12 小时无丢包，记录平均抖动及时延。

11.3.3.3　二三层桥接功能测试

1．测试目的

核心汇聚层设备的二层 VPN 和三层 VPN 桥接功能。

2．测试配置

按照图 11-3 搭建测试组网。

3．测试步骤

（1）创建一条 NE34 到 NE23 的隧道，NE34 和 NE23 之间创建以太网 L2VPN 业务。

（2）在 NE23 和 NE11 之间配置 L3VPN 业务。

（3）在 NE23 上配置 L2VPN 到 L3VPN 的桥接功能，将 L2VPN 和 L3VPN 互为接入。

（4）创建 L3VPN 业务，观察数据分析仪得到的结果。

4．预期结果

（1）支持 L2VPN 到 L3VPN 的桥接，业务转发正常。

（2）12 小时无丢包，记录平均抖动及时延。

（3）记录接入层业务是否可采用 MPLS-TP 配置。

11.3.4　QoS 功能测试

11.3.4.1　基于端口的重标记

1．测试目的

验证设备能够基于端口对业务流量重标记及流量限速等功能。

2．测试配置

（1）按图 11-1 连接测试仪表及各设备，并配置好数据。

（2）从测试仪导入公网及 VPN 下的 IPv4、IPv6 的动态路由。其中，导入的动态路由包括 IGP（OSPF/OSPFv3、IS-IS）和 EBGP/EBGP+路由。

3．测试步骤

（1）测试端口 Ai 之间打背景流量，在端口 Bi 和 Ci 的公网及 VPN 下互打 IP 流量。

（2）测试仪发端在信任原值的各 VLAN 端口向其他端口分别打流量，其中 DSCP 位设置为 AF11 及 AF41 等值。

（3）在接收端过滤及抓包，得到预期结果（1）。

（4）测试仪发端在需要将业务报文重改写成 BE、AF41、AF31 等 VLAN 的端口向其他端口分别打流量。其中发出流量的 DSCP 位与被要求染色的流量不同。

（5）在接收端过滤及抓包，得到预期结果（2）。

4．预期结果

（1）接收端相应流量中，各流量的 DSCP 位与所发出流量的 DSCP 位相同，接收端按照流量所在的 QoS 级别进行 PIR 限速。

（2）接收端已按照要求，对 DSCP 位进行了重标记，MPLS 包的 EXP 位按 DSCP 位进行了映射，接收端按照流量所在的 QoS 级别进行 PIR 限速。

5．注意事项

对于不支持 IPv6 的设备，仅导入 IPv4 路由。

11.3.4.2　HQoS 验证（可选）

1．测试目的

验证设备支持 HQoS 调试。

2．测试配置

（1）被测设备连接测试仪的接口分别创建两个子接口，配置接口地址，通过 IGP 协议保证路由可达。

（2）两个不同的子接口，分别关联 VLAN1 和 VLAN2。

（3）测试仪发送两种 VLAN 报文。VLAN 报文分为两个不同的优先级：Pri5 和 Pri3；

（4）在对应子接口上配置 HQoS，并且 VLAN1 子接口上配置 Cir = Pir = x，VLAN2 子接口上配置 Cir = Pir = y。

3．测试步骤

仪表按照表 11-4 方式打流。

表 11-4　流量配置表

业务 1	业务 2	流量方向	预期结果
x/2：Pri5 和 Pri4 各 x/4	y/2：Pri5 和 Pri4 各 y/4	NE1（VLAN1）↔NE2（VLAN1） NE1（VLAN2）↔NE2（VLAN2）	预期结果（1）
x：Pri5 和 Pri3 各 x/2	y：Pri5 和 Pri4 各 y/2	NE1（VLAN1）↔NE2（VLAN1） NE1（VLAN2）↔NE2（VLAN2	预期结果（2）
1.5x：Pri5 和 Pri3 各 0.75x	1.5y：Pri5 和 Pri4 各 0.75y	NE1（VLAN1）↔NE2（VLAN1） NE1（VLAN2）↔NE2（VLAN2）	预期结果（3）
2x：Pri5 和 Pri3 各 x	2y：Pri5 和 Pri4 各 y	NE1（VLAN1）↔NE2（VLAN1） NE1（VLAN2）↔NE2（VLAN2）	预期结果（4）

4．预期结果

（1）流量均没有丢包。

（2）流量均没有丢包。

（3）业务 1 和业务 2 的 Pri5 流量全部通过，业务 1 的 Pri3 只能通过 x/4，业务 2 的 Pri3 只能通过 y/4。

（4）业务 1 和业务 2 的 Pri5 流量全部通过，Pri3 业务全部丢包。

11.3.4.3　多业务流量限速

1．测试目的

设备能够正确同时对多条业务流进行限速。

2．测试配置

（1）按图 11-1 连接测试仪表及各设备，并配置好数据。

（2）从测试仪导入公网及 VPN 下的 IPv4、IPv6 的动态路由。其中，导入的动态路由包括 IGP（OSPF/OSPFv3、IS-IS）和 EBGP/EBGP+路由。

3．测试步骤

（1）测试端口 Ai 之间打背景流量，在端口 Bi 和 Ci 的 VLL 子接口下，互打测试流量；

（2）各测试流量均小于 Pir，得到预期结果（1）。

（3）VLL 之间的测试流量为 Pir 的 2 倍，并打 BE 的测试流量，使得接收端口的 BE 流量超过端口限制，得到预期结果（2）。

4．预期结果

（1）流量稳定，无丢包。

（2）VLL（PW）流量稳定，有一半左右的丢包，流速被限制在 Pir 附近。

（3）BE 流量丢包，占剩余带宽。

5．注意事项

对于不支持 IPv6 的设备，仅导入 IPv4 路由。

11.3.4.4　队列调度功能

1．测试目的

设备能够正确实现 PQ+WFQ 的队列调度机制。

2．测试配置

（1）按图 11-1 连接测试仪表及各设备，并配置好数据。

（2）从测试仪导入公网及 VPN 下的 IPv4、IPv6 的动态路由。其中，导入的动态路由包括 IGP（OSPF/OSPFv3、IS-IS）和 EBGP/EBGP+路由。

3．测试步骤

（1）端口 B1 和 C 向端口 B2 打 EF 和 BE 流量，其中 EF 流量之和超过 Pir 值，BE 流量之和小于剩余带宽。端口 B2 和 C 向端口 B1 打 EF 和 BE 流量，其中 EF 流量之和超过 Pir 值，BE 流量之和小于剩余带宽。

（2）观察出接口流量，B1 和 B2 处得到预期结果（1）。

（3）端口 B2 和 C 向端口 B1 打 AF1～AF4 及 BE 流量，端口 B1 和 C 向端口 B2 打 AF1～AF4 及 BE 流量。除 AF3 及 BE 流外，端口各类流量之和均超过 Pir 值。

（4）观察出接口流量，B1 和 B2 处得到预期结果（2）。

4．预期结果

（1）EF 流量稳定丢包，流量被限制稳定在 Pir 附近；BE 流量全通过，无丢包。

（2）AF4 流量稳定丢包，流量被限制稳定在 Pir 附近，AF1～AF4 均被限制在 Pir 之内，且按事先分配的权重抢占剩余带宽。BE 包全部丢弃。

5．注意事项

各流量应该避开 ACL 值。

11.3.4.5　VPN 优先级映射测试（可选）

1. 测试目的

验证 L3VPN，VLL 优先级映射基本功能。

2. 测试配置

（1）按照图 11-3 测试拓扑搭建测试环境。

（2）测试仪 2 通过分光器与相应链路相连。

（3）配置 NE23，NE22，NE12 各个端口 IP，并在各网元上配置 Loopback 接口。

（4）在 NE23，NE22，NE12 上配置 OSPF 路由协议，使各设备互通。

（5）在 NE23，NE12 之间配置 BGP，L3VPN，MPLS 隧道。

（6）在 NE23，NE12 上与测试仪 1 相连的端口建立 VLAN 为 10 的子接口，绑定 VLL 业务，且使能简单流分类功能，根据 8021p 入队列。

（7）在 NE23，NE12 上与测试仪 1 相连的端口建立 VLAN 为 20 的子接口，绑定 L3VPN 业务，使能简单流分类功能，根据 DSCP 查询 DSCP 到 EXP 的映射表入队列。

（8）在 NE22 的两个接口配置简单流分类，在 NE22 上与 NE1 相连的接口上使能 REMARK 功能，使 EXP 为 3 的报文反映射为 EXP 为 4 的报文。

（9）在 NE23 与 NE12 上配置 VLL，L3VPN 的 AC 接口使能优先级映射功能，保证公网根据用户报文优先级进行转发，出网络侧时又不会改变用户报文的原始优先级。

（10）测试仪 1 按表 11-5 方式建立流量。

表 11-5　流量方向表

流量名	流量方向	VLAN	8021p	DSCP
A	测试仪端口→NE23→NE22→NE12→测试仪端口	10	3	—
B	测试仪端口→NE23→NE22→NE12→测试仪端口	10	2	—
C	测试仪端口→NE23→NE22→NE12→测试仪端口	20	—	24
D	测试仪端口→NE23→NE22→NE12→测试仪端口	20	—	16
E	测试仪端口→NE12→NE22→NE23→测试仪端口	20	—	24

3. 测试步骤

（1）发送流量 A，得到预期结果（1）。

（2）发送流量 B，得到预期结果（2）。

（3）发送流量 C，得到预期结果（3）。

（4）发送流量 D，得到预期结果（4）。

（5）发送流量 E，得到预期结果（5）。

4．预期结果

（1）测试仪 2 查看在 NE23 与 NE22 之间抓取的流量报文中二层标签的 EXP 值为 3。

（2）测试仪 2 查看在 NE22 与 NE12 之间抓取的流量报文的最外层标签的 EXP 值为 4。

（3）测试仪 1 查看接受的报文，报文的 8021p 为 3。

（4）测试仪 2 查看在 NE23 与 NE22 之间抓取的流量报文中二层标签的 EXP 值为 2。

（5）测试仪 2 查看在 NE22 与 NE12 之间抓取的流量报文的最外层标签的 EXP 值为 2。

（6）测试仪 1 查看接受的报文，报文的 8021p 为 2。

（7）测试仪 2 查看在 NE23 与 NE22 之间抓取的流量报文中二层标签的 EXP 值为 3。

（8）测试仪 2 查看在 NE22 与 NE12 之间抓取的流量报文的最外层标签的 EXP 值为 4。

（9）测试仪 1 查看接受的报文，报文的 DSCP 为 24。

（10）测试仪 2 查看在 NE23 与 NE22 之间抓取的流量报文中二层标签的 Exp 值为 2。

（11）测试仪 2 查看在 NE22 与 NE12 之间抓取的流量报文的最外层标签的 Exp 值为 2。

（12）测试仪 1 查看接受的报文，报文的 DSCP 为 16。

（13）测试仪 1 查看接受的报文，报文的 DSCP 为 24。

11.3.4.6 单板最大队列数测试

1．测试目的

验证被测设备单板支持的最大队列数目。

2．测试配置

（1）按照图 11-1 测试拓扑搭建测试环境。

（2）测试仪表与被测板卡所有端口间建立 EBGP 关系，并发送少量路由作为流量目的。

（3）在被测板卡上配置板卡标配数量的队列，可使用 VLAN 或 QinQ，每个端口上子接口数量为 P，每个子接口上配置 8 个队列，若被测板卡为 N 个接口，则总队列数为 $P \times N \times 8$。

（4）为每个子接口配置 QoS 机制，每个子接口限速为 K，$K=100M/P$。

（5）在每个子接口中配置 8 个优先级队列（以 IP TOS 区分），为 8 个优先级队列配置 WFQ 调度机制，拥塞情况下流量比例为 a1：a2：a3：a4：a5：a6：a7：a8。

3．测试步骤

（1）由测试仪在两块板卡所有端口间发送单向限速流量（若该板卡单端口无法限速，则发送其吞吐量数值的流量），每个子接口流量中有 8 个优先级（TOS=0～7），每个优先级流量为 $K/8$，得到预期结果 1。

（2）由辅助板卡的一个接口向被测板卡随机某个接口上的某个子接口发送 8 个优先级（TOS=0～7）的流量，流量大小为 K，其他子接口流量保持不变，得到预期结果 2。

4．预期结果

（1）所有流量全部正常转发，没有任何丢包。

（2）拥塞子接口中各优先级流量通过比例为 a1：a2：a3：a4：a5：a6：a7：a8，误差应近似等于端口流量控制的最小粒度，其他子接口流量无丢包，则证明板卡队列数量为 $P \times N \times 8$。

11.3.5　OAM 功能测试

11.3.5.1　ETH 网业务 OAM 功能测试

1．ETH-CC 功能测试

（1）测试目的

验证以太网业务 OAM 的连通性功能。

（2）测试配置

➤ 按图 11-1 连接测试仪表及各设备，并配置好数据。

➤ 在被测设备和辅助设备间建立 ETH PW 业务。

（3）测试步骤

➤ 设置被测设备和辅助设备为 UP MEP，关联到 ETH PW；配置 MEG 层次为 1，启动以太网 OAM 功能。

➤ 通过被测设备网管系统验证以太网 OAM 互通成功，应无相应的以太网业务 OAM 告警信息。

➢ 断开被测设备和辅助设备之间的以太网链接,查看是否上报连续性丢失告警。

➢ 辅助设备修改 MEP 的 MEG 级别低于设备的 MEG 级别,查看是否上报未期望的 MEG 级别告警。

➢ 辅助设备修改 MEP 的 MEGID,查看是否上报误连接告警。

➢ 辅助设备修改 MEP 的 MEPID,查看是否上报未期望的 MEP 告警。

➢ 辅助设备修改 MEP 的 CC 报文发送周期,查看是否上报未期望的周期告警。

(4)预期结果

➢ 无以太网业务 OAM 告警信息。

➢ 上报连续性丢失告警。

➢ 数据网络分析仪修改 MEP 的 MEG 级别低于设备的 MEG 级别,上报未期望的 MEG 级别告警。

➢ 上报误连接告警。

➢ 上报未期望的 MEP 告警。

➢ 上报未期望的周期告警。

2．ETH-LB 功能测试

(1)测试目的

验证以太网业务 OAM 的环回功能。

(2)测试配置

➢ 按图 11-1 连接测试仪表及各设备,并配置好数据。

➢ 在被测设备和辅助设备间建立 ETH PW 业务。

(3)测试步骤

➢ 在被测设备上设置 MEP1,在辅助设备上设置 MEP2,关联到 ETH PW,MEG 层次为 1,启动以太网 OAM 功能。

➢ 检查 CFM 工作状态是否正常,得到预期结果(a)。

➢ 在辅助设备上向被测设备发起 LB 环回功能,查看是否返回成功消息,得到预期结果(b)。

➢ 在辅助设备上向被测设备发起组播 LB 环回功能,查看是否返回成功消息,得到预期结果(b)。

(4)预期结果

(a)CFM 工作正常。

（b）网管系统返回成功消息。

3．ETH-LT 功能测试

（1）测试目的

验证以太网业务 OAM 的踪迹功能。

（2）测试配置

➢ 按图 11-1 连接测试仪表及各设备，并配置好数据。

➢ 在被测设备和辅助设备间建立 ETH PW 业务。

（3）测试步骤

➢ 在被测设备上设置 MEP1，在辅助设备上设置 MEP2，关联到 ETH PW，MEG 层次为 1，启动以太网 OAM 功能。

➢ 检查 CFM 工作状态是否正常。

➢ 在辅助设备上向被测设备发起 LT 踪迹查询功能，查看返回 LT 查询的路由跳数。

（4）预期结果

➢ CFM 工作正常。

➢ LT 返回信息正常。

4．ETH 网业务 RDI 功能测试

（1）测试目的

验证以太网业务网业务 OAM 的 RDI 功能。

（2）测试配置

➢ 按图 11-1 连接测试仪表及各设备，并配置好数据。

➢ 在被测设备和辅助设备间建立 ETH PW 业务。

（3）测试步骤

➢ 在被测设备上设置 MEP1，在辅助设备上设置 MEP2，关联到 ETH PW，MEG 层次为 1，启动以太网 OAM 功能。

➢ 检查 CFM 工作状态是否正常。

➢ 在被测设备上停止发送 CC 报文，查看是否上报 RDI 告警。

（4）预期结果

➢ CFM 工作正常。

➢ 上报 RDI 告警。

5. ETH 网业务 AIS 功能测试

（1）测试目的

验证以太网业务网业务 AIS 功能。

（2）测试配置

➤ 按图 11-1 连接测试仪表及各设备，并配置好数据。

➤ 在被测设备和辅助设备间建立 ETH PW 业务。

（3）测试步骤

➤ 在被测设备上设置 MEP1，在辅助设备上设置 MEP2，关联到 ETH PW，MEG 层次为 1，启动以太网 OAM 功能。

➤ 断开被测设备和辅助设备的链路，通过网络数据分析仪表检查被测设备发送的 ETH-AIS 报文。

（4）预期结果

AIS 报文发送正常。

11.3.5.2 ETH 网链路 OAM 功能测试

1. 以太网链路连通性监测和验证功能

（1）测试目的

验证以太网链路连通性监测和验证功能。

（2）测试配置

按图 11-1 连接测试仪表及各设备，并配置好数据。

（3）测试步骤

➤ 开启被测设备和辅助设备的以太网链路 OAM 功能。

➤ 修改 OAM 发现功能的工作模式，被测设备和辅助设备的端口都为 Active，查看 OAM 发现的结果。

➤ 变换辅助设备端口的工作模式为 Passive，查看 OAM 信息，查看 OAM 发现的结果。

（4）预期结果

OAM 发现结果正常。

2. 以太网链路端口环回功能

（1）测试目的

验证以太网链路端口环回功能。

（2）测试配置

按图 11-1 连接测试仪表及各设备，并配置好数据。

（3）测试步骤

➤ 在被测设备和辅助设备上使能 ETH 链路 OAM。

➤ 在被测设备上使能 OAM 远端端口环回。

➤ 在被测设备上查询远端 OAM 环回状态。

（4）预期结果

被测设备上能查询到远端 OAM 环回状态。

3．以太网链路事件功能（CFM）

（1）测试目的

验证以太网链路事件功能。

（2）测试配置

按图 11-1 连接测试仪表及各设备，并配置好数据。

（3）测试步骤

➤ 在被测设备使能 ETH 链路 OAM。

➤ 网络数据分析仪表向被测设备下插错误帧事件。

➤ 在被测设备上查看是否有事件上报。

（4）预期结果

被测设备上能查询到远端 OAM 环回状态。

4．802.3ae 功能

（1）测试目的

验证 802.3ae 功能。

（2）测试配置

按图 11-1 连接测试仪表及各设备，并配置好数据。

（3）测试步骤

➤ 发送双向基础数据流量。

➤ 断开 10GE 链路单纤。

➤ 检查被测设备和辅助设备的 10GE 端口状态。

（4）预期结果

双向流量中断，物理端口不应该为 Down。

11.3.5.3 IP/MPLS OAM 功能

1．BFD 功能测试

（1）测试目的

验证被测设备的 BFD 功能。

（2）测试配置

➢ 按图 11-1 连接测试仪表及各设备，并配置好数据。

➢ 开启 OSPF、IS-IS、BGP 各层面的 BFD 功能，以及 PW、LSP 层面的 BFD 功能。

➢ 设置不少于 100 个 BFD 会话。

（3）测试步骤

➢ 查看 BFD 邻居状态。

➢ 更改 BFD 发送间隔为 3.3ms、10ms、100ms，查看 BFD 的发送状态。

2．Ping 及 Trace 功能测试

（1）测试目的

验证被测设备的 Ping 功能。

（2）测试配置

➢ 按照图 11-1 搭建测试组网。

➢ 创建被测设备和辅测设备之间的 VLL 仿真业务，实现 PW 层和 LSP 层面的 Ping 和 Trace 功能。

（3）测试步骤

在已建立路径上发送 Ping 及 Trace 报文。

（4）预期结果

Ping 及 Trace 报文能够返回且响应正确。

3．MPLS-TP OAM 功能

（1）测试目的

验证 MPLS-TP 的 LSP 和 PW 层 CC、AIS、RDI 等故障管理功能。

（2）测试配置

➢ 依照图 11-3 搭建测试拓扑，创建 NE23 经 NE34 到 NE33 的双向 LSP 和 PW。

➢ 分别在 NE23 和 NE33 启动 LSP 和 PW 的 CC 功能。

（3）测试步骤

（a）创建 NE23 和 NE33 之间的以太网业务 47，数据网络分析仪向 NE23 和 NE33 发送数据报文。

（b）中断 NE33 到 NE34 之间的单向接收光纤，造成 NE33 到 NE34 单向路径故障，使 NE23→NE33 间以太网业务单向中断。

（c）通过查看网管系统验证 NE23 应上报 PW 的 AIS 告警，并抑制和该故障相关 CV 功能的连续性丢失告警；NE33 上报 PW 的 RDI 告警。

（d）恢复 NE33 和 NE34 之间的故障链路，检查 NE33→NE23 间以太网业务恢复情况。此时网管上 NE23 的 PW 的 AIS 告警清除，NE33 的 PW 的 RDI 告警清除。

（e）禁止 NE23 和 NE33 的 PW 的 CC 功能，重复步骤（c）～（g）。

（f）配置 NE23 和 NE33 启动 LSP/PW 层环回功能。

（g）通过 NE23 和 NE34 间的网络分析仪捕获 NE23 向 NE33 发送的携带有 Data TLV 的 OAM LBM 报文，并捕获 NE33 上接收到 NE23 发送的 LBM 报文后向 NE23 回传的 LBR 报文，验证 LBM 和 LBR PDU 各字段是否符合标准。

（h）配置 NE23 和 NE33 启动 LSP/PW 层 LM 和 DM 功能。

（i）在 NE23 和 NE34 间的网络分析仪查看 LSP 层和 PW 层 OAM 性能监视报文，检查报文中各个计数器的内容。

（j）检查性能监测的丢包率、时延、时延变化是否符合实际测量值。

（4）预期结果

➤ 业务正常则没有任何 OAM 告警。

➤ 性能监测数据与实际测量值一致。

11.3.6　网络保护测试

11.3.6.1　网内保护

1．测试目的

验证被测设备的网内 LSP 1:1 保护能力。

2．测试配置

按照图 11-3 搭建测试组网。

3．测试步骤

（1）用显式路径创建 CES、VLL、VPLS、L3VPN 等各种业务各 50 条，并为业务设置 Cir、Pir。

（2）创建业务保护，记录业务主备用路径及保护所采用的所有技术。

（3）通过数据网络分析仪发送连续的业务数据流。

（4）通过拔纤和拔板（选取核心汇聚层及接入层主用路由）、中间节点（选取 NE21 或 NE23 的主用）掉电等方式，触发路径保护倒换，记录保护倒换时间，并验证是双向保护倒换。逐一验证业务是否能够返回，若能返回，检查返回时间的设置，验证业务 Cir 能否保证。

（5）在 NE40、NE34 上设置 LSP 的 SD 误码门限为 10E-5，在核心汇聚层及接入层选取主用的一段串入可调整光衰减，模拟光纤老化故障等，触发路径保护倒换，记录保护倒换时间，并验证是双向保护倒换。修复光纤故障后，逐一验证业务是否能够返回，若能返回，检查返回时间的设置。通过检查同路由的背景业务因误码导致的丢包率是否与当前的保护状态相符合，检查误码门限灵敏度。将可调光衰减传入备用路径，重复以上操作。

（6）验证是否可以通过网管命令进行保护倒换，记录业务倒换时间。

（7）记录保护倒换时间，能否返回，返回时间，能够设置返回等待时间，能够双向倒换等内容。

4．预期结果

（1）业务支持多种技术的保护，在核心汇聚层应至少验证 LSP1:1 和 TE FRR 保护。

（2）在各种技术方案下，业务倒换时间和返回时间均小于 50ms。

（3）设置不同的 WTR 时间，重复步骤（1）～（7）。

（4）由于光衰减，NE11→NE40 方向会存在固定丢包，无法测试出准确的倒换时间，检查从 NE40 到 NE11 方向的业务倒换时间和返回时间均小于 50ms。

（5）统计对各种业务的影响及影响的程度。

（6）各种业务 12 小时无丢包，无误码，记录平均抖动及时延。

（7）记录接入层业务是否可采用 MPLS-TP 配置。

11.3.6.2　网间保护

1．以太业务保护能力

（1）测试目的

验证网间以太业务的保护功能。

（2）测试配置

按照图 11-3 搭建测试组网。

（3）测试步骤

➢ 用显式路径创建 CES、VLL、VPLS、L3VPN 等各种业务各 50 条，并为业务设置 Cir、Pir。

➢ 创建业务保护，记录业务主备用路径及保护所采用的所有技术。

➢ 通过数据网络分析仪发送连续的业务数据流。

➢ 通过拔纤和拔盘（链路 1 或 3，链路 1 和 3 或链路 2 和 4）、中间节点（选取 NE11 或 NE12 主用的一个）掉电等方式，触发路径保护倒换，记录保护倒换时间，并验证是双向保护倒换。逐一验证业务是否能够返回，若能返回，检查返回时间的设置，验证业务 Cir 能否保证。

➢ 验证是否可以通过网管命令进行保护倒换，记录业务倒换时间。

➢ 记录保护倒换时间，能否返回，返回时间，能够设置返回等待时间，能够双向倒换等内容。

（4）预期结果

➢ 业务支持多种技术的保护，在 NE11、NE12 与 NE40 间应至少验证 LAG 及 VRRP 保护。

➢ 在各种技术方案下，业务均能倒换和返回。

➢ 统计对各种业务的影响及影响的程度。

➢ 12 小时无丢包，记录平均抖动及时延。

2．APS 保护能力

（1）测试目的

验证分组传送设备采用 1:1 保护方式对接组网下的 TDM 业务和保护倒换是否正常。

（2）测试配置

按照图 11-3 搭建测试组网。

（3）测试步骤

➢ NE21 业务端口 2、3 CSTM-1 电缆自环。

➢ 创建通道化 STM-1 CES 业务，业务流方向设置为 NE40→NE11→->NE12→NE22→NE23→NE21，其中 NE11→NE40 采用 STM-1 链路承载。

➢ 设置 NE11→NE40 间 STM-1 APS 保护，其中 NE11 端口 3→NE40 端口 1 为主用

链路，NE11 端口 4→NE40 端口 2 为备用链路；NE11 端口 5→NE40 端口 3 为主用链路，NE12 端口 1→NE40 端口 4 为备用链路。

➢ 观察 CSTM-1 业务是否正常。

➢ 通过中断 NE11 端口 3 连接，触发路径保护倒换，记录保护倒换时间，并验证是双向保护倒换。逐一验证业务是否能够返回，若能返回，检查返回时间的设置，验证业务 Cir 能否保证。

➢ 通过中断 NE11 端口 5 连接，触发路径保护倒换，记录保护倒换时间，并验证是双向保护倒换。逐一验证业务是否能够返回，若能返回，检查返回时间的设置，验证业务 Cir 能否保证。

➢ 通过拔盘和掉电等方式，触发路径保护倒换，记录保护倒换时间，并验证是双向保护倒换。逐一验证业务是否能够返回，若能返回，检查返回时间的设置。

➢ 验证是否可以通过网管命令进行保护倒换，记录业务倒换时间。

➢ 记录保护倒换时间，能否返回，返回时间，能够设置返回等待时间，能够双向倒换等内容。

（4）预期结果

➢ 12 小时业务无误码，记录平均抖动及时延。

➢ 业务倒换正常。

11.3.7 同步测试

11.3.7.1 Sync-E 的测试项

1．EEC 保持的长期特性

（1）测试目的

测试设备在保持工作状态下输出信号的长期定时性能。

（2）测试配置

按照图 11-1 搭建测试组网。

（3）测试步骤

➢ 被测设备的外时钟输出信号始终连接到仪表上用于测试漂移特性。

➢ 被测设备通过外时钟输入接口跟踪测量基准时钟源 24 小时。

➤ 拔掉其外参考时钟输入信号线。

➤ 继续测试 24 小时后，结束本项测试内容。

2．Sync-E 定时链路的倒换测试

（1）测试目的

网络定时链路的传递及 SSM 功能的验证。

（2）测试配置

按照图 11-3 搭建测试组网。

（3）测试步骤

➤ 时钟基准源分别给网络（首节点 NE21）和频率分析仪外参考定时信号做参考。

➤ 网络中的节点设备采用 Sync-E 的方式进行时钟传递。初始状态下的时钟链为 NE21→NE31→NE32→NE33→NE34→NE22；网络中的备用时钟链为 NE21→NE22→NE34→NE33→NE32→NE21。

➤ 频率分析仪测试从 NE22 节点的外时钟输出接口的同步信号。

➤ 持续 20 分钟后，断掉 NE21 和 NE31 之间的光纤，持续 20 分钟。

➤ 恢复 NE21 和 NE31 之间的链路，持续 20 分钟后，结束测试。

3．定时优先级选择测试

（1）测试目的

验证被测设备的定时输入/输出功能。

（2）测试配置

测试配置如图 11-7 和图 11-8 所示。

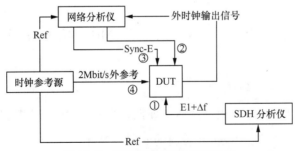

图 11-7　定时优先级选择测试场景 1

（3）测试步骤

（a）按图 11-7 配置网络环境。

（b）时钟参考源分别给网络分析仪、SDH 分析仪和被测设备提供时钟参考信号，如

图 11-7 所示。

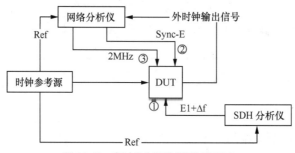

图 11-8　定时优先级选择测试场景 2

（c）DUT 的外时钟输出端口接网络分析仪进行时钟漂移测试。

（d）DUT 开启 QL 模式，并添加系统时钟优先级的顺序为如图 11-7 所示的标识：①→②→③→④。

（e）操作步骤如下。

➤ 漂移分析仪给 DUT E1+Δf（Δf=0.5×10⁻⁶）的业务（E1 业务口引入）首节点设置抽取该业务时钟为第一优先级（图 11-7 中①）。

➤ 持续 20 分钟后，网络分析仪为 DUT 的具备 Sync-E 功能端口 1 发 SSU 的定时参考信号（图 11-7 中②）。

➤ 持续 20 分钟后，网络分析仪为 DUT 的具备 Sync-E 功能端口 2 发 PRC 的定时参考信号（图 11-7 中③）。

➤ 持续 20 分钟后，关断 Sync-E 端口 2 的定时参考信号输入，持续 20 分钟后，从 DUT 节点的外时钟接口直接引入定时参考源的信号（图 11-7 中④）。

➤ 持续 20 分钟后，结束测试。

（f）DUT 的外时钟输出端口将以 2Mbit/s 和 2MHz 的信号格式输出，分别对上述过程进行测试。

（g）按图 11-8 配置网络环境。

（h）准备环境同第一个场景，此时需要把三路定时源同时连接到 DUT 上，SDH 仪表发出的 SEC 的时钟质量，Sync-E 发出的 PRC，2MHz 要求进行端口覆盖为 SSU。

（i）操作步骤如下。

➤ 开始测试。

➤ 20 分钟后，拔掉第二路定时源（图 11-8 中②）。

➤ 20 分钟后，拔掉第三路定时源（图 11-8 中③）。

➢ 20 分钟后，恢复第三路定时源（图 11-8 中③）。

➢ 持续 20 分钟后，结束测试。

（j）DUT 的外时钟输出端口将以 2Mbit/s 的信号格式输出，分别对上述过程进行测试。

11.3.7.2　业务时钟的测试项

1．ACR 测试项

（1）测试目的

业务时钟恢复模式 ACR 的测试。

（2）测试配置

按照图 11-3 搭建测试组网。

（3）测试步骤

（a）按图 11-7 配置网络结构。

（b）从 NE32-NE31-NE21-NE11 建立一条电路仿真业务。

（c）中断 NE11 和 NE21 之间的链路光纤，使 CES 业务链路的路径变更为 NE32-NE31-NE21-NE22-NE12-NE11。

（d）从 NE11 送出业务给仪表用于测试频率信息。

（e）按图 11-8 配置网络结构。

（f）维持一条 NE32-NE31-NE21-NE11 的 CES 业务。

（g）从 NE11 送出业务给仪表，用于测试频率信息。

（h）在 NE21 和 NE31 之间串通网络分析仪，并加载 G.8261 的模版，进行测试。

（4）注意事项

CES 的封装协议可以任意。

2．DCR 测试项

（1）测试目的

业务时钟恢复模式 DCR 的测试。

（2）测试配置

按照图 11-3 配置组网测试环境。

（3）测试步骤

（a）设置全网的 Sync-E 同步路径为 NE32→NE31→NE21→NE22→NE12→NE11，设备上做好优先级，以防定时自环。

（b）CES 路径为 NE32-NE31-NE21-NE11。

（c）NE11 送出业务信号给 TDM 仪表用于测试。

（d）拔掉 NE21 和 NE11 之间的光纤，触发业务路径发生倒换至 NE32-NE31-NE21-NE22-NE12-NE11 上。

（e）持续 30 分钟后，插回原 NE21 和 NE11 之间的光纤，持续 30 分钟。

（f）断 NE21 和 NE22 中间的光纤，触发 Sync-E 链路的时钟倒换。

（g）持续 30 分钟后，插回原 NE21 和 NE22 之间的光纤。

（h）维持 CES 路径 NE32-NE31-NE21-NE11 不变。

（i）在 NE21 和 NE31 之间串通网络分析仪，并加载 G.8261 的模版，进行测试。

11.3.7.3　1588v2 的测试项

1．时间同步基本能力验证

（1）测试目的

验证设备所支持的时钟模型，端口状态，报文封装及所支持的通信方式。

（2）测试配置

采用组网拓扑视图即可。

（3）测试步骤

（a）场景 1：BC（Eth+组播）+Sync-E 方式。

（b）NE11 上连时间同步服务器设备。

（c）网络中配置 Sync-E 时钟同步，时钟链为 NE11→NE21→NE22→NE12；NE21→NE31，需要配置时钟链路保护。

（d）网络中的设备为 BC，NE31 为 OC 并对其 1PPS 信号进行测试。

（e）过程如下。

➢ 00min：测试开始。

➢ 20min：关断 NE21（右边）的 PTP 使能端口。

➢ 40min：拔掉 NE21（右边）的光纤。

➢ 60min：恢复上述的光纤连接。

➢ 80min：恢复 NE21（右边）的 PTP 使能端口。

➢ 100min：结束测试。

（f）场景 2：TC（IP+单播）+Sync-E 方式。

（g）网络中配置 Sync-E 时钟同步，时钟链为 NE11→NE21→NE22→NE12；NE21→NE31，需要配置时钟链路保护。

（h）网络中的设备为 TC，NE31 为 OC 并对其 1PPS 信号进行测试。

（i）过程如下。

➤ 00min：测试开始。

➤ 20min：关断 NE11（左边）的 PTP 使能端口。

➤ 40min：拔掉 NE11（左边）的光纤。

➤ 60min：恢复上述的光纤连接。

➤ 80min：恢复 NE11（右边）的 PTP 使能端口。

➤ 100min：结束测试。

2．网络内时间源的切换

（1）测试目的

网络多个 PTP 源的倒换测试。

（2）测试拓扑

采用组网拓扑视图即可。

（3）测试步骤

（a）全网 Sync-E+PTP，NE 均为 BC。

（b）网络的第一时间源接入 NE11；第二时间源接入 NE22，测试 NE33 输出 1PPS 和频率。

（c）通过拔去第一时间源信号参考线，网络上时间源实现倒换。

（d）待插回第一时间源信号参考线时，网络上时间源是否可恢复。

11.4　控制平面测试

11.4.1　路由功能测试

1．测试目的

验证被测设备的各种路由协议功能。

2．测试配置

（1）按图 11-1 连接测试仪表及各设备，并配置好数据。

（2）从测试仪导入公网及 VPN 下 IPv4、IPv6 的动态路由。其中，导入的动态路由包括 IGP（OSPF/OSPFv3、IS-IS）和 EBGP/EBGP+路由。

3．测试步骤

测试端口间互打公网及 VPN 流量（包括 VLL、VPLS 流量），包含 IP 及 MPLS 包，使用全线速 128 字节流量，流量源地址为所发布的地址，目的地址为其余物理端口发布的静态及动态地址。

4．预期结果

协议运行正常，各端口流量稳定，无丢包，并进行抓包分析是否符合相关 RFC。

5．注意事项

（1）对于不支持 IPv6 的设备，仅导入 IPv4 路由。

（2）地址范围应避开 ACL。

（3）所发出的流量应不使各端口发生拥塞，不触发 QoS 的丢弃策略。

（4）对于辅助端口全互联的情况，应该在背景流量端口和 Bi 端口之间互打流量。

（5）对于开启了流采样并采用带内方式输出到采样服务器/网管服务器的设备，测试设备的出端口参考点 E 将有部分流采样的数据包，需要适当降低部分端口的数据流量。

11.4.2 MPLS 功能测试

1．LDP 功能测试

（1）测试目的

设备双方能够利用 LDP 协议作为信令建立 MPLS LSP，实现 MPLS 互通。

（2）测试配置

➢ 设备和测试仪表按图 11-1 配置进行连接。

➢ 设备双方和仪表之间使用 LDP 协议建立 MPLS LSP。

➢ 测试仪表发送 MPLS 测试流量。

（3）测试步骤

（a）设备双方能够通过 LDP 协议建立 MPLS LSP，实现 MPLS 的互通。

（b）设备双方能够正确传输 MPLS 测试流量。

（c）抓包分析是否符合相关 RFC。

2. RSVP 功能测试

（1）测试目的

设备双方能够利用 RSVP 协议作为信令建立 MPLS LSP，实现 MPLS 互通。

（2）测试配置

➢ 设备和测试仪表如测试拓扑连接；

➢ 设备双方和仪表之间使用 RSVP 协议建立 MPLS LSP；

➢ 测试仪表发送 MPLS 测试流量。

（3）测试步骤

（a）测试仪与被测设备建立起邻居关系。

（b）用测试仪模拟 PE 设备，被测设备模拟 P 设备，测试仪端口之间建立 RSVP 隧道。

（c）设备双方能够通过 RSVP 协议建立 MPLS LSP，实现 MPLS 的互通。

（d）设备双方能够正确传输 MPLS 测试流量。

（e）测试仪与被测设备建立起邻居关系。

（f）用测试仪模拟 PE 设备，被测设备模拟 PE 设备，测试仪端口与被测设备之间建立 RSVP 隧道。

（g）重复步骤（c）、（d）。

3. MPLS TE 亲和属性

（1）测试目的

验证被测设备的 TE 亲和属性功能。

（2）设备配置

➢ 按照图 11-3 测试拓扑搭建测试环境。

➢ 在所有设备上配置 IS-IS 作为域内 IGP，并使能 TE。

（3）测试步骤

（a）配置图 11-3 中链路 16 的 NE34 端口、链路 11 的 NE23 端口和链路 5 的 NE23 链路端口的 TE link 属性分别为 link-attribute1、link-attribute3、link-attribute4。

（b）配置组网图 11-3 中链路 16 的 NE34 端口、链路 11 的 NE23 端口和链路 5 的 NE23 链路端口 TE 最大预留带宽为 100Mbit/s、50Mbit/s、80Mbit/s。

（c）在 NE34 上创建到 NE11 的 TE-tunnel，配置其带宽为 90Mbit/s，同时不配置任何亲和属性。

（d）创建 NE34 到 NE11 的 L3VPN 业务，通过上述 TE-tunnel 承载，通过仪表构造从 NE34 到 NE11 的流量，持续打流。

（e）检查 TE-tunnel 建立状态，观察业务状态，得到预期结果（a）。

（f）修改上述 TE-tunnel 的带宽为 80M，仍然不配置任何亲和属性，检查 TE-tunnel 建立状态及路径，观察业务状态，得到预期结果（b）。

（g）增加上述 TE-tunnel 的亲和属性，并且与 link-attribute1 和 link-attribute3 向匹配，同时与 link-attribute4 不匹配。观察业务状态，得到预期结果（c）。

（h）修改链路 11 的 NE23 端口的 TE 最大预留带宽为 80Mbit/s，检查 TE-tunnel 建立状态及路径，观察业务状态，得到预期结果（d）。

（4）预期结果

（a）由于链路 11 的 NE23 端口、链路 5 的 NE23 链路端口预留带宽不足，导致 TE-tunnel 建立不成功，业务流量全部不通。

（b）TE-tunnel 建立成功，在链路 16 的 NE34 端口上的出接口为链路 5 的 NE23 链路端口；业务全部正常转发，无丢包。

（c）由于 TE-tunnel 的亲和属性和链路 5 的 NE23 链路端口 link 属性不匹配，同时链路 11 的 NE23 端口预留带宽不足，导致 TE-tunnel 不能成功建立，业务全部中断。

（d）由于链路 11 的 NE23 端口预留带宽可以满足 TE-tunnel 带宽需求，业务全部恢复，正常转发，无丢包。

11.5　设备功能与性能测试

11.5.1　FIB 表容量测试

11.5.1.1　测试目的

验证被测设备公网及 VPN 下最大 BGP 路由数。

11.5.1.2　测试配置

（1）在 B1，B2 及 C 接口选择 BGP 接入的公网 VLAN，并与测试仪表相应的直连端口建立 EBGP 的邻接关系。

（2）在 B1，B2 及 C 接口选择 BGP 接入的 VPN，并与测试仪表相应的直连端口建立 EBGP 的邻接关系。

11.5.1.3 测试步骤

（1）根据厂家宣称值，由测试仪表在公网相应端口向测试设备通告一定数量（n）的 BGP 路由，所通告的路由应避开 ACL。

（2）测试仪表在 B1，B2 和 C 端口之间，以不低于端口速率的 95%，128 字节长的包，发送以通告路由为目的地址的测试流量。测试时间不少于 10 分钟。

（3）得到预期结果 1，记录下 n 值。

（4）选择一个 BGP 接入的私网 VPN，重复上述过程，得到 VPN 下支持的 BGP 路由数。

11.5.1.4 注意事项

流量稳定，转发无丢包。

11.5.2 最大 VLL/VPLS 数量测试

11.5.2.1 测试目的

验证设备最大支持的 VLL/VPLS 数量。

11.5.2.2 测试配置

（1）Pir 设置要求如下：对于 B1，B2 端口下前 90 个 VLAN 内的 VLL 业务，Pir 设定为接口带宽的千分之一，其他 VLL 业务 Pir 值设定为接口带宽的万分之一。

（2）在被测设备上启用 NSR；根据设备角色不同，分别在 B1，B2，C1，C2 上开启不同数量的业务。

（3）根据设备角色不同，进行不同的基础配置。

11.5.2.3 测试步骤

（1）在基线配置的基础上，提高 VLL/VPLS 的数量。每次提高的步长不少于本档设备基线值的 5%。

（2）测试两次，记录结果。

11.5.2.4 注意事项

（1）对于 VLL 业务要求加速转发。

（2）在测试 VLL/VPLS 数量时，需要在各个端口上添加子接口。规则如下。

➤ 优先使用 Bi，Ci 端口上没有占用的 VLAN ID，从 VLAN3000 开始顺序向上，若超出一个物理端口的最大限制，可以使用木档设备 100～3000 之间没有占用的 VLAN 号。

➤ 若超出上述范围，可以增加物理接口。

（3）按照 128 字节线速流量或者设备最大值。

11.5.3 最大 L3VPN 数量测试

11.5.3.1 测试目的

验证设备最大支持的 VLL/VPLS 数量。

11.5.3.2 测试配置

（1）Pir 设置要求如下：对于 B1，B2 端口下前 90 个 VLAN 内的 VLL 业务，Pir 设定为接口带宽的千分之一，其他 VLL 业务 Pir 值设定为接口带宽的万分之一。

（2）在被测设备上启用 NSR；根据设备角色不同，分别在 B1，B2，C1，C2 上开启不同数量的业务。

（3）根据设备角色不同，进行不同的基础配置。

11.5.3.3 测试步骤

（1）在基线配置的基础上，提高 L3VPN 的数量，按照不同的角色，发布不同数量的路由。每次提高的步长不少于本档设备基线值的 5%。

（2）测试两次，记录结果。

11.5.3.4 注意事项

（1）对于 L3VPN 业务要求加速转发。

（2）在测试 VLL/VPLS 数量时，需要在各个端口上添加子接口。规则如下。

➤ 优先使用 Bi，Ci 端口上没有占用的 VLAN ID，从 VLAN3000 开始顺序向上，若超出一个物理端口的最大限制，可以使用本档设备 100～3000 之间没有占用的 VLAN 号。

> 若超出上述范围，可以增加物理接口。

（3）按照 128 字节线速流量或者设备最大值。

11.5.4　最大双归保护组数量测试

11.5.4.1　测试目的

验证被测设备最大支持的双归保护组数量。

11.5.4.2　设备配置

（1）按图 11-3 配置设备，在要求的基础配置上，端对端配置设备支持的最大双归保护组数量，包括 ETH、L3VPN、CES 业务。

（2）保持基础配置不变，先验证 ACL、QoS 策略等是否配置正确。

11.5.4.3　测试步骤

（1）通过 ETH 和 SDH 仪表同时发送双归业务对应的流量。

（2）随机中断端对端组网中任意链路（包括单纤、双纤故障）或构造节点掉电等故障场景，记录所有业务中断时间，得到预期结果（1）。

（3）恢复上述故障点，记录所有业务恢复时间，得到预期结果（2）。

11.5.4.4　预期结果

（1）业务中断时间应该小于 50ms，节点掉电业务中断时间小于 200ms。

（2）业务恢复时间应该小于 50ms。

11.5.5　最大 LSP 线性保护组数量测试

11.5.5.1　测试目的

验证被测设备最大支持的 LSP 线性保护组数量

11.5.5.2　设备配置

（1）在要求的基础配置上，端对端配置设备支持的最大 LSP 线性保护组数量，在对应的工作 LSP 上建立 ETH 和 CES 业务。

（2）保持基础配置不变，先验证 ACL、QoS 策略等是否配置正确。

11.5.5.3 测试步骤

（1）通过仪表同时发送所有业务对应的流量。

（2）开启 BFD 快速检测，发包频率间隔 3.3ms。

（3）随机中断工作 LSP 路径上任意链路（包括单纤、双纤故障）或构造节点掉电等故障场景，记录所有业务中断时间，得到预期结果（1）。

（4）恢复上述故障点，记录所有业务恢复时间，得到预期结果（2）。

11.5.5.4 预期结果

（1）业务中断时间应该小于 50ms。

（2）业务恢复时间应该小于 50ms。

11.5.6 最大 BFD 会话数量测试（3.3ms）

11.5.6.1 测试目的

验证被测设备最大支持的 BFD 快速检测会话数量（3.3ms）。

11.5.6.2 设备配置

（1）端对端方案组网场景下，在要求的基础配置上，端对端配置 M 条 TE 隧道，并对每条隧道均开启端对端的 BFD for Tunnel 功能，发包频率间隔为 3.3ms，检测周期为三次，其中 M 为设备支持的最大 BFD 会话数量；建立 M 条端对端的 ETH 业务，均匀承载在上述 M 条 Tunnel 上。

（2）开启上述 M 条的 TE HotStandBy 保护功能。

（3）保持基础配置不变，先验证 ACL、QoS 策略等是否配置正确。

11.5.6.3 测试步骤

（1）通过仪表同时发送所有业务对应的流量。

（2）随机中断工作 LSP 路径上任意链路（包括单纤、双纤故障）或构造节点掉电等故障场景，记录所有业务中断时间，得到预期结果（1）。

（3）恢复上述故障点，记录所有业务恢复时间，得到预期结果（2）。

（4）在中间网络串接网络损伤仪，随机构造部分 BFD 报文丢失，触发对应的隧道倒换，记录业务中断时间，得到预期结果（3）。

11.5.6.4　预期结果

（1）业务中断时间应该小于 50ms。

（2）业务恢复时间应该小于 50ms。

（3）BFD 报文丢失对应的隧道上承载的业务发生倒换，中断时间小于 50ms；其他业务正常，不受任何影响。

11.5.6.5　注意事项

倒换时间小于 50ms 的业务数量才能被视为真实的设备支持的最大 BFD 会话数。

11.5.7　MAC 地址容量测试

11.5.7.1　测试目的

验证被测设备 MAC 地址容量值。

11.5.7.2　设备配置

（1）保持"最大 VPLS 数量测试"配置不变。

（2）正式测试之前，先验证 ACL、QoS 策略等是否配置正确。

11.5.7.3　测试步骤

（1）仪表至少使用三个端口，测试仪 A1 端口发送目的 MAC 地址不连续（数量为 M，与厂家宣称值接近）的流量。观察 A2，B1 端口流量，得到预期结果（1）。

（2）仪表端口 A2 发送 M 条流量，源 MAC 地址与 A1 端口流量目的 MAC 地址相同，观察 B1 端口流量，得到预期结果（2）。

（3）预期结果（2）中，如果 B1 端口继续接收到测试仪 A1 端口发送的流量，则逐步减少 M 值，直至 B2 端口接受不到测试仪 A1 发送的流量，记录 M 值。反之，增加 M 值。

11.5.7.4　预期结果

（1）测试仪 A2，B1 端口接收到 A1 端口发送的流量，无丢包。

（2）测试仪 A2 端口接收到 A1 端口发送的流量无丢包，B1 端口流量停止。

11.5.7.5　注意事项

上述 MAC 地址一定要使用随机不连续的。

11.5.8　路由振荡测试

11.5.8.1　测试目的

容量路由振荡过程中设备稳定，转发正常。

11.5.8.2　设备配置

（1）按照图 11-1 配置。

（2）被测设备与辅助设备各端口配置 IP，被测设备与辅助设备配置 IS-IS 路由协议。

（3）测试仪与被测设备建立 IS-IS 会话，通过此 IS-IS 会话向被测设备灌入路由。

（4）测试仪与被测设备建立 OSPF 会话，通过此 OSPF 会话向被测设备灌入路由。

（5）在被测设备上将 OSPF 的路由引入 IS-IS 中，并在测试仪上设置 OSPF 路由的震荡周期，并开始震荡 OSPF 路由，预期结果为（1）。

（6）测试仪建立流量，并发送。

11.5.8.3　测试步骤

（1）将流量 A 按"测试仪端口→被测设备→辅助设备→测试仪端口"方向注入 NE1 的 IS-IS 路由，得到预期结果（2）。

（2）将流量 B 按"测试仪端口→辅助设备→被测设备→测试仪端口"方向注入 NE2 的 OSPF 路由，得到预期结果（3）。

11.5.8.4　预期结果

（1）NE1，NE2 相应路由在震荡，记录设备 CPU 使用率，内存使用率，不出现设备重启。

（2）流量 A12 小时内没有丢包。

（3）流量 B 丢包。

11.5.9　转发时延测试

11.5.9.1　测试目的

验证被测设备的大压力下不同数据包的转发延迟。

11.5.9.2　测试配置

（1）按图 11-1 连接测试仪表及各设备，并配置好数据。

（2）从测试仪导入公网及 VPN 下的 IPv4、IPv6 的动态路由。其中，导入的动态路由包括 IGP（OSPF/OSPFv3、IS-IS）和 EBGP/EBGP+路由。

11.5.9.3　测试步骤

（1）测试端口 Ai 之间打背景流量，测试端口 Bi 之间互打公网及 VPN 流量，使用全线速 128 字节流量，流量源地址为所发布的地址，目的地址为对端接口发布的静态及动态地址。

（2）业务稳定后，持续打流 10 分钟，查看数据统计。

（3）测试仪端口设置为混合包流量。

（4）持续打流 10 分钟，查看数据统计。

（5）测试仪端口设置为全线速 64 字节流量。

（6）持续打流 10 分钟，查看数据统计。

11.5.9.4　注意事项

（1）对于不支持 IPv6 的设备，仅导入 IPv4 路由。

（2）对于开启了流采样并采用带内方式输出到采样服务器/网管服务器的设备，测试设备的出端口参考点 E 将有部分流采样的数据包，需要适当降低部分端口的数据流量。

11.5.10　主控卡及电源保护功能测试

11.5.10.1　测试目的

验证被测设备 NSR 功能及电源冗余功能。

11.5.10.2　测试配置

如图 11-1 所示测试配置，在转发能力测试后保持状态做此测试。

11.5.10.3　测试步骤

（1）使用全线速 128 字节包打流量，业务稳定后，等待 5 分钟。

（2）分别拔出和插回具有 1+1 或者 N+1 保护的以下部件：主控卡、交换板卡、电源模块，观察流量情况。

（3）恢复最初设置，测试仪端口设置为混合包流量。

（4）流量稳定后，重复步骤（2）。

（5）恢复最初设置，测试仪端口设置为全线速 64 字节流量。

（6）流量稳定后，重复步骤（2）。

11.5.10.4　预期结果

（1）拔出相关部件后，不丢包或者有少量丢包，不久业务恢复稳定。

（2）插回部件后，对业务基本没有影响。

11.5.10.5　注意事项

（1）对于开启了流采样并采用带内方式输出到采样服务器/网管服务器的设备，测试设备的出端口参考点 E 将有部分流采样的数据包，需要适当降低部分端口的数据流量。

（2）若不支持全线速转发，采用上一个测试用例中的稳定工作的转发数据作为测试基础。

（3）对于主控卡，应分别拔出和插回活动的主控卡和备份的主控卡。

（4）拔出部件后，等待流量稳定，记下统计值。

（5）将部件插回后，等待流量稳定，记下统计值。

11.5.11　业务板卡热插拔测试

11.5.11.1　测试目的

验证被测设备业务板卡热插拔功能。

11.5.11.2　测试配置

如图 11-1 所示测试配置，在转发能力测试后保持状态做此测试。

11.5.11.3　测试步骤

（1）B1，B2 分别与 C 建立公网及 VPN 下的双向流量，采用 128 字节的包，速率为端口标称值的 1/2，业务稳定后，等待 5 分钟。

（2）拔出和插回 B1 端口所在板卡，观察流量情况。

（3）恢复最初设置，测试仪端口设置为混合包流量。

（4）流量稳定后，重复步骤（2）。

11.5.11.4　预期结果

（1）拔出业务板卡后，端口 B1 和 C 之间业务中断，端口 B2 和 C 无丢包，流量保持稳定。

（2）插回业务板卡后，所有流量重新恢复。

11.5.11.5　注意事项

（1）对于不支持 IPv6 的设备，仅导入 IPv4 路由。

（2）仅对可插拔，且 B1、B2 不在一块业务单板上的测试设备做此测试。

（3）拔出业务板卡后，端口 B1 和 C 之间业务中断，端口 B2 和 C 无丢包，流量保持稳定。

（4）插回业务板卡后，所有流量重新恢复。

（5）拔出部件后，等待流量稳定，记下统计值。

（6）将部件插回后，等待流量稳定，记下统计值。

11.5.12　整机功耗测试

11.5.12.1　测试目的

验证在特定板卡下的整机功耗。

11.5.12.2　测试配置

按长时间转发可靠性要求配置数据。

11.5.12.3 测试步骤

设备运行稳定后，用测量功率的仪表分三次测出设备所消耗的实际功率，并分别记录结果。

11.5.12.4 预期结果

测量得到的功率不应超过被测设备上标称的最大功率。

11.5.13 长时间转发的稳定性测试

11.5.13.1 测试目的

验证设备长时间转发的可靠性。

11.5.13.2 测试配置

（1）按图 11-1 连接测试仪表及各设备，并配置好数据。

（2）ACL、QoS 等功能项已经检验通过。

（3）从测试仪导入公网及 VPN 下的 IPv4、IPv6 的动态路由。其中，导入的动态路由包括 IGP（OSPF/OSPFv3、IS-IS）和 EBGP/EBGP+路由。

11.5.13.3 测试步骤

（1）按照每档设备应支持的路由能力导入 IGP 和 BGP 的背景路由，按照总路由数目 10%的震荡 BGP 路由。

（2）测试端口间互打公网及 VPN 流量（包括 VLL 流量），包含 IP 及 MPLS 包，使用全线速 128 字节流量，流量源地址为所发布的地址，目的地址为其余端口发布的静态及动态地址。

（3）运行 12 小时。定时采集 CPU 使用情况和内存使用情况。

11.5.13.4 预期结果

设备硬件参数在正常范围内，流量转发正常。

11.5.13.5 注意事项

（1）对于不支持 IPv6 的设备，仅导入 IPv4 路由。

（2）地址范围应避开 ACL。

（3）所发出的流量应不使各端口发生拥塞，不触发 QoS 的丢弃策略。

（4）对于开启了流采样并采用带内方式输出到采样服务器/网管服务器的设备，测试设备的出端口参考点 E 将有部分流采样的数据包，需要适当降低部分端口的数据流量。

11.6　其他测试

11.6.1　uRPF 测试

11.6.1.1　设备配置

（1）在要求的基础配置上，对所有公网/VPN 下的三层接入接口开启 uRPF 功能。

（2）正式测试之前，先验证 ACL、QoS 策略等是否配置正确。

11.6.1.2　公网下 IPv4、IPv6 uRPF 功能

1．测试目的

验证公网下 IPv4、IPv6 uRPF 功能。

2．测试配置

（1）连接测试仪表及各设备，并配置好数据。

（2）从测试仪导入公网 IPv4、IPv6 的动态路由。其中，导入的动态路由包括 IGP（OSPF/OSPFv3、IS-IS）和 EBGP/EBGP+路由。

说明：对于不支持 IPv6 的设备，仅导入 IPv4 路由。

3．测试步骤

（1）测试端口间互打公网流量，使用全线速 128 字节流量，流量源地址为所发布的地址，目的地址为其余端口发布的静态及动态地址，得到预期结果（1）。

（2）将部分流量的源地址修改为非发布的地址范围，目的地址不变，得到预期结果（2）。

4．预期结果

（1）协议运行正常，各端口流量稳定，无丢包。

（2）协议运行正常，业务发送端口相关 VLAN 稳定发包，接收端相关 VLAN 下持

续丢包。

5．注意事项

（1）地址范围应避开 ACL。

（2）所发出的流量应不使各端口发生拥塞，不触发 QoS 的丢弃策略。

（3）为了统计方便，可以使一半的业务流量的源地址在发布的地址之外，但需避开 ACL 范围。

（4）为了验证不同路由协议下 uRPF 的支持情况，可以分别在各自 VLAN 下先后发送流量。

（5）对于不支持 IPv6 的设备，仅导入 IPv4 路由。

11.6.1.3　VPN 下 IPv4、IPv6 uRPF 功能

1．测试目的

验证 VPN 下 IPv4、IPv6 uRPF 功能。

2．测试配置

（1）连接测试仪表及各设备，并配置好数据。

（2）从测试仪导入 VPN 下 IPv4、IPv6 的动态路由。其中，导入的动态路由包括 IGP（OSPF/OSPFv3、IS-IS）和 EBGP/EBGP+路由。

3．测试步骤

（1）测试端口间互打 VPN 流量，使用全线速 128 字节流量，流量源地址为所发布的地址，目的地址为其余端口发布的静态及动态地址，得到预期结果（1）。

（2）将部分流量的源地址修改为非发布的地址范围，目的地址不变，得到预期结果（2）。

4．预期结果

（1）协议运行正常，各端口流量稳定，无丢包。

（2）协议运行正常，业务发送端口相关 VLAN 稳定发包，接收端相关 VLAN 下持续丢包。

5．注意事项

（1）对于不支持 IPv6 的设备，仅导入 IPv4 路由。

（2）地址范围应避开 ACL。

（3）所发出的流量应不使各端口发生拥塞，不触发 QoS 的丢弃策略。

（4）为了统计方便，可以使一半的业务流量的源地址在发布的地址之外，但需避开

ACL 范围。

（5）为了验证不同路由协议下 uRPF 的支持情况，可以分别在各自 VLAN 下先后发送流量。

11.6.2　AAA 功能测试

11.6.2.1　测试目的

验证被测设备支持的 AAA 功能。

11.6.2.2　设备配置

（1）保持基础配置不变（包含远端 TACACS 服务器方式认证、授权、计费配置），先验证 ACL、QoS 策略等是否配置正确。

（2）连接网管和 TACACS 服务器到随机一台辅助设备。

11.6.2.3　测试步骤

（1）分别用不同用户登录，并下发不同等级命令，得到预期结果（1）。

（2）设置不同的用户等级。

11.6.2.4　预期结果

（1）未授权用户不允许登录，且所有用户登录、下发及执行命令、设备日志等信息均能够在 TACACS 服务器中查询到。

（2）授权用户能够成功登录，可执行命令符合当前用户级别，未授权命令不允许下发，且所有用户登录、下发及执行命令等信息均能够在 TACACS 服务器中查询到。

11.6.3　控制平面防护测试（可选）

11.6.3.1　测试目的

验证被测设备支持控制平面防护。

11.6.3.2　设备配置

（1）保持基础配置不变，针对不同端口配置指定协议上送 CPU 或丢弃，并对上送

CPU 的报文进行流量限制。

（2）正式测试之前，先验证 ACL、QoS 策略等是否配置正确。

11.6.3.3　测试步骤

（1）仪表发送基础业务流量，保持 128 字节线速带宽发送，得到预期结果（1）。

（2）构造不同的协议类型丢弃原则。

（3）仪表在业务端口上构造设备丢弃策略相应的协议报文，向被测设备对应端口发送，观察设备响应、设备 CPU 利用率及业务情况，得到预期结果（2）。

（4）仪表在业务端口构造设备上送策略相应的协议报文，向被测设备对应端口发送，速率小于 CPCar 带宽，观察设备响应、设备 CPU 利用率及业务情况，得到预期结果（3）。

（5）仪表在业务端口构造设备上送策略相应的协议报文，向被测设备对应端口发送，速率大于 CPCar 带宽，观察设备响应、设备 CPU 利用率及业务情况，得到预期结果（4）。

11.6.3.4　预期结果

（1）业务正常，无丢包和误码。

（2）所有协议请求均被拒绝；业务正常不受任何影响，无丢包和误码；设备 CPU 利用率正常。

（3）所有协议请求均被正确响应；业务正常不受任何影响，无丢包和误码；设备 CPU 利用率正常。

（4）小于 CPCar 带宽的请求被正确响应，超过部分被丢弃；业务正常不受任何影响，无丢包和误码；设备 CPU 利用率正常。

11.6.4　一次进站功能测试

11.6.4.1　测试目的

验证接入设备一次进站快速开通功能。

11.6.4.2　设备配置

（1）格式化清除设备上所有配置，并下电。

（2）辅助设备连接网管。

11.6.4.3　测试步骤

（1）连接被测设备至辅助设备。

（2）对被测设备上电，在网管上搜索并创建该设备，得到预期结果（1）。

（3）创建端对端业务并下发，仪表发送响应流量，观察业务状态，得到预期结果（2）。

11.6.4.4　预期结果

（1）被测设备能够成功获取到管理 IP，并在网管上成功创建并能够管理。

（2）业务成功创建，仪表上观察业务正常，无任何丢包和误码。

11.6.5　三层 IP 性能监控测试

11.6.5.1　测试目的

验证被测设备支持三层 IP 性能监控。

11.6.5.2　测试配置

（1）配置 L3VPN 业务，测试仪表为 CE 连接 NE11 和 NE34，NE34 为 PE，NE11 为 PE。

（2）创建并同时开启设备支持的最大 IP 性能监控测试实例数（至少包括时延、抖动和丢包），并针对每个实例均开启 10ms 检测频率。

11.6.5.3　测试步骤

（1）仪表发送双向业务流量，观察统计结果，得到预期结果（1）。

（2）中间网络串接网络损伤仪，随机针对某一个或多个 L3VPN 业务构造一定数量的业务丢包。观察统计结果，得到预期结果（2）。

（3）停止上述中间网络丢包，观察统计结果，得到预期结果（3）。

11.6.5.4　预期结果

（1）测试实例正常启动，业务正常无丢包，查看结果正确，丢包率为 0%。

（2）测试实例正常启动，查看结果正确，丢包率与网络损伤仪构造丢包比例接近（小于 10%），抖动结果与测试仪表计数接近。

（3）业务正常无丢包，查看结果正确，丢包率为 0%。

11.6.6 组播测试

11.6.6.1 公网下的组播功能

1. 测试目的

验证被测设备和辅助设备的组播功能。

2. 测试配置

（1）按图 11-1 连接测试仪表及各设备，并配置好数据。

（2）ACL、QoS 等功能项已经检验通过。

（3）相关接口使能 IGMPv3（若不支持 IGMPv3，可使用 IGMPV2）。

（4）做好 IP 组播的其他必要的相关配置，如 RP、BSR 等数据。

（5）从测试仪导入公网及 VPN 下的 IPv4、IPv6 的动态路由。其中，导入的动态路由包括 IGP（OSPF/OSPFv3、IS-IS）和 EBGP/EBGP+路由。

3. 测试步骤

（1）测试端口 Ai 之间打背景流量，分别选取端口 Bi 和 Ci 的测试子接口模拟不同的组播源，其他组播测试接口模拟不同的组播接收者。

（2）组播源发送组播测试流量。

（3）业务稳定后，持续打流 5 分钟，查看数据统计。

4. 预期结果

（1）在测试设备和辅助设备的路由表下，可以看到组播表项。

（2）测试仪表接口可以收到组播流量，不丢包。

5. 注意事项

（1）对于不支持 IPv6 的设备，仅导入 IPv4 路由。

（2）IPv4 组播和 IPv6 组播功能可以分别测试。

11.6.6.2 VPN 下的组播功能

1. 测试目的

验证被测设备和辅助设备 VPN 下的组播功能。

2. 测试配置

（1）按图 11-1 连接测试仪表及各设备，并配置好数据。

（2）ACL、QoS 等功能项已经检验通过。

（3）相关接口使能 IGMPv3（若不支持 IGMPv3，可使用 IGMPV2）。

（4）做好组播 VPN 的其他必要的相关配置，如 RP、BSR 等数据。

（5）从测试仪导入公网及 VPN 下的 IPv4、IPv6 的动态路由。其中，导入的动态路由包括 IGP（OSPF/OSPFv3、IS-IS）和 EBGP/EBGP+路由。

3．测试步骤

（1）测试端口 Ai 之间打背景流量，依次选取测试端口 Bi 和 Ci 的测试 VPN 模拟组播源，其他组播测试接口模拟组播接收者。

（2）组播源发送组播测试流量。

（3）业务稳定后，持续打流 5 分钟，查看数据统计。

4．预期结果

（1）在测试设备和辅助设备的相关测试 VPN 下，可以看到 VPN 组播表项。

（2）测试仪表接口可以收到组播流量，不丢包。

5．注意事项

（1）对于不支持 IPv6 的设备，仅导入 IPv4 路由。

（2）IPv4 VPN 组播和 IPv6 VPN 组播可以分别测试。

Chapter 12

第 12 章
城域综合承载传送网技术发展

UTN 技术在当前阶段承载了 2G、3G、4G 移动回传和大客户专线业务的承载，很好地完成了历史赋予它的使命，并继续发挥着作用。但随着用户需求的不断提高和业务网技术的不断演进，对底层承载网络要求也越来越高。

此外，由于业务的智能化的要求，需要底层承载网向业务层开放更多的能力，让业务层的变化能够得到网络层的支撑。这一切都需要承载网技术的革命和变迁。为满足上述网络的需求，SDN 技术应运而生，通过对网络架构的重新定义，来实现网络的开放性和灵活性，并面向未来做了一些列的变化适应业务的需求。

12.1 SDN 技术概述

传统网络架构中控制与转发紧耦合的关系，导致通信设备设计复杂、成本居高不下，且难以构建统一的网络管理平台。为了解决这些问题，基于软件定义的网络（Soft Defined Network）架构应运而生。SDN 的基本理念是将网络的控制平面与数据转发平面进行分离，分别研发并实现可编程化控制。根据开放网络论坛（Open Network Forum，ONF）的定义，SDN 架构可自下而上划分为三个层面，如图 12-1 所示，分别是基础设备层、控制层和应用层。基础设备层只需要关注设备的硬件性能，实现数据的高速转发，无需具备任何智能性。控制层负责全部网元的集中式控制，实现路径计算、带宽分配等功能。控制层和基础设备层之间的南向接口一般通过 OpenFlow 协议进行通信，该协议规定了设备按照流表转发的匹配行为，最多可达 23 项，满足了网络各方面的功能需要。在控制层之上是应用层，网络运营者可以设计各种面向业务的应用（Application），来对网络进行有针对性的运维和管理。

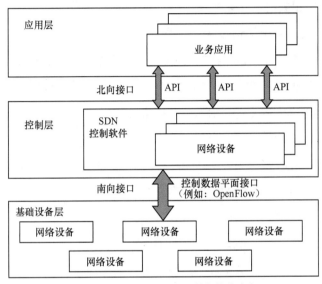

图 12-1　ONF 对 SDN 网络架构的定义

SDN 在网络虚拟化、流量优化和管理方面具有天然优势，首先在数据中心得到了广泛的应用。全球与数据中心相关的 ISP、ICP 企业都对 SDN 寄予厚望，部分巨头包括 Google、雅虎、微软、Facebook、腾讯、阿里巴巴等互联网公司已经开始在自身的内部网络中部署 SDN。例如，Google 宣布已经在其全球各地的数据中心骨干网络中大规模地使用 OpenFlow 技术，同时 Facebook 宣布也已经在数据中心中使用了该技术。

在科研机构，例如，美国斯坦福大学、Internet2、日本的 JGN2plus 等，也都已完成了 OpenFlow 的部署。斯坦福大学则与加州大学伯克利分校联合成立的开放网络研究中心（Open Network Research Center，ONRC），在 Clean Slate 项目之后，继续研究 SDN/OpenFlow 技术。

此外，SDN 在数据中心、融合接入及网络管理等应用领域，给网络运营商也带来很多好处。国外运营商对 SDN 的探索工作开始的较早，德国电信、NTT 等电信运营商都已经开始将 SDN 部署在数据中心等应用场景。

在我国，中国通信标准化协会（China Communications Standards Association，CCSA）

是负责制定国内通信行业标准的主要组织。CCSA 紧跟国际最前沿技术的发展趋势，在 2012 年就开始了 SDN 与电信网络结合的标准研究工作，并在 2013 年初在 IP 与多媒体通信技术工作委员会（TC1）专门成立了"未来数据网络（FDN）"任务组（SWG3），推进 SDN 相关标准的制定工作。随着 SDN 技术的逐渐成熟和推广，在通信各个领域都已展开对引入 SDN 技术的讨论和研究。为此，CCSA 中各有关技术工作委员会也相应展开对本领域 SDN 相关的理论研究和标准制定工作。

（1）TC1：IP 与多媒体通信技术工作委员会

TC1 的主要研究领域包括多媒体业务及系统，数据通信及数据通信网，远程信息系统，IP 业务应用和 IP 网络设备。其中 WG1（网络协议系统与设备工作组）、WG2（IP 业务与应用工作组）、WG4（新技术与国际标准工作组）和 SWG3（未来数据网络）都已展开 SDN 相关标准工作。

WG1 主要制定 SDN 设备相关的标准，包括"支持 OpenFlow 协议的网络设备技术要求"和"支持 OpenFlow 协议的网络设备测试方法"。

WG2 立项并开始研究"基于 SDN/NFV 的接入网技术研究"。

WG4 主要紧跟国际标准组织工作，目前正在研究制定"软件定义网络""SDN 多控制器技术研究""软件定义网络（SDN）网络管理"和"软件定义网络（SDN）内容中心网络"等标准。

SWG3 组是专门针对 SDN 的特别工作组，力求全面、系统地建立从应用场景、功能需求到各具体业务网络的标准体系。目前已经立项并展开对"未来数据网络（FDN）应用场景及需求""未来数据网络（FDN）功能体系架构""基于 FDN 的数据中心网络技术要求"等十余项标准的研究工作。

（2）TC3：网络与交换技术工作委员会

TC3 的主要研究领域包括信息通信网络总体、性能、交换、编号、业务、信令协议、计费原则、网络接口与互连互通。其中与 SDN 相关的标准主要在 WG1（网络总体工作组）中开展。已经开始"基于 SDN 的智能型通信网络总体技术要求""基于 SDN 的智能感知系统技术要求""基于 SDN 及网络功能虚拟化（NFV）的 IMS 网络虚拟化要求"三项标准的制定工作。

此外，在 TC6（传送网和接入网技术工作委员会）的 WG2（接入网及家庭网络工作组）、TC7（网络管理技术工作委员会）的 WG2（传送、接入与承载网管理工作组）和 TC8（网络与信息安全技术工作委员会）的 WG1（有线网络安全工作组）也都开展了针对 SDN 在接入网、网管系统和安全领域的研究工作。

在应用实践方面，我国运营商从 2014 年起也有一系列动作。中国移动联合华为、中兴、烽火等设备商，从提升管理运维效率和网络可视化水平出发，推出了 SPTN（Super PTN）集客专线解决方案。中国电信从大客户 BoD 业务快速开通和调整出发，在现网推出了 SDON（Software Defined Optical Network）解决方案，实现了 OTN 与 SDN 的整合。中国联通也从简化 IP RAN 网络接入层运维管理出发，成功进行了 SDN IP RAN 现网实验。以上这些案例均说明，各大运营商对 SDN 的认识正在由概念逐步深入，SDN 的落地实践正在由点及面，未来 SDN 将在运营商网络中占有重要位置。

12.2　SDN 在 UTN 中的应用场景

对运营商而言，SDN 的核心价值是将网络的控制与转发相分离，一方面根据转发能力要求迅速实现硬件的标准化以降低 CAPEX，另一方面通过独立控制器能力提升与能力开放使网络更加智能化、精细化，从而降低 OPEX。与 SDN 技术在其他许多领域的应用价值类似，该技术也为 UTN 网络解决发展中面临的实际问题提供了许多有益的参考。目前来看，UTN 网络引入 SDN 的需求主要有以下四点。

12.2.1　接入层简化运维

随着 3G/LTE 网络的发展，运营商需要部署海量的接入层 IP/MPLS 设备，对于基站规模大约为一万端的典型大型城域网，往往也需要配套部署相应数量的 IP/MPLS 设备，并且这些设备的组网形态多样，这将对网络管理带来空前的复杂性。同时，IP 网的运行维护还不能完全摆脱命令行手工输入的方式，这就需要了解和记忆大量的协议信息和网络组网信息，进一步加剧了网络管理的复杂性。

通过引入 SDN 技术，可以实现汇聚设备对其所在的接入环集中统一的管理。由于移除了大部分控制功能，接入设备自身功能将简单化，还可以虚拟成为汇聚设备的板卡，此时，无需在海量接入设备上线时进行烦琐的路由配置、TE 配置等工作，这些都可以通过控制器自动完成，如图 12-2 所示。此外，针对 L2/L3 VPN 的配置也将由于接入设备协议的简化而得以化简，往往通过几步图形化配置即可完成。除了设备上线之外，在进行网络割接操作时，破环加点不用重新配置与网络状态更新相关的协议，只需要对新加入接入环的节点进行 SDN 归属性配置，其余工作可通过控制器自动下发完成。目前，中国联通已经开始了基于 SDN 的 UTN 接入层白盒设备的研究和试验工作。

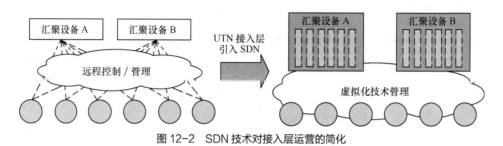

图 12-2　SDN 技术对接入层运营的简化

12.2.2　路由策略集中控制

在 UTN 网络的汇聚和接入层均实现了 SDN 化之后，业务转发路径的计算不需要由设备之间协商完成，而是通过控制器根据全网拓扑信息统一计算和分配，能够规避很多由于节点信息获取不全面而导致的网络路由粗糙问题。由于控制器独立于转发设备本身，可以采取服务器集群等方式构建，因此具备几乎无限可扩展的计算能力，能够在路由计算时引入更多的变量作为权重因子加以考虑。例如，控制器可以根据网络的全局负载状况与资源利用率，对新建立的业务选择最优的转发路径，也可以在实现负载均衡的基础上，结合居民区和商务区一天话务量的潮汐变化情况，通过 SDN 集中控制，将带宽资源调度到最迫切需要的场合，同时避开路由热点区域，保证业务带宽需求。

12.2.3　全网虚拟化，网络切片

由于 UTN 将立足打造运营商的综合业务承载网，因此未来将考虑承载移动回传、集客专线、固网/移动话音、IMS 等多种业务类型。对于网络的运维人员而言，虽然面对的是一张相同的 UTN 物理网络，但实际上业务需求的多样性导致了运维要求的差异。基于 SDN 技术的 UTN 网络通过控制器的虚拟化可以较好满足该需求。如图 12-3 所示，在同一台服务器中可以运行若干虚拟机作为不同的网络控制器，分别控制网络在移动回传、集客专线等不同场景下的业务转发行为。运维人员管理网络时，可以通过不同的账户登录网络，看到与业务相关的不同网络拓扑，操作相对应的控制器完成对业务的配置和管理。在按照运营业务不同对网络进行虚拟化分之外，也可以按照管理网络的对象不

同引入类型更加丰富的 App（Application）应用。例如，对集客专线业务而言，运营商 App 和用户 App 面向的功能是不同的，具体要求可见表 12-1。

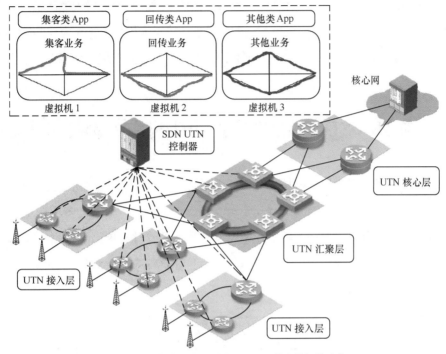

图 12-3　基于 SDN 技术的 UTN 网络运维切片功能

表 12-1　面向运营商和集客用户的 App 功能需求统计

一般性需求	运营商 App 需求	集客用户 App 需求
➤ App 接入网络前需要经过认证组织的认证 ➤ App 需要有自验证机制，避免程序本身被修改，确保 App 自身是安全的 ➤ App 接入网络应采用安全机制和安全通道 ➤ App 接入网络应采用安全机制和安全通道 ➤ App 使用网络资源是合理的，要用访问资源的鉴权机制，避免恶意使用而导致整网受到影响 ➤ App 访问网络，需要遵循开放接口规范	➤ 支持端对端的业务发放、调整，包括移动承载业务和集客业务 ➤ 支持查询业务 SLA，后期支持查询丢包率、时延抖动 ➤ 支持查看业务路径 ➤ 支持业务告警监控 ➤ 支持网络资源和流量监控 ➤ 支持不同种类业务的故障定位	➤ 支持租户按需的业务发放、调整 ➤ 支持查询租户业务的 SLA，建议支持丢包率、时延抖动等 ➤ 支持租户业务拓扑显示

12.2.4　便于网络跨层、跨域互通

网络互通一直是 UTN 网络要着力解决的问题。引入 SDN 技术后，控制协议上移到

了网络控制器,设备实现更为简单。同时,基于标准的 OpenFlow 协议,部分运营商已经开展了在接入层引入白盒交换机的探索,如果成功的话,未来 UTN 的接入层将能够实现多厂家的混合组网和控制器标准的南向接口协议下发,有助于极大降低建网成本。即使保持目前各厂家组网的格局,设备互通的问题也可以很大程度上转化为控制器之间的互通,研究的互通设备更加单一,目前讨论较多的是通过北向接口实现多厂家域的互通。

12.3 SDN 在 UTN 中的架构和关键技术

结合上文阐述的 UTN 网络中引入 SDN 的各种需求,运营商提出了基于 SDN 技术的 UTN 网络场景,如图 12-4 所示,分为单域控制器及 UTN 设备,多域控制器和业务管理与能力开放平台三个层面,其中多域控制器和业务管理与能力开放平台通过外部接口与传统网络管理系统或业务运营和管理平台(NMS/OSS)进行对接,共同构成 SDN UTN 架构体系,如图 12-4 所示。

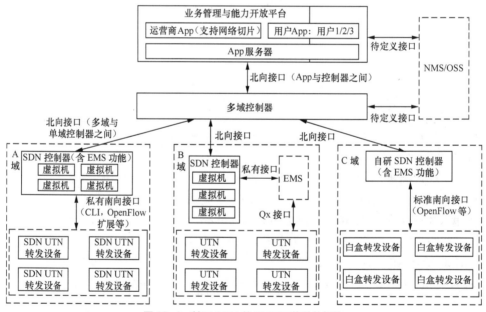

图 12-4 基于 SDN 的 UTN 网络总体架构

12.3.1 单域控制器与设备

单域是指单个设备厂家或者运营商控制器管理的区域。根据厂家的实现方式不同可以分为 A，B，C 等多种模式。其中，A 模式中厂家网元管理系统（EMS）和控制器融为一体，南向接口采用 OpenFlow 扩展、CLI 等标准化或厂家私有的形式。B 模式中 SDN 控制器与 EMS 分别设置，彼此间通过内部私有接口进行通信。EMS 与 UTN 转发设备之间的接口与传统网络相同。模式 C 是运营商自研控制器直接控制白盒转发设备，采用标准化的南向接口协议。虽然实现的形式不同，但包含的功能都包括转发和控制两方面，外部也可以集成独立的网络管理系统。图 12-4 中该部分所指的 SDN 控制器实际上是 SDN 控制功能的集合，具体实现时，可以根据每个控制器能够管理区域的大小划分为多个服务器或者服务器上的虚拟机共同完成对网元的管理。

转发层的作用是根据 SDN 控制器下发的控制信息完成数据转发。转发节点接受控制器的控制，并向控制器上报自身的资源和状态。考虑到 UTN 在现网已大规模部署，为了兼容现有网络硬件条件，初期转发层网络设备的互联互通及数据流转发需兼容 IP/MPLS 协议集。后期，待 OpenFlow 流表芯片发展成熟，逐步向 OpenFlow 流表转发演进。

设备侧具有控制层的控制代理，除此之外，也可保留一部分控制功能，除了控制器功能之外，单域也需要保留网络管理功能，完成转发面网络设备、SDN 控制器各类对象的管理及控制器或第三方应用策略的配置。转发面网络设备在网管上可作为独立网元管理，但是由于业务已经由控制器进行集中控制，因此网元管理面只提供基本的网元设备管理功能。

12.3.2 多域控制功能

多域控制器功能是对单域功能的提炼和补充，主要完成跨厂家的业务协同调度与面向用户的能力开放。图 12-5 所示是多域控制器的功能模型，主要包括业务管理层、连接建立层、网络资源层和南向/北向接口层。其中，网络资源层的作用是使多域控制器能够获得全网的拓扑和资源信息，主要完成跨域拓扑的建立及域间路径计算，连接建立层主要用于建立跨域的管道路径，并与端口进行对应，例如，PW 和 LSP。业务管理层负责在路径已知并且 PW 建立以后的 L2/L3 VPN 业务快速建立与开通，网络的虚拟化服务及多域的 OAM 功能和保护功能也在该层实现。面向单域控制器的北向接口负责与各厂家控制器或者网管系统进行对接，一般由运营商规范信息模型格式，并采取 Restful 或者 COBRA 的语言描述方式，多域控制器与单域控制器之间是运营商内部规范的标准接口。面向 App 的北向接口对多域控制器信息进行了进一步的抽象，包含拓扑管理、业务下发、业务查询、故障管理等模块。

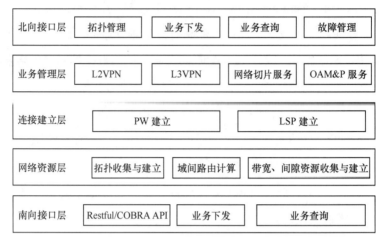

北向接口层	拓扑管理	业务下发	业务查询	故障管理
业务管理层	L2VPN	L3VPN	网络切片服务	OAM&P 服务
连接建立层	PW 建立		LSP 建立	
网络资源层	拓扑收集与建立	域间路由计算	带宽、间隙资源收集与建立	
南向接口层	Restful/COBRA API	业务下发	业务查询	

图 12-5　多域控制器功能模型

12.3.3　业务管理与能力开放平台

如上文所述，业务管理与能力开放平台需要考虑运营商 App 需求和客户 App 需求，各自具有对网络不同的使用权限。但是两类 App 可以基于统一的关键架构实现，构建在同一 App 服务器上。App 功能可以根据需求进行不断扩展，目前实现的主要是业务配置和查询类的功能。

12.3.4　NMS/OSS

该部分目前一般采取利用原有系统的策略，与多域控制器和 App 平台分开实现，通过待定义类型的接口与 SDN 网络进行对接。面向控制器的管理接口主要完成如下功能。

（1）控制器提供的北向接口应具备传递拓扑信息上报、业务部署、故障上报、性能统计等常见信息的功能。

（2）为了保持与现有网络平滑过渡，也应该提供传统的 Netconf、SNMP 接口。

（3）控制器应该提供 syslog 等接口用于日志上报。

（4）外部 NMS/OSS 需要查看时能够提供完整的数据信息。

除此以外，SDN UTN 转发节点仍然保持了一部分管理面功能，因此转发节点也应该提供传统的网管接口，如 Netconf、SNMP 等。

12.3.5 层间接口技术

从业务需求和技术实现的角度出发，SD-UTN 网络的总体架构应包括数据平面，控制平面，管理平面和应用平面 4 个组成部分。SD-UTN 网络总体架构如图 12-6 所示。

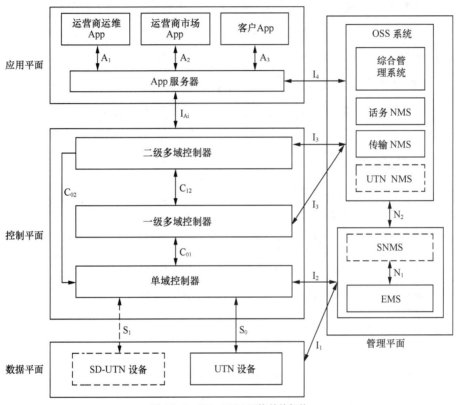

图 12-6 SD-UTN 网络总体架构

在 SD-UTN 网络架构中，各接口描述如下。

（1）S_0 接口：单域控制器与 UTN 转发设备之间的接口，可采用 EMS 与设备之间的 Qx 类型接口，通过 SNMP、TELNET 等技术实现；

（2）S_1 接口：控制器与新型 SD-UTN 设备之间定义的南向接口，通常需符合 OpenFlow 标准，SD-UTN 设备采用查找流表等其他异于查找标签转发表的方式转发数据报文。

（3）I 接口：管理平面与数据平面之间，以及控制平面与管理平面、应用平面之间的接口。

➢ I_1：厂家 EMS 系统与 UTN 或 SD-UTN 转发设备之间的接口，可用于 EMS 与 UTN/

SD-UTN 设备之间的管理协议通信。

➤ I_2：EMS/SNMS 与 SD-UTN 单域控制器之间的接口。

➤ I_3：OSS 系统与 SD-UTN 多域控制器之间的接口，包含 UTN NMS 与 SD-UTN 多域控制器之间的信息交互功能。

➤ I_4：OSS 系统与 App 服务器之间的接口。通过该接口，应支持运营商 App 与运营商 OSS 系统共平台操作。OSS 实现功能与 SDN App 实现功能的差异待研究。

➤ I_{Ai}：应用平面与控制平面之间的接口，I_{A0} 为应用平面与单域控制器之间的接口，I_{A1} 为应用平面与一级多域控制器之间的接口，I_{A2} 为应用平面与二级多域控制器之间的接口。各级控制器均需要支持运行独立的 App 平台与 App 应用。

（4）C 接口：控制器之间的接口，目前只定义三种控制器类型，分别是单域控制器，一级多域控制器和二级多域控制器。

➤ C_{01} 为单域控制器与一级多域控制器之间的接口。

➤ C_{12} 为一级多域控制器和二级多域控制器之间的接口。

➤ C_{02} 为二级多域控制器与单域控制器之间的接口。

（5）A 接口：应用平面内部的接口。

➤ A_1 为运营商运维类 App 与 App 服务器之间的接口。

➤ A_2 为运营商客户类 App 与 App 服务器之间的接口。

➤ A_3 为客户 App 与 App 服务器之间的接口。

（6）N 接口：管理平面内部的接口。

➤ N_1 接口：各厂家 EMS 与 SNMS 之间的接口。

➤ N_2 接口：第三方 OSS 系统与各厂家 EMS/SNMS 之间的接口。

在现阶段，首先需要标准化的接口类型包括：C 接口（包括 C_{01}，C_{02}，C_{12}），I_{Ai} 接口，A 接口（包括 A_1，A_2）。N_1 接口，$I_1 \sim I_4$ 接口定义为设备厂家、综合网管厂家内部接口，可暂不做标准化要求。N_2 接口为厂家网管与综合网管之间的接口，功能要求参考相应行业标准要求。

12.4　SDN 引入思路与长期演进形式

由于目前 UTN 网络已经覆盖了运营商所有本地网，所以在 UTN 中引入 SDN 应该采取循序渐进，新建和改造相结合的方式。在从传统 UTN 网络向基于 SDN 的 UTN 网络演进和迁移的过程中，需要充分考虑与原有网络的兼容，共同组网，互通等场景的需求。

12.4.1　新增 SDN 节点

当原 UTN 网络部署基本完整，仅部分节点需要增加时，需要考虑新部署的节点是支持 SDN 的新型设备。在这种情况下，基于 SDN 的 UTN 网络节点需要能与原有网络完全兼容。首先，基于 SDN 的 UTN 网络节点设备应能完整支持现有网络部署的对应所有功能集合，如不同规格对应的设备类型相应功能要求。其次，该类型 UTN 网络节点设备的 SDN 相关功能可以通过配置进行使能和关闭。

12.4.2　共同组网

在某些部署场景中，可能出现支持 SDN 的 UTN 网络节点和传统 UTN 网络节点共存的情况。此时，UTN 网络已经部署了 SDN 的架构，如 SDN 控制平台，相关的网管平台也已经支持通过 SDN 的方式获取网络资源情况、拓扑结构等。在这种情况下，基于 SDN 的 UTN 网络节点设备需要支持原有 UTN 网络的协议功能及协议互通，原有 UTN 节点设备需要支持对协议的透传。

12.4.3　长期演进

由于 UTN 网络节点数目众多，现网业务部署复杂。同时考虑设备平台设计及芯片升级等因素，向基于 SDN 的 UTN 网络演进将是一个长期的过程。长远来看，运营商需要独自或联合第三方开发 SDN 单域控制器，引入标准南向接口与各厂家 SDN UTN 转发设备互通，这样才能控制网络的主导权，灵活运用路由策略、节点调度策略、流量监测策略等网络优化措施。同时，随着 OTN 等网络其他环节 SDN 化的进程加速，可以通过 SDN 技术将不同类型网络的控制器进行统一的管理，实现 UTN 与 OTN、UTN 与 IP 等多种形态网络的协同，在光层、IP 层、业务层等多个层面联合优化网络。

12.5 小 结

通过对运营商 UTN 现网部署方式和多业务运行方式的分析，阐述了当前阶段 UTN 网络对 SDN 的主要需求，并结合这些需求描述了基于 SDN 的 UTN 网络总体架构，最后对 SDN 在 UTN 网络中的引入与融合方式进行了分析。通过分析可以发现，SDN 技术的引入目前可从局部提升 UTN 网络的运维与管理能力，但是 UTN 全网 SDN 化的道路还很漫长，需要放在运营商 SDN 总体战略中通盘考虑，以求最大程度的优化电信网络性能。

Appendix A

附录 A

设备厂商资料

A.1.1　接入设备

华为接入设备主要包括 ATN 950B 和 ATN 910I 两款设备。二者均为 300mm 深的紧凑型基站路由器，同时提供多种接入承载技术如铜缆、光纤等，能够实现同 eNB 共柜。设备主要规格如下。

（1）场景覆盖：满足 LTE 及 2G/3G/大客户等综合业务一站式覆盖，具备 GE/FE，IMA E1/MLPPP/IPoE1/TDM E1 等多类型业务接口，可实现多种业务承载方案组合，包括 MS PW，L3VPN 到边缘，Native IP，MPLS-TP 等，以及 2G/3G/LTE/大客户专线业务场。

（2）时钟解决方案：支持 1588v2 OC，TC，BC 全模式，ACR，E1 线路时钟，支持同步以太时钟，满足 LTE 对时钟的演进需求。

（3）硬件 NQA&OAM：OAM 报文由硬件转发 （CPU 不需参与处理），报文间隔可实现 3.3ms（而非 10ms），硬件 NQA 实现高精度业务质量监控；支持 RFC2544，快速实现故障定界和提供 SLA 报告；支持 IP FPM，实现高精度 IP 性能监测。

（4）即插即用：不需要人工干预和数据预规划，一次进站安装。

（5）SDH like 可视化网管系统：模版化，图形化业务配置模式，配合 ATN 快速硬件 OAM 和故障检测机制实现一键式业务发放，快速故障定位，提升网络运营效率，实现 IP 运维平滑过渡。

A.1.1.1　ATN 950B

ATN 950B 设备信息如表 A-1 所示。

表 A-1　ATN 950B 设备信息

设备外观	
容量	交换容量：56Gbit/s， 转发能力：84Mpps
槽位数	2 个多功能主控槽位、6 个业务插槽槽位
外形尺寸 （W×D×H）	442mm×220mm×88.9mm
高度（U）	2U
满配重量	8.42kg
接口类型	10GE/GE/FE、E1、通道化 STM-1、STM-1
L2 特性	支持 IEEE 802.1q，IEEE 802.1p，IEEE 802.3ad，IEEE 802.1ab 支持 STP/RSTP/MSTP，RRPP，VLAN Switch
L3 特性	IPv4、IPv6 路由协议：OSPFv2/v3，RIPv2，IS-IS/IS-ISv6，BGPv4/BGPv4+，IPv6 over IPv4 Tunnel，IPv6CP，IPv6 ACL/Telnet，6VPE，静态路由协议 支持动态 ARP 和静态 ARP 表项 支持 VLAN IF 接口 支持 IGMP Snooping
组播	支持 IGMP v1/v2/v3，IGMP Snooping，Static Multicast Routing，PIM-SM/SSM，MBGP

续表

MPLS 特性	支持 LDP，RSVP-TE
	支持 L2VPN（VPLS/H-VPLS/VLL）
	支持 MPLS/BGP L3VPN
	支持 MPLS-TP OAM
QoS	支持基于流分类的 DiffServ 模式
	基于 VLAN、802.1p、VLAN+802.1p 流分类
	支持 WRED
	支持 trTCM（双速三色 CAR）
	支持基于端口的流量 Shaping
	支持每端口 8 个优先级队列
	支持 PQ、WFQ 调度模式
	支持 HQoS
网络可靠性	支持 GR
	支持 LSP1:1，PW Redundancy，IP/LDP FRR，TE FRR，VPN FRR
	支持 NQA，MPLS TP OAM，BFD for LSP，PW，IGP，IPv4 等
	支持 IEEE 802.1ag，IEEE 802.3ah，ITU-T Y.1731，支持 G.8032
OAM	支持 ETH OAM（EFM、CFM、Y.1731）
	支持 BFD
	支持 NQA
	支持 IP FPM
	支持 RFC2544
O&M	DHCP Plug &Play
	DCN Plug&Play
时钟	支持 1588v2，ACR，E1 线路时钟，支持同步以太时钟
温度	长期工作温度：–40℃～65℃
	存储温度：–40℃～70℃
湿度	工作环境湿度（长期）：5% RH～95% RH，无凝结
	工作环境湿度（短期）：0% RH～95% RH，无凝结

A.1.1.2　ATN 910I

ATN910I 的设备信息如表 A-2 所示。

表 A-2　ATN 910I 设备信息

设备外观	
容量	交换容量：12Gbit/s 线速转发
外形尺寸 （长×宽×高）	442mm×220mm×44.45mm
高（U）	1U，44.45mm
典型功耗	DC:40W AC:70W
电源	AC：90～260V DC：-72～-36V
重量	3kg
L2 特性	支持 IEEE 802.1q，IEEE 802.1p，IEEE 802.3ad，IEEE 802.1ab 支持 STP/RSTP/MSTP，RRPP，VLAN Switch
L3 特性	支持 OSPFv2/v3，RIPv2，IS-IS/IS-ISv6，BGPv4/BGPv4+，IPv6 ACL/Telnet，6VPE 和静态路由协议 支持 dynamic ARP 和 static ARP table entries 支持 VLAN IF 接口
MPLS 特性	支持 LDP 和 RSVP-TE 支持 L2VPN/L3VPN （VPLS/H-VPLS/VLL） 支持 MPLS/BGP L3VPN 支持 MPLS-TP OAM
组播	支持 IGMP v1/v2/v3，IGMP Snooping，Static Multicast Routing，PIM-SM/SSM，MBGP
QoS	支持 WRED，H-QoS with 3 levels，VLL/PWE3 QoS，Access Network QoS Control
时钟	支持 1588v2 和 Syn clock

OAM	支持 ETH OAM（EFM、CFM、Y.1731） 支持 BFD 支持 NQA 支持 IP FPM 支持 RFC2544
O&M	DHCP Plug &Play DCN Plug&Play
温度	−20℃～+60℃
湿度	长期：10% RH～90% RH，无凝结
	短期：5% RH～95% RH，无凝结

A.1.2　汇聚设备

CX600 综合业务承载路由器主要应用在移动承载网络的汇聚或核心，和华为公司 ATN 系列配合组网，提供端对端的承载解决方案。

CX600 基于分布式的硬件转发和无阻塞交换技术，具备电信级可靠性、240G/slot 的转发能力及完善的 QoS 机制。可以部署 L2VPN、L3VPN、组播、组播 VPN、MPLS-TE、QoS 等，实现业务运营级的可靠承载。

（1）多业务承载能力

CX600 基于华为 VRP 平台实现，支持 HVPLS、VLL、L3/L2 VPN、QinQ、VLAN Mapping、PIM SSM、IGMPv3、MAC 地址、MAC+IP+VLAN 用户绑定。可以与华为公司开发的 ATN 等设备组合使用，构建层次分明的承载网络。支持 LTE 业务和企业专线业务的承载。

在跨域方面，CX600 即支持传统的 Option A/B/C 的 Inter-AS VPN；也支持端对端的跨域 VPN（RFC3107）。

（2）QoS 机制

CX600 产品支持 QoS（Quality of Service）调度，支持多种业务流分类方法和业务流识别的策略，细微区分业务，公平的调度。CX600 支持 PQ、WRR、WFQ，支持基于流的调度，便于 MPLS TE 的实施，支持 Diffserv 和 Intserv 机制，实现了 MPLS TE 与

Diffserv 模型的结合，支持 8CT（Class Type）MPLSDS-TE；支持 5 级调度的 HQoS，MPLSVPN，VLL 和 PWE3 的 QoS 能力。

（3）电信级可靠性

CX600 从多个层面提供可靠性保护，包括设备级、网络级、业务级可靠性。

设备级可靠：CX600 支持关键部件的冗余备份，关键组件支持热插拔与热备份，NSR（Non-Stop Routing）、NSF（Non-Stop Forwarding）等技术保障业务传输。

网络级可靠：CX600 支持 IP/LDP/VPN/TE 快速重路由/HotStandby、IGP、BGP 及组播路由快速收敛，虚拟路由冗余协议（Virtual Router Redundancy Protocol，VRRP），TRUNK 链路分担备份，硬件 BFD 链路快速检测，以及 MPLS/Ethernet OAM 等技术保障网络故障快速倒换。

业务级可靠：CX600 提供的 VPN FRR 和 E-VRRP 技术、VLL FRR 和 Ethernet OAM 技术及 PW Redundancy 和 E-Trunk 或 E-APS 技术，可以应用于 L3VPN 和 L2VPN 组网方案中，保证业务层面冗余备份。

（4）IPv6 兼容方案

CX600 提供 IPv6 路由协议的支持，支持静态路由、OSPFv3、IS-IS、BGP4+等 IPv6 路由协议，支持 IPv6 over IPv4 隧道等技术和 IPv6 与 IPv4 网络互连，支持 IPv6 终端的接入、IPv6 访问控制列表和基于 IPv6 的策略路由。

（5）UTN 解决方案

CX600 产品支持 ATM PWE3、TDM PWE3、IMA E1 等，满足多业务接入的需要；提供 HVPN、L2+L3、Native IP 等多种承载技术支持 1588v2、ACR、同步以太等时钟同步技术，为 2G/3G/LTE 承载提供解决方案，支持 2G、3G 到未来 LTE 网络的平滑演进的需求。同时，华为 iManager U2000 网管系统可独立运行于多种操作系统之上，提供多语言支持、图形化的操作界面。

（6）OAM 特性

Ethernet 层面：CX600 遵循 IEEE 802.3ah 标准的 OAM 机制，通过 OAM 实体之间交互不同类型的 OAM PDU 实现链路的连通性检测和故障定位；遵循 IEEE 802.1ag 标准支持 CFM 作为以太网链路端对端业务管理、故障检测和性能监视的 OAM 机制，进行端对端的故障检测和定位；遵循 ITU-T Y.1731 标准提供以太网性能管理功能，可以测量传输过程中的时延、抖动、丢包率等 KPI 指标。

MPLS 层面：CX600 遵循 MPLS/MPLS-TP 等标准中的 OAM 规定，可以提供 MPLS 层面的各种 OAM 能力。

IP 层面：CX600 支持硬件实现的 IP FPM（Flow Performance Measurement），IP FPM 基于 IP 报文 6 元组来监测 IP 网络的丢包率、时延、抖动等性能指标，可对业务进行真实、准确、高精度的监控。

网络层面：CX600 支持 RFC2544 标准，可以完成对 RFC2544 标准定义的网络性能指标的测量。

华为汇聚设备主要为 CX600-M16 和 CX600-M8，具体设备信息如表 A-3 所示。

表 A-3　CX600-M16 和 CX600-M8 设备信息

属　　性	描　　述	
	CX600-M16	CX600-M8
设备外观		
业务槽数	16	8
容量	交换容量：240Gbit/s 端口容量：120Gbit/s 转发性能：180Mpps	
接口类型	10GE-LAN/WANGE/FE Channelized STM-1E1/CE1（75/ 120Ω）	
时钟传送	支持同步以太时钟 支持 1588v2	
二层特性	支持 IEEE 802.1q、IEEE 802.1p、IEEE 802.3ad、IEEE 802.1ab 支持 STP/RSTP/MSTP、RRPP、DHCP、VLAN Switch 和用户绑定	
IPv4/IPv6 路由协议	支持静态路由、RIP、OSPF/OSPFv3、IS-IS/IS-ISv6、BGPv4/BGP4、IPv6 over IPv4 隧道、IPv6CP、IPv6 ACL/Telnet、6PE&6VPE、IS-IS MT	

续表

属　性	描　述	
	CX600-M16	CX600-M8
L2/L3 VPN	支持 LDP over TE、VPLS/H-VPLS、VPN 策略路由 支持 Martini 和 Kompella 方式的 MPLS 二层 VPN 支持 VLL/VPLS 接入 L3 VPN 支持 QinQ、MPLS/BGP 三层 VPN、Option A/B/C 的 Inter-AS VPN	
组播	支持 IGMP v1/v2/v3、IGMP Snooping、组播 VPN、IPv6 组播 支持静态组播路由、PIM-DM/SM/SSM、MBGP 等组播路由协议	
QoS	支持 WRED、5 级 HQoS 调度、VLL/PWE3 QoS 支持最后一公里 QoS	
可靠性	支持 BGP/BGP4+/IS-IS/IS-ISv6/OSPF/OSPFv3/PIM/IGMP/LDP/RSVP-TE/L3VPN NSR 支持 BGP/IGP/Multicast Fast Convergence，IP/LDP FRR，TE FRR，VPN FRR，VLL FRR 支持静态路由、IS-IS、RSVP、LDP、TE、LSP、PW、OSPF、BGP、VRRP、PIM、RRPP 的 BFD 功能 支持 Ethernet OAM（L2 LSA、802.1ag、802.3ah）、RFC2544、Y.1731 支持 PWE3 端对端保护	
尺寸 （W×D×H）	442mm×220mm×353mm	442mm×220mm×222mm（DC） 442mm×220mm×264mm（AC）
重量	34kg（满配）	22kg（满配）
典型功耗	＜700W	＜570W
环境	工作温度：−40°C～65°C（CX600-M8），0°C～45°C（CX600-M16） 温度变化速率：30°C/小时 长期工作湿度：5%RH～85%RH，无凝结 短期工作湿度：0%RH～95%RH，无凝结	

A.1.3　核心设备

华为核心设备主要为 CX600-X16、CX600-X8 和 CX600-X3，具体设备信息如表 A-4 所示。

表 A-4　CX600-X16、CX600-X8 和 CX600-X3 设备信息

属　　性	描　述		
	CX600-X16	CX600-X8	CX600-X3
容量	交换容量：12.58Tbit/s 端口容量：7.68Tbit/s 转发性能：5760Mpps	交换容量：7.08Tbit/s 端口容量：3.84Tbit/s 转发性能：2880Mpps	交换容量：1.08Tbit/s 端口容量：720Gbit/s 转发性能：360Mpps
槽位数	22 个，其中 2 个主控板（1:1 备份），4 个交换网（3+1 备份），16 个业务槽位	11 个，其中 2 个路由交换板（1:1 备份），1 个交换网（2+1 备份），8 个业务槽位	5 个，其中 2 个主控板（1:1 备份）， 3 个业务槽位
接口类型	100GE 10GE-WAN/LAN Channelized OC-3/STM-1 POS E1/T1	40GE GE/FE OC-3c/STM-1c ATM CE1/CT1	
IP RAN	支持即插即用 支持 TDM/ATM PWE3 支持 MPLS-TP 支持同步以太时钟 支持基于 Ethernet/E1/外时钟口/CPOS/WAN 等端口的 SSM 支持 IEEE 1588 ACR/CES ACR （Adaptive Clock Recovery） 支持 DCR（Differential Clock Recovery） 支持 IEEE 1588v2 时钟同步 支持 1PPS+TOD 时钟标准 支持 2MHz/2Mbit/s 时钟信号		

属　　性	描　　述		
	CX600-X16	CX600-X8	CX600-X3
二层特性	支持 IEEE 802.1q、IEEE 802.1p、IEEE 802.3ad、IEEE 802.1ab 支持 STP/RSTP/MSTP、RRPP、用户绑定		
IPv4 路由协议	支持静态路由、RIP、OSPF、IS-IS、BGP 等 IPv4 路由协议		
IPv6 路由协议	全面支持 IPv4 和 IPv6 双协议栈 支持丰富 IPv4 向 IPv6 的过渡技术：手工配置隧道、自动配置隧道、6to4 隧道、ISATAP 隧道等；支持 IPv4 over IPv6 隧道和 6PE 支持 IPv6 静态路由，支持 BGP4/BGP4+、RIPng、OSPFv3、IS-ISv6 等动态路由协议 支持 IPv6 邻居发现、PMTU 发现，TCP6、Ping IPv6、Tracert IPv6、Socket IPv6、静态 IPv6 DNS、指定 IPv6 DNS 服务器、TFTP IPv6 client、IPv6 策略路由 支持 ICMPv6 MIB、UDP6 MIB、TCP6 MIB、IPv6 MIB 等		
L2/L3 VPN	支持 LDP over TE、VPLS/H-VPLS、VPN 策略路由 支持 Martini 和 Kompella 方式的 MPLS 二层 VPN 支持 VLL/VPLS 接入 L3VPN 支持 QinQ、MPLS/BGP 三层 VPN、Option A/B/C 的 Inter-AS VPN 支持端对端的跨域 VPN（RFC3107） 支持 ATM E1/IMA、ATM/TDM PWE3		
组播	支持 IGMP v1/v2/v3、IGMP Snooping、组播 VPN、IPv6 组播 支持静态组播路由，支持 PIM-DM/SM/SSM、MSDP、MBGP 等组播路由协议 支持组播和流量工程的同时部署 支持组播 CAC		
QoS	支持 WRED、8CT DS-TE、5 级 HQoS 调度、VLL/PWE3 QoS、MPLS HQoS		
可靠性	支持 BGP/IS-IS/OSPF GR 支持 LDP GR/RSVP GR/NSF 支持 VLL/VPLS/L3VPN GR/NSF 支持组播 NSF 支持 BGP/IS-IS/OSPF NSR 支持 ISSU 支持 IGP、BGP 及组播的快速收敛 支持 IP/LDP FRR、TE FRR、VPN FRR 及 VLL FRR 支持 IP Auto FRR 支持静态路由、IS-IS、RSVP、LDP、TE、LSP、PW、OSPF、BGP、VRRP、PIM 的 BFD 功能 支持 RRPP 环网保护技术		

续表

属 性	描 述		
	CX600-X16	CX600-X8	CX600-X3
可靠性	支持业务路由器主从备份，PW Redundancy 及 PWE3 端对端保护 支持 E-Trunk、E-APS、E-STP		
OAM	支持 MPLS OAM 支持 Ethernet OAM（IEEE 802.3ah、IEEE802.1ag、ITU-T Y.1731） 支持 MPLS-TP OAM 支持 RFC2544 支持 IP FPM		
尺寸 （W×D×H）	442mm×650mm×1420mm （32U）	442mm×650mm×620mm （14U）	DC 电源： 442mm×650mm×175mm （4U） AC 电源： 442mm×650mm×220mm （5U）
重量	279kg	136kg	直流机箱：42kg 交流机箱：52kg
最大功耗	4610W（120G） 7970W（240G）	2340W（120G） 4100W（240G）	920W（120G）
环境	长期工作温度：0℃～45℃ 短期工作温度：–5℃～55℃ 温度变化速率：30℃/小时 长期工作湿度：5%RH～85%RH，无凝结 短期工作湿度：0%RH～95%RH，无凝结		

A.2 烽火 UTN 设备介绍

（1）产品概述

CiTRANS R800 系列产品是烽火通信公司针对 3G/LTE 移动承载网、IP 城域网和各种大型 IP 行业网内的以太网业务的发展需求，推出的增强型 IP/MPLS 路由器解决方案。CiTRANS R800 系列产品具备 IP/MPLS 功能，并支持类 SDH 的图形化网管、高精度的时钟/时间同步能力。CiTRANS R800 系列涵盖本地网的接入层、汇聚层和核心层，交换容量从 8Gbit/s 到 1.28Tbit/s。

（2）产品特性

（a）业务承载能力：采用基于分布式的硬件转发和无阻塞交换技术，支持业务的 L2/L3 层接入或转发。

提供 FE、GE、10GE 等以太网接口，支持 E1、CSTM-1 类型的 TDM 接口。

支持基于静态和 MPLS/MBGP 协议的 L3VPN，VPN 的隧道建立、标签分配和路由信息交互等可由协议动态实现。

支持基于 Martini 协议的 VPWS、VPLS 的 L2VPN，可通过 Martini 协议拓展的 PWE3 来仿真不同介质的业务。

提供完善 HQoS 机制（包括流量分类、流量监管、对垒调度、拥塞避免、流量整形等）。

支持 IP 组播业务，通过 IGMP、PIM-SM/DM、静态组播组等配置。

基于 IPv4/IPv6 双栈设计，支持 IPv6 报文线速转发、6PE/6VPE、OSPFv3、BGP4+、ICMPv6 等技术，实现从 IPv4 向 IPv6 的平滑演进。

（b）路由和 MPLS 能力：支持静态路由配置，支持 RIP、OSPF、IS-IS、BGP 等动态路由，对报文进行基于 IP 路由的线速转发。支持路由策略和对路由的控制、过滤、汇总和重分发等功能。

支持基本的 TCP/IP 协议栈，包括 ICMP、IP、TCP、UDP、ARP 等。支持 IP 策略路由，可基于流指定转发下一跳，支持基于 IP 策略路由的负载分担。

支持 MPLS 的基本功能和转发业务。支持手工配置静态 LSP 隧道和由 LDP 或 RSVP-TE 协议建立的 LSP 隧道。

（c）可靠性解决方案：对关键部件提供冗余备份，关键部件支持热插拔。通过系统级 GR 技术和协议级的 GR（平滑重启）技术实现 NSF（无间断转发）技术。支持 OSPF/IS-IS/BGP/LDP/PIM 等协议的 GR 功能。

支持 Ethernet-Trunk、IP FRR、LDP FRR、TE FRR、TE HotStandBy 等冗余保护技术，支持 IGP、BGP 及 PIM 等协议的快收敛技术，以提升故障后网络的收敛和业务恢复的速度。

通过 PW 冗余、VPN FRR（L3VPN）、BGP ECMP、VRRP 等技术提供对 PE 节点的保护，保障网络稳定。

提供领先的 L2 和 L3 联动、多点故障解决方案。

支持 BFD、MPLS-TP OAM、MPLS/Ethernet OAM。支持静态或动态建立单跳或多跳的 BFD 会话，可实现 BFD for OSPF/IS-IS/BGP/LSP/Tunnel/PW/VRPP/FRR 等应用。

A.2.1　接入设备

烽火接入设备主要包括 CiTRANS R820、CiTRANS R830E、CiTRANS R835、CiTRANS R835E。设备的主要规格如下。

CiTRANS R820 提供 26Gbit/s 的无阻塞交换能力，最大可支持 GE 接口，主要应用在 UTN 承载网的边缘接入节点，设备信息如表 A-5 所示。

A.2.1.1　CiTRANS R820

表 A-5　CiTRANS R820 设备信息

CiTRANS R820		规　格
产品外观		
接入容量（吞吐率）		26Gbit/s
槽位数		总槽位 3 个，2 个业务槽位
最大接口接入能力	GE	26
	FE	26
	E1	32
同步能力		外时钟接口：1PPS+TOD、CKIO 所有物理接口支持通过同步以太技术提取时钟信号 所有以太接口均支持 1588v2 实现时间同步
物理尺寸 （高×宽×深）		44.4mm×443mm×225mm 标准 19 英寸子架和 21 英寸子架
电源输入		DC-48V，直流电压范围−48～−57V
整机功耗		典型功耗：120W 最大功耗：200W
设备重量		6kg

续表

CiTRANS R820		规　格
环境要求	温度	可工作温度：0℃～45℃
		保证性能工作温度：5℃～40℃
	湿度	可工作湿度：10%～85%（30℃）
		保证性能工作湿度：5%～90%（30℃）
安规认证		EN、UL、IEC
业务承载能力		支持业务的 L2/L3 层接入或转发
		支持 E1、CSTM-1 类型的 TDM 接口
		支持基于静态和 MPLS/MBGP 协议的 L3VPN
		支持基于 Martini 协议的 VPWS、VPLS 的 L2VPN
		提供完善 HQoS 机制
		支持 IP 组播业务
		支持 IPv4 和 IPv6 双协议栈
		支持 IPv6 报文线速转发、6PE/6VPE、OSPFv3、BGP4+、ICMPv6 等技术
路由和 MPLS 能力		支持静态路由配置，支持 RIP、OSPF、IS-IS、BGP 等动态路由
		支持路由策略和对路由的控制、过滤、汇总和重分发等功能
		支持基本的 TCP/IP 协议栈
		支持 IP 策略路由
		支持 MPLS 的基本功能和转发业务
		支持手工配置静态 LSP 隧道和由 LDP 或 RSVP-TE 协议建立的 LSP 隧道
可靠性		支持 GR 技术和 NSF（无间断转发）技术
		支持 Ethernet-Trunk、IP FRR、LDP FRR、TE FRR、TE HotStandBy 等冗余保护技术
		支持 IGP、BGP 及 PIM 等协议的快收敛技术
		支持 BFD、MPLS-TP OAM、MPLS/Ethernet OAM

A.2.1.2　CiTRANS R830E

CiTRANS R830E 提供 30Gbit/s 的接入容量，最大可支持 10GE 接口，主要应用在
UTN 的大型接入节点，如表 A-6 所示。

表 A-6　CiTRANS R830E 设备信息

CiTRANS R830E	规　格
设备外观	

续表

CiTRANS R830E		规 格
接入容量（吞吐率）		30Gbit/s
槽位数		总槽位 6 个 3 个业务槽位
接口最大 接入能力	10GE	3
	GE	24
	FE	24
	STM-1	8
	E1	64
同步能力		外时钟接口：1PPS+TOD、2M 时钟接口 所有物理接口可通过同步以太技术提取时钟信号 所有以太接口均支持 1588v2 实现时间同步
物理尺寸 （高×宽×深）		88mm×443mm×238mm 标准 19 英寸机柜和 21 英寸机柜
电源输入		直流电压范围–40～–57V
整机功耗		最大功耗：150W
设备重量		空子框：5kg
环境要求		可工作温度：0℃～45℃ 保证性能工作温度：5℃～40℃
		可工作湿度：5%～90%（30℃） 保证性能工作湿度：10%～85%（30℃）
安规认证		EN、UL、IEC 等
业务承载能力		支持业务的 L2/L3 层接入或转发 支持 E1、CSTM-1 类型的 TDM 接口 支持基于静态和 MPLS/MBGP 协议的 L3VPN 支持基于 Martini 协议的 VPWS、VPLS 的 L2VPN 提供完善 HQoS 机制 支持 IP 组播业务 支持 IPv4 和 IPv6 双协议栈 支持 IPv6 报文线速转发、6PE/6VPE、OSPFv3、BGP4+、ICMPv6 等技术
路由和 MPLS 能力		支持静态路由配置，支持 RIP、OSPF、IS-IS、BGP 等动态路由 支持路由策略和对路由的控制、过滤、汇总和重分发等功能 支持基本的 TCP/IP 协议栈

续表

CiTRANS R830E	规　格
路由和 MPLS 能力	支持 IP 策略路由 支持 MPLS 的基本功能和转发业务 支持手工配置静态 LSP 隧道和由 LDP 或 RSVP-TE 协议建立的 LSP 隧道
可靠性	支持 GR 技术和 NSF（无间断转发）技术 支持 Ethernet-Trunk、IP FRR、LDP FRR、TE FRR、TE HotStandBy 等冗余保护技术 支持 IGP、BGP 及 PIM 等协议的快收敛技术 支持 BFD、MPLS-TP OAM、MPLS/Ethernet OAM
安全性	支持 ACL 报文过滤 支持对用户级别和权限的分配及管理

A.2.1.3　CiTRANS R835E

CiTRANS R835E 提供 40Gbit/s 的接入容量，最大可支持 10GE 接口，主要应用在 UTN 的大型接入节点，如表 A-7 所示。

表 A-7　CiTRANS R835E 设备信息

CiTRANS R835E		规　格
设备外观		
接入容量（吞吐率）		40Gbit/s
槽位数		总槽位 10 个 4 个业务槽位
接口最大 接入能力	10GE	4
	GE	32
	FE	32
	STM-1	16
	E1	128
同步能力		外时钟接口：1PPS+TOD、2M 时钟接口 所有物理接口可通过同步以太技术提取时钟信号 所有以太接口均支持 1588v2 实现时间同步

续表

CiTRANS R835E	规　格
硬件冗余	重要部件支持冗余（包括路由控制单元、交换控制单元、电源单元和风扇单元等） 所有板卡支持热插拔
物理尺寸 （高×深×宽）	173mm×240mm×480mm 标准 19 英寸机柜和 21 英寸机柜
电源输入	直流电压范围–40～–57V
整机功耗	最大功耗：350W
设备重量	空子框：7.5kg
环境要求	可工作温度：0℃～45℃ 保证性能工作温度：5℃～40℃
	可工作湿度：5%～90%（30℃） 保证性能工作湿度：10%～85%（30℃）
安规认证	EN、UL、IEC 等
业务承载能力	支持业务的 L2/L3 层接入或转发 支持 E1、CSTM-1 类型的 TDM 接口 支持基于静态和 MPLS/MBGP 协议的 L3VPN 支持基于 Martini 协议的 VPWS、VPLS 的 L2VPN 提供完善 HQoS 机制 支持 IP 组播业务 支持 IPv4 和 IPv6 双协议栈 支持 IPv6 报文线速转发、6PE/6VPE、OSPFv3、BGP4+、ICMPv6 等技术
路由和 MPLS 能力	支持静态路由配置，支持 RIP、OSPF、IS-IS、BGP 等动态路由 支持路由策略和对路由的控制、过滤、汇总和重分发等功能 支持基本的 TCP/IP 协议栈 支持 IP 策略路由 支持 MPLS 的基本功能和转发业务 支持手工配置静态 LSP 隧道和由 LDP 或 RSVP-TE 协议建立的 LSP 隧道
可靠性	支持 GR 技术和 NSF（无间断转发）技术 支持 Ethernet-Trunk、IP FRR、LDP FRR、TE FRR、TE HotStandBy 等冗余保护技术 支持 IGP、BGP 及 PIM 等协议的快收敛技术 支持 BFD、MPLS-TP OAM、MPLS/Ethernet OAM
安全性	支持 ACL 报文过滤 支持对用户级别和权限的分配及管理

A.2.2　汇聚设备

烽火接入设备主要包括 CiTRANS R845、CiTRANS R860。

A.2.2.1　CiTRANS R845

CiTRANS R845 提供 80Gbit/s 的接入容量，最大可支持 10GE 接口，主要应用在 UTN 的汇聚节点，设备的主要规格如表 A-8 所示。

表 A-8　CiTRANS R845 设备信息

CiTRANS R845		规　　格
设备外观		
接入容量（吞吐率）		80Gbit/s
槽位数		总槽位 14 个 8 个业务槽位
接口最大 接入能力	10GE	8
	GE	64
	FE（光/电）	64
	STM-1	32
	E1	256
同步能力		外时钟接口：1PPS+TOD、2M 时钟接口 所有物理接口可通过同步以太技术提取时钟信号 所有以太接口均支持 1588v2 实现时间同步
硬件冗余		重要部件支持冗余（包括路由控制单元、交换控制单元、电源单元和风扇单元） 所有板卡支持热插拔
物理尺寸 （高×深×宽）		220mm×443mm×245mm 标准 19 英寸机柜和 21 英寸机柜

续表

CiTRANS R845	规　　格
电源输入	直流电压范围–40～–57V
整机功耗	最大功耗：500W
设备重量	空子框：8.3kg
环境要求	可工作温度：0℃～45℃ 保证性能工作温度：5℃～40℃ 可工作湿度：5%～90%（30℃） 保证性能工作湿度：10%～85%（30℃）
安规认证	EN、UL、IEC 等
业务承载能力	支持业务的 L2/L3 层接入或转发 支持 E1、CSTM-1 类型的 TDM 接口 支持基于静态和 MPLS/MBGP 协议的 L3VPN 支持基于 Martini 协议的 VPWS、VPLS 的 L2VPN 提供完善 HQoS 机制 支持 IP 组播业务 支持 IPv4 和 IPv6 双协议栈 支持 IPv6 报文线速转发、6PE/6VPE、OSPFv3、BGP4+、ICMPv6 等技术
路由和 MPLS 能力	支持静态路由配置，支持 RIP、OSPF、IS-IS、BGP 等动态路由 支持路由策略和对路由的控制、过滤、汇总和重分发等功能 支持基本的 TCP/IP 协议栈 支持 IP 策略路由 支持 MPLS 的基本功能和转发业务 支持手工配置静态 LSP 隧道和由 LDP 或 RSVP-TE 协议建立的 LSP 隧道
可靠性	支持 GR 技术和 NSF（无间断转发）技术 支持 Ethernet-Trunk、IP FRR、LDP FRR、TE FRR、TE HotStandBy 等冗余保护技术 支持 IGP、BGP 及 PIM 等协议的快收敛技术 支持 BFD、MPLS-TP OAM、MPLS/Ethernet OAM
安全性	支持 ACL 报文过滤 支持对用户级别和权限的分配及管理

A.2.2.2　CiTRANS R860

CiTRANS R860 提供 320Gbit/s 的接入容量，最大可支持 10GE 接口，主要应用在 UTN 的汇聚节点，设备的主要规格如表 A-9 所示。

表 A-9　CiTRANS R860 设备信息

CiTRANS R860		规　格
设备外观		
接入容量（吞吐率）		320Gbit/s
槽位数		总槽位 32 个 26 个业务槽位
接口最大接入能力	10GE	30
	GE	192
	FE（光/电）	168
	STM-1	112
	E1	448
同步能力		外时钟接口：1PPS+TOD、2M 时钟接口 所有物理接口可通过同步以太技术提取时钟信号 所有以太接口均支持 1588v2 实现时间同步
硬件冗余		重要部件支持冗余（包括路由控制单元、交换控制单元、电源的单元和风扇单元） 所有板卡支持热插拔
物理尺寸 （高×深×宽）		923mm×448mm×248mm 标准 21 英寸机柜
电源输入		直流电压范围-40～-57V
整机功耗		最大功率：1500W
设备重量		空子框：25.9kg
环境要求		可工作温度：0℃～45℃ 保证性能工作温度：5℃～40℃
		可工作湿度：5%～90%（30℃） 保证性能工作湿度：10%～85%（30℃）
安规认证		EN、UL、IEC 等

续表

CiTRANS R860	规　格
业务承载能力	支持业务的 L2/L3 层接入或转发 支持 E1、CSTM-1 类型的 TDM 接口 支持基于静态和 MPLS/MBGP 协议的 L3VPN 支持基于 Martini 协议的 VPWS、VPLS 的 L2VPN 提供完善 HQoS 机制 支持 IP 组播业务 支持 IPv4 和 IPv6 双协议栈 支持 IPv6 报文线速转发、6PE/6VPE、OSPFv3、BGP4+、ICMPv6 等技术
路由和 MPLS 能力	支持静态路由配置，支持 RIP、OSPF、IS-IS、BGP 等动态路由 支持路由策略和对路由的控制、过滤、汇总和重分发等功能 支持基本的 TCP/IP 协议栈 支持 IP 策略路由 支持 MPLS 的基本功能和转发业务 支持手工配置静态 LSP 隧道和由 LDP 或 RSVP-TE 协议建立的 LSP 隧道
可靠性	支持 GR 技术和 NSF（无间断转发）技术 支持 Ethernet-Trunk、IP FRR、LDP FRR、TE FRR、TE HotStandBy 等冗余保护技术 支持 IGP、BGP 及 PIM 等协议的快收敛技术 支持 BFD、MPLS-TP OAM、MPLS/Ethernet OAM
安全性	支持 ACL 报文过滤 支持对用户级别和权限的分配及管理

A.2.3　核心设备

烽火接入设备主要包括 CiTRANS R865。设备的主要规格如表 A-10 所示。

表 A-10　CiTRANS R865 设备信息

CiTRANS R865	规　格
设备外观	

续表

CiTRANS R865	规　　格	
接入容量（吞吐率）	640Gbit/s	1.28Tbit/s
槽位数	总槽位 32 个，24 个业务槽位	
接口最大接入能力 40GE	12	24
10GE	64	128
GE	384	384
FE	192	288
STM-1	96	192
同步能力	外时钟接口：1PPS+TOD、2M 时钟接口 所有物理接口可通过同步以太技术提取时钟信号 所有以太接口均支持 1588v2 实现时间同步	
硬件冗余	重要部件支持冗余（包括路由控制单元、交换控制单元、电源的单元和风扇单元） 所有板卡支持热插拔	
物理尺寸（高×深×宽）	923mm×496mm×248mm 标准 21 英寸机柜	
电源输入	直流电压范围–40～–57V	
整机功耗	最大功耗：2400W	最大功耗：2900W
设备重量	空子框：35kg	
环境要求	可工作温度：0℃～45℃ 保证性能工作温度：5℃～40℃ 可工作湿度：5%～90%（30℃） 保证性能工作湿度：10%～85%（30℃）	
安规认证	EN、UL、IEC 等	
业务承载能力	支持业务的 L2/L3 层接入或转发 支持 E1、CSTM-1 类型的 TDM 接口 支持基于静态和 MPLS/MBGP 协议的 L3VPN 支持基于 Martini 协议的 VPWS、VPLS 的 L2VPN 提供完善 HQoS 机制 支持 IP 组播业务 支持 IPv4 和 IPv6 双协议栈 支持 IPv6 报文线速转发、6PE/6VPE、OSPFv3、BGP4+、ICMPv6 等技术	

续表

CiTRANS R865	规　格
路由和 MPLS 能力	支持静态路由配置，支持 RIP、OSPF、IS-IS、BGP 等动态路由 支持路由策略和对路由的控制、过滤、汇总和重分发等功能 支持基本的 TCP/IP 协议栈 支持 IP 策略路由 支持 MPLS 的基本功能和转发业务 支持手工配置静态 LSP 隧道和由 LDP 或 RSVP-TE 协议建立的 LSP 隧道
可靠性	支持 GR 技术和 NSF（无间断转发）技术 支持 Ethernet-Trunk、IP FRR、LDP FRR、TE FRR、TE HotStandBy 等冗余保护技术 支持 IGP、BGP 及 PIM 等协议的快收敛技术 支持 BFD、MPLS-TP OAM、MPLS/Ethernet OAM
安全性	支持 ACL 报文过滤 支持对用户级别和权限的分配及管理

CiTRANS R865 可支持 640Gbit/s、1.28Tbit/s 两种接入容量，主要应用在 UTN 的核心、汇聚节点。

A.3　中兴 UTN 设备介绍

ZXCTN 系列产品是中兴通讯顺应电信业务 IP 化发展趋势推出的电信级多业务承载平台，以分组为内核，实现多业务承载。ZXCTN 产品融合了分组与传送技术的优势，采用分组交换为内核的体系架构，并集成 IP/MPLS 丰富的业务功能和标准化业务，集成了多业务的适配接口、同步时钟、电信级的 OAM 和保护等功能，在此基础上实现电信级业务处理和传送。

ZXCTN 产品分为 9000E 和 6000 两个系列，ZXCTN 9000E 系列包括 9000-18E、9000-8E、9000-5E、9000-3E 等产品，定位于核心汇聚层设备；ZXCTN 6000 系列包括 6110、6220、6150 等产品，定位于接入设备。

A.3.1 接入设备

ZXCTN 6110 是一款盒式设备，主要定位于小容量网络接入层，可用作多业务接入和边缘网关设备。ZXCTN 6150/6220 为机架式设备，采用集中式分组交换架构，提供设备级关键单元冗余保护,主要定位于大容量的网络接入层。详细信息如表 A-11、表 A-12、表 A-13 所示。

表 A-11　ZXCTN 6110 设备信息

属　　性		描　　述
		6110
设备物理尺寸	子架（mm）（宽×高×深）（不含支耳）	442×43.6×225
设备物理尺寸	子架（mm）（宽×高×深）（含支耳）	482.6×43.6×225
参数	子架重量	<2.5kg
插槽数量	总插槽	3
	业务插槽（主板+1/2 子卡）	3
电源	电源条件（交流）	（110～240V）+/-10%, 50Hz
	电源条件（直流）	−48V +/-20%
	整机最大功耗	<30W
	最大电流	1.2A
	熔丝	2A
环境要求	工作环境温度	−5℃～+50℃
	储存环境温度	−40℃～+70℃
	工作环境相对湿度	5%～95%，非凝结
	噪声	<55dB
	抗震	抗 9 级地震
设备可靠性	MTBF	>543636.33 小时
	MTTR	<0.5 小时
	可靠性	≥99.999%

续表

属　　性		描　　述
		6110
设备可靠性	主控冗余备份	无冗余
	电源冗余备份	电源输入冗余备份（直流 1：1）
散热	满负荷热负荷（BTU/h）	102.4
产品外观		

表 A-12　ZXCTN6150 设备信息

属　　性		描　　述
设备物理尺寸	子架（mm）（宽×高×深）（不含支耳）	440×88.9×199
	子架（mm）（宽×高×深）（含支耳）	482.6×88.9×199
参数	重量	7.5kg
插槽数量	总插槽	11
	业务插槽	6
电源	电源条件（直流）	−48V+/−20%
	额定电流（直流）	5.9A
	整机最大功耗	280W
	熔丝规格	20A
环境要求	工作环境温度	−10℃～+50℃
	储存环境温度	−40℃～+70℃
	工作环境相对湿度	5%～95%，非凝结
	噪声	<55dB
	抗震	抗 9 级地震
设备可靠性	MTBF	200000 小时
	MTTR	<0.5 小时
	可靠性	≥99.999%

属　　性		描　　述
设备可靠性	热拔插	所有单板支持热插拔
	主控冗余备份	1+1 冗余
	电源冗余备份	直流 1+1 冗余保护
散热	满负荷热负荷	256W
产品外观		

表 A-13　ZXCTN 6220 设备信息

属　　性		描　　述
设备物理尺寸	子架（mm）（宽×高×深）（不含支耳）	444×130.5×240
设备物理尺寸	子架（mm）（宽×高×深）（含支耳）	482.6×130.5×240
参数	重量	<11kg
插槽数量	总插槽	11
	业务插槽	6
电源	电源条件（直流）	−48V，−40～59.5V
	最大电流	7.5A
	整机最大功耗	<150W
	熔丝	8A
环境要求	工作环境温度	0℃～+45℃
	储存环境温度	−40℃～+70℃
	工作环境相对湿度	5%～95%，非凝结
	噪声	<55dB
	抗震	抗 9 级地震
设备可靠性	MTBF	>236865.99 小时
	MTTR	<0.5 小时

续表

属　　性		描　　述
设备可靠性	可靠性	≥99.999%
	热拔插	所有单板支持热插拔
	主控冗余备份	1+1 冗余
	电源冗余备份	直流 1+1 冗余保护
散热	满负荷热负荷（BTU/h）	1024
产品外观		

A.3.2　核心汇聚设备

ZXCTN 9000E 系列产品基于 T 比特交换平台，单槽位支持 400G 高速转发能力，采用分布式、模块化的先进体系架构和设计理念，在数据平面采用了大容量交换矩阵和高性能的包处理器，在管理和控制面采用了高性能处理器和大容量存储设备，可以同时提供最佳的性能和极强的灵活性，是建设城域网、移动承载网、互联网数据中心（IDC）、政府网、企业网等承载网络的上佳选择。

中兴的 ZXCTN 9000-E 系列设备定位于网络的核心汇聚层，其中汇聚设备为 ZXCTN 9000-5E 和 ZXCTN 9000-3E，核心设备为 ZXCTN 9000-18E 和 ZXCTN 9000-8E。详细信息如表 A-14 所示。

表 A-14　ZXCTN 9000-18E/8E/5E/3E

项目		9000-18E	9000-8E	9000-5E	9000-3E
机框尺寸（宽×高×深）（mm）	DC	442×1819.6×634	442×619.5×749.4	442×308.3×740	442×175×738
	AC		442×797.3×749.4	442×352.8×740	442×219.4×738
输入电源	DC	−72～−38V		−72～−38V	
	AC	90～286V 45～66Hz	100～127V AC/200～240V 43～67Hz		

项目		9000-18E	9000-8E	9000-5E	9000-3E
输入电源	高压直流	192～380V	216～312V		
电源模块输出功率	DC	2407.5W	2650W		
	AC	2675W 电压 220V AC/1337.5W 电压 110V AC	2675W 电压 220V AC/1337.5W 电压 110V AC		
电源冗余		DC: 11+1|8+8 AC: 8+8	DC: 2+2 AC: 3+3 | 2+2	DC: 1+1 AC: 1+1	DC: 1+1 AC: 1+1
典型功耗		<9300W	<4000W	<2500W	<1600W
整机重量		<250kg	<95kg	<55kg	<35kg
插槽数量	总插槽	28	12	7	5
	业务插槽	18	8	5	3
主控冗余		1：1	1：1		
交换网冗余		6+2	3+1	1+1	FULL MESH
交换容量（双向）		28Tbit/s	12.4Tbit/s	5.8Tbit/s	2.32Tbit/s
背板带宽（双向）		57.6Tbit/s	25.6Tbit/s	8Tbit/s	2.4Tbit/s
组件热插拔		主控、交换、线卡、接口卡、业务卡、电源和风扇支持热插拔			
MTBF		>40 万小时			
MTTR		<0.5 小时			
系统可靠性		>99.999%			
散热	风扇模块	12	5	3	2
	风扇	34	10	6	4
	冗余	1+1	1+1	1+1	1+1
	调速	线性调速	线性调速	线性调速	线性调速
	热耗散	73733BTU/hr	14633BTU/hr	DC: 9084BTU/hr AC: 9650BTU/hr	DC: 5908BTU/hr AC: 6311BTU/hr
工作环境	温度	−5℃～45℃			
	湿度	5%～90%			
	海拔	≤5000m			
储存环境	温度	−40℃～70℃			
	湿度	0%～95%			
	海拔	≤5000m			

Appendix B

附录 B

现网运行维护测试经验

在现网运行维护过程中，常常需要运维人员进入相关站点进行维护测试。为提升运维人员的运维质量和运维效率，将现网运行维护测试需注意的经验总结如下。

B.1 站点环境及电源相关器件

（a）去现网进行运维测试之前，需事先确认相关站点的进出条件、空间大小、安全情况及进站的时间限制等。

（b）当运维测试在基站或接入机房等站点进行时，必须事先确认站点是否具备交流电源接口，并自带多端口电源插排两个（仪表一般使用三相电源）。

B.2 测试连接器件和线缆

B.2.1 电相关测试器件和线缆

（a）BNC 头+2M 同轴头标准测试线两对（仪表侧一般使用 BNC 头，设备侧一般使用西门子 L9 2M 同轴头）。

（b）BNC 头测试线一对。

（c）连接头一对（若基站设备已上 DDF 架，可直接使用架上 U 型头）。

（d）2M 三通接头一对（若基站设备已上 DDF 架，可直接使用架上 U 型头）。

（e）BNC 三通接头一对。

B.2.2　光相关测试器件和线缆

（a）LC 接头测试尾纤一对。

（b）LC+PC/FC 接头测试尾纤两对（线路侧 ODF 一般使用 PC/FC 接头，设备侧多使用 LC 接头）。

（c）PC/FC 测试尾纤一对。

（d）PC/FC 连接法兰一对。

（e）固定 3dB 光衰耗器 4 个。

（f）光纤清洁器。

B.2.3　其他工具

如有条件，可预备好做线工具和材料，以备现场不时之需。

B.3　操作终端和连接线

（a）操作终端一台。若仪表或设备需要特定软件登录，则该终端需要预装相关软件。若多个仪表、设备同时需要使用，则终端需准备多台。

（b）普通直连网线一条。

（c）相关设备 console 线各一条。需注意，各设备 console 线不一定相同，如华为 IPRAN 设备的 console 线就是专用线，与普通路由器不通用。

B.4　仪表和专用连接器件

（a）根据测试用例准备好相关仪表，确认仪表工作正常，并确认仪表的电源线、专用连接线和仪表 console 线已准备。

（b）其他特定连接线缆（例如，同步时钟输出线等）。

B.5　通信联系保证

对于测试中可能无法使用网络的情况应准备移动应急手机。

B.6　测试准备工作

（a）确定测试仪表组网拓扑。

（b）根据组网拓扑确认各连接点使用的器件。

（c）确认各连接点使用的线缆类型和数量。

（d）确认测试站点、测试时间。

（e）确定上站人员、上站车辆安排。

（f）测试一般安排在无业务接入站点进行，如可能对业务造成影响，需要事先与相关专业沟通。

参 考 文 献

QBCU 056-2013　　　中国联通本地综合承载传送网与 IP 城域网技术体制

QBCU 057-2013　　　中国联通本地综合承载与传送设备技术规范

QBCU 058-2013　　　中国联通城域综合承载与传送设备测试规范

QBCU 059-2013　　　中国联通综合承载与传送设备网管系统技术规范

QB/CU 106-2014　　　中国联通同步网网络技术体制

YD/T 2603-2013　　　支持多业务承载的 IP/MPLS 网络技术要求

YD/T 2816-2015　　　IP/MPLS 和 MPLS-TP 的互通性技术要求

YD/T 3020-2016　　　基于 SDN 的 IP RAN 网络技术要求

YDT 2375-2011　　　高精度时间同步技术要求

BBF WT-221　　　Technical Specifications for MPLS in Mobile Backhaul Networks

ITU-T G.8262　　　同步以太网设备从钟（EEC）定时特性

ITU-T G.8263　　　基于包的设备时钟（PEC）定时特性

ITU-T G.8271　　　分组网络的时间和相位同步方面

IEEE 1588-2008　　　网络测量和控制系统的精确时钟同步协议